数据库应用理论系列图书

数据库学术理论研究方法解析

郝忠孝 著

U0313218

科学出版社

北京

内 容 简 介

本书是作者对《数据库理论研究方法解析》一书的深入和补充。

本书以确定命题、命题解析、方法解析而实现命题与证明方法的对接为主线，系统阐述了数据库学术理论研究方法，并以实例进行解析。

本书共 8 章。主要内容包括：确定命题的思维和方法、命题证明中的思维和推理解析、命题证明方法解析、证明前命题解析、图和有向图与数据库理论间的关系、Voronoi 图和数据库理论研究、曲面和数据库查询的关系、如何培养研究生等。

本书可供从事计算机数据库、网络安全理论和计算机领域其他分支理论学习、研究的本科生、研究生、教师及科研人员使用，也可供从事其他自然科学理论的研究人员参考。

图书在版编目（CIP）数据

数据库学术理论研究方法解析 / 郝忠孝著. —北京：科学出版社，2016
(数据库应用理论系列图书)
ISBN 978-7-03-048843-5

Ⅰ. ①数⋯ Ⅱ. ①郝⋯ Ⅲ. ①数据库系统–研究方法 Ⅳ. ①TP311.13-3

中国版本图书馆 CIP 数据核字（2016）第 133932 号

责任编辑：裴 育 乔丽维 / 责任校对：蒋 萍
责任印制：徐晓晨 / 封面设计：陈 敬

科 学 出 版 社 出版
北京东黄城根北街 16 号
邮政编码：100717
http://www.sciencep.com

北京厚诚则铭印刷科技有限公司 印刷
科学出版社发行　各地新华书店经销

*

2016 年 6 月第 一 版　开本：720×1000　1/16
2018 年 4 月第三次印刷　印张：16 3/4
字数：323 000

定价：**98.00** 元
（如有印装质量问题，我社负责调换）

作 者 简 介

郝忠孝，教授，山东蓬莱人，1940 年 12 月生，中共党员。曾任原东北重型机械学院副校长，齐齐哈尔大学副校长，哈尔滨理工大学学术委员会主席。现任哈尔滨工业大学博士生导师（兼）、哈尔滨理工大学博士生导师。原机械电子工业部有突出贡献专家、国务院政府特殊津贴获得者、全国优秀教师、黑龙江省共享人才专家、省级学科带头人、省计算机学会副理事长。

主要研究领域：①空值数据库理论研究。在国内外首次提出了空值数据库数据模型，完成了一系列相关研究，形成了比较完整的理论体系，著有国内外该方面的第一部论著《空值环境下数据库导论》。②数据库 NP-完全问题的求解问题。首次基本解决了求全部候选关键字、主属性，基数为 M 的候选关键字，最小候选关键字等问题，著有《关系数据库数据理论新进展》。③数据库数据组织的无环性理论研究。对无 α 环、无 β 环、无 γ 环的分解条件与规范化理论研究方面有了突破性进展，著有《数据库数据组织的无环性理论》。④时态数据库理论研究。系统提出并完成了时态数据库中基于全序、偏序、多粒度环境下的各种时态理论问题研究，著有《时态数据库设计理论》。⑤主动数据库理论研究。著有国内外该方面的第一部论著《主动数据库系统理论基础》。⑥不完全信息下 XML、概率 XML 数据库理论研究。首次解决了不完全信息下 XML 数据库部分理论研究问题，著有《不完全信息下 XML 数据库基础》。⑦空间、时空数据库理论研究。首次提出了空间数据库线段最近邻查询，系统研究了变体查询，提出了 FNR* 树网络中移动对象轨迹查询，提出了主方向关系并解决了一致性检验问题以及 TBA 树的查询问题和其他一些未解决的类型查询等问题，著有《时空数据库查询与推理》、《时空数据库新理论》、《移动对象数据库理论基础》、《空间数据库理论基础》、《数据库理论研究方法解析》、《数据库学术理论研究方法解析》等。

作为负责人完成了国家、省部级项目 10 项；获省部级科技进步奖一、二、三等奖共 7 项。发表学术论文 280 余篇，其中国家一级论文 160 余篇，在《计算机研究与发展》正刊上发表个人学术论文专辑两部，被 SCI、EI 等检索 140 余篇；1991 年发表学术论文数量居中国科技界第五位（并列）。出版学术著作 12 部。

前　　言

　　科学研究方法是发现、确定研究问题和解决问题的有力工具，是指导正确进行研究工作的保证。数据库学术理论研究方法是科学研究中的一个组成部分，为数据库理论研究提供方法、原则、手段、途径。数据库科学理论作为一种高级复杂的知识形态和认识形式，是在已有知识的基础上，利用正确的思维方式、推理形式、研究方法和相关的实践活动而获得的。数据库理论研究和发现是通过学术理论研究方法对课题中理论命题形成命题逻辑链、证明逻辑链而完成的。只有对课题系统分析才能形成命题逻辑链，只有对命题解析、证明方法解析实现命题与证明方法的对接，才能形成证明逻辑链。在学术理论研究过程中，是否拥有正确的思维方式、推理形式、研究方法和相关的实践活动，是能否对数据库学术理论研究做出贡献的关键。正确的思维方式、推理形式和科学方法不仅可以使研究者根据数据库理论科学研究发展的客观规律，确定正确的研究方向，还可以为研究者提供命题的选择及确定、证明方法的解析、证明前命题解析等实现命题和证明方法的对接，即命题证明中选择恰当的推理证明研究的具体方法，因此可以为计算机数据库理论的新发现及发展提供支撑。

　　哲学的方法论原理是指导人类科学研究的重要指南，因此数据库学术理论研究方法也离不开哲学方法论原理的指导，其实质是哲学方法论原理在数据库理论中的具体应用。数据库理论研究方法是解决数据库理论问题的一把钥匙。

　　众所周知，计算机的出现是数学计算的产物。数据库理论的发展与数学的发展密不可分，数学理论研究是演绎性质的科学。因此，在数据库理论中命题结论的正确性，一般情况下必须遵循数学逻辑证明，相当大一部分也是通过演绎得到的。此外，数据库还和数学计算有很大不同，大多数理论研究属于应用理论研究范畴，因此和数学中的有些研究方法也不相同。

　　对于任何自然科学，正确的思维方式和推理形式是产生正确的研究方法的源泉。本书是作者三十九年来对数据库理论研究过程中使用方法的经验总结。本书的出版可能为致力于数据库学术理论深入研究的科研人员提供一些可借鉴的思维方式、推理形式、研究方法，这也是作者撰写本书的目的。

　　本书是作者对《数据库理论研究方法解析》一书的后继、深入和补充。在进一步深入研究的基础上，形成了以确定命题、命题解析、方法解析而实现命题与证明方法的对接这一主线，主要内容包括：

(1) 确定命题的思维和方法。深入研究产生及确定命题的基本方式，以及运用客观世界需求、创新思维产生及确定命题的过程，深入研究批判阅读和吸收、比较阅读、阅文评价、阅读专著中产生及确定命题。

(2) 命题证明中的思维和推理解析。深入研究命题证明的三个阶段、命题证明中的逻辑思维、命题证明中的形式逻辑、命题证明中的创新性思维、命题证明中的演绎推理、命题证明中的条件关系推理和归纳推理、命题证明和类比推理、命题证明和数学相似类比推理、命题证明和简化类比推理、命题证明和模型类比推理关系以及命题证明中的因果关系推理。

(3) 命题证明方法解析。深入研究命题证明的结构，逻辑演绎证明、综合和分析证明、数学归纳证明、条件关系证明、反证法证明、同一法证明、构造法证明、存在性证明等模式和对命题证明的适用范围，理论命题推理证明法选择的层次，以及算法证明前证明方法和复杂度分析法的解析等。

(4) 证明前命题解析。深入研究创新型命题的类型、构成命题的结构、证明前命题的解析过程、证明前对不同方式确定的命题解析和原始创新问题中的命题解析、证明前间接确定命题浅析，深入研究作为原始创新分析实例的空值数据库理论相关概念和命题解析等。

(5) 由于图和有向图在数据库学术命题研究中的重要性，讨论图和有向图与解决实际问题的关系、Voronoi 图特性和 Delaunay 三角网与数据库理论命题研究的关系、移动对象 Voronoi 图的维护机制与策略，以及曲面和数据库点最近邻查询的关系。作为《数据库理论研究方法解析》一书的深入和补充，以图和有向图、Voronoi 图、Delaunay 三角网、Voronoi 图的维护机制与策略以及曲面上点最近邻查询为命题，按照本书的主线解析方法进行实际深入解析。

(6) 由于本书研究主线是针对数据库学术理论命题研究的，所以最后一章讨论了导师应具有的道德品质、学术水平和如何培养研究生等问题。

本书对这些相关研究方法进行详细的讨论并以实例进行解析，力求做到条理清晰、逻辑性强，从而使这些方法易于理解、掌握和使用。

本书是作者的收官之作，在出版过程中得到了科学出版社耿建业、裴育等同志的大力支持和帮助。在此表示衷心感谢。

李松、王淼和宋广军博士等在成书过程中提出了许多宝贵意见。书中所有图表的绘制由李松、张丽平、郝晓红、孙冬璞和万静等完成。在本书出版之际，表示诚挚的谢意！

郝忠孝

2016 年 3 月于哈尔滨

目　　录

前言

第1章　确定命题的思维和方法 1

　1.1　基础知识 1

　　　1.1.1　想象和科学假设 1

　　　1.1.2　思维 3

　　　1.1.3　抽象和科学抽象 6

　　　1.1.4　运用思维产生及确定命题的过程 7

　1.2　客观世界需求产生及确定命题 9

　1.3　产生及确定命题的基本方式 14

　1.4　创新思维方式产生及确定命题 22

　1.5　阅读文献方式产生及确定命题 30

　　　1.5.1　批判阅读和吸收中产生及确定命题 31

　　　1.5.2　比较阅读中产生及确定命题 31

　　　1.5.3　阅文评价中产生及确定命题 32

　　　1.5.4　阅读专著中产生及确定命题 33

　1.6　本章小结 34

第2章　命题证明中的思维和推理解析 35

　2.1　命题证明的三个阶段 35

　2.2　命题证明中的逻辑思维 37

　2.3　命题证明中的形式逻辑 39

　2.4　命题证明中的创新性思维 40

　2.5　命题证明中的演绎推理 42

　　　2.5.1　三段论演绎推理的一般模式 42

　　　2.5.2　推理逻辑性和推理结论正确的必备条件 45

　　　2.5.3　命题证明中演绎推理的作用 46

　2.6　命题证明中的条件关系推理和归纳推理 49

　　　2.6.1　命题证明中的条件命题推理 49

　　　2.6.2　命题证明中的完全归纳推理 50

　　　2.6.3　命题证明和不完全归纳推理的关系 51

　2.7　命题证明中的类比推理 52

2.7.1 命题证明和类比推理的关系 52

2.7.2 命题证明和数学相似类比推理的关系 53

2.7.3 命题证明和简化类比推理的关系 54

2.7.4 命题证明和模型类比推理的关系 54

2.8 命题证明中的因果关系推理 55

2.8.1 因果关系及性质 55

2.8.2 逻辑推理与因果关系的区别 57

2.9 命题证明中的数理逻辑 58

2.9.1 命题逻辑 59

2.9.2 命题公式及文字命题的符号化 62

2.10 本章小结 63

第3章 命题证明方法解析 65

3.1 分析与综合在命题证明中的作用 65

3.2 命题证明的结构解析 67

3.3 证明方法模式及其适用范围解析 69

3.3.1 逻辑演绎证明模式和对命题证明的适用范围 69

3.3.2 综合证明模式和对命题证明的适用范围 71

3.3.3 分析证明模式和对命题证明的适用范围 72

3.3.4 数学归纳证明模式和对命题证明的适用范围 73

3.3.5 不完全数学归纳证明模式和对命题证明的适用范围 74

3.3.6 条件关系证明模式和对命题证明的适用范围 75

3.3.7 反证法证明模式和对命题证明的适用范围 76

3.3.8 同一法证明模式和对命题证明的适用范围 78

3.3.9 构造法证明模式和对命题证明的适用范围 79

3.3.10 存在性证明模式和对命题证明的适用范围 80

3.4 理论命题推理证明法选择的层次 81

3.5 算法证明前证明方法和复杂度分析法的解析 82

3.5.1 总算法和子算法的关系 83

3.5.2 算法理论证明前解析 86

3.5.3 算法模拟实验检验法 91

3.6 本章小结 92

第4章 证明前命题解析 93

4.1 创新型命题的类型 93

4.1.1 原始创新型理论及命题 94

4.1.2 继承型创新命题 96

4.2 构成命题的结构 98

4.3　命题解析内容及过程 99
　　4.3.1　命题解析的几个方面 99
　　4.3.2　证明前命题解析过程 100
4.4　证明前对不同方式产生的命题解析 109
　　4.4.1　确定命题产生方式 109
　　4.4.2　证明前对不同方式确定的命题解析 110
　　4.4.3　原始创新问题中的命题解析 118
4.5　证明前间接确定命题浅析 118
4.6　空值数据库理论相关概念和命题解析 120
4.7　本章小结 128

第5章　图和有向图与数据库理论间的关系 130
5.1　数学理论和数据库理论间的关系 130
5.2　图与解决实际问题的关系 132
　　5.2.1　图与解决实际问题的关联性 132
　　5.2.2　图和有向图的计算机表示 135
5.3　广度优先搜索和深度优先搜索 139
　　5.3.1　广度优先搜索 140
　　5.3.2　深度优先搜索 145
　　5.3.3　两点之间的最短路径 148
5.4　本章小结 152

第6章　Voronoi 图和数据库理论研究 153
6.1　Voronoi 图 154
　　6.1.1　凸壳的基本概念 154
　　6.1.2　Voronoi 图结构 155
　　6.1.3　最邻近点一阶 Voronoi 图性质命题及证明 156
　　6.1.4　最邻近点 k 阶 Voronoi 图性质命题及证明 164
　　6.1.5　最远点的 Voronoi 图 165
6.2　Voronoi 图特性和数据库理论研究的关系 166
6.3　Delaunay 三角网 168
　　6.3.1　Delaunay 三角网性质命题及证明 168
　　6.3.2　Delaunay 三角网的增量生成算法 177
6.4　Voronoi 图和空间数据库查询的关系 180
　　6.4.1　最近邻查询 180
　　6.4.2　基于 Voronoi 图的 kNN 查询算法 184
　　6.4.3　基于 Voronoi 图的连续近邻查询 188
　　6.4.4　基于 Voronoi 图的 kCNN 查询 191

        6.4.5　基于 Delaunay 三角网的反向最近邻查询 ⋯⋯⋯⋯⋯⋯⋯⋯196
        6.4.6　基于 Voronoi 图的线段反向最近邻查询 ⋯⋯⋯⋯⋯⋯⋯⋯⋯202
    6.5　移动对象 Voronoi 图的维护机制与策略 ⋯⋯⋯⋯⋯⋯⋯⋯⋯⋯⋯207
        6.5.1　移动对象 Voronoi 图随时间的变化过程 ⋯⋯⋯⋯⋯⋯⋯⋯⋯207
        6.5.2　移动对象 Voronoi 图的维护机制 ⋯⋯⋯⋯⋯⋯⋯⋯⋯⋯⋯⋯208
        6.5.3　移动对象 Voronoi 图维护的具体策略 ⋯⋯⋯⋯⋯⋯⋯⋯⋯⋯210
        6.5.4　插入和删除对象时移动对象 Voronoi 图的维护 ⋯⋯⋯⋯⋯⋯213
        6.5.5　基于移动对象 Voronoi 图近邻查询的数据库实现模型 ⋯⋯⋯214
    6.6　本章小结 ⋯⋯⋯⋯⋯⋯⋯⋯⋯⋯⋯⋯⋯⋯⋯⋯⋯⋯⋯⋯⋯⋯⋯⋯215
第 7 章　曲面和数据库查询的关系 ⋯⋯⋯⋯⋯⋯⋯⋯⋯⋯⋯⋯⋯⋯⋯⋯⋯217
    7.1　柱面及锥面上点的最近邻查询 ⋯⋯⋯⋯⋯⋯⋯⋯⋯⋯⋯⋯⋯⋯⋯217
    7.2　球面上点的最近邻查询 ⋯⋯⋯⋯⋯⋯⋯⋯⋯⋯⋯⋯⋯⋯⋯⋯⋯⋯219
        7.2.1　利用球面 Voronoi 图计算最近邻 ⋯⋯⋯⋯⋯⋯⋯⋯⋯⋯⋯⋯220
        7.2.2　欧氏空间内的空间数据索引结构 ⋯⋯⋯⋯⋯⋯⋯⋯⋯⋯⋯⋯220
        7.2.3　降维方法 ⋯⋯⋯⋯⋯⋯⋯⋯⋯⋯⋯⋯⋯⋯⋯⋯⋯⋯⋯⋯⋯⋯221
        7.2.4　曲面投影于平面 ⋯⋯⋯⋯⋯⋯⋯⋯⋯⋯⋯⋯⋯⋯⋯⋯⋯⋯⋯225
    7.3　反向最远邻的过滤与查询 ⋯⋯⋯⋯⋯⋯⋯⋯⋯⋯⋯⋯⋯⋯⋯⋯⋯227
        7.3.1　查询点的 RFN 过滤判断 ⋯⋯⋯⋯⋯⋯⋯⋯⋯⋯⋯⋯⋯⋯⋯⋯228
        7.3.2　过滤后给定点的 RFN 查询 ⋯⋯⋯⋯⋯⋯⋯⋯⋯⋯⋯⋯⋯⋯⋯230
        7.3.3　RFF 查询及动态更新 ⋯⋯⋯⋯⋯⋯⋯⋯⋯⋯⋯⋯⋯⋯⋯⋯⋯232
    7.4　本章小结 ⋯⋯⋯⋯⋯⋯⋯⋯⋯⋯⋯⋯⋯⋯⋯⋯⋯⋯⋯⋯⋯⋯⋯⋯234
第 8 章　如何培养研究生 ⋯⋯⋯⋯⋯⋯⋯⋯⋯⋯⋯⋯⋯⋯⋯⋯⋯⋯⋯⋯⋯236
    8.1　导师应具有的道德品质 ⋯⋯⋯⋯⋯⋯⋯⋯⋯⋯⋯⋯⋯⋯⋯⋯⋯⋯237
        8.1.1　导师应具有的基本道德品质 ⋯⋯⋯⋯⋯⋯⋯⋯⋯⋯⋯⋯⋯⋯237
        8.1.2　导师应严守道德规范 ⋯⋯⋯⋯⋯⋯⋯⋯⋯⋯⋯⋯⋯⋯⋯⋯⋯238
        8.1.3　导师应克服浮躁之风 ⋯⋯⋯⋯⋯⋯⋯⋯⋯⋯⋯⋯⋯⋯⋯⋯⋯239
    8.2　导师应具有的能力 ⋯⋯⋯⋯⋯⋯⋯⋯⋯⋯⋯⋯⋯⋯⋯⋯⋯⋯⋯⋯241
    8.3　研究生的培养和学习 ⋯⋯⋯⋯⋯⋯⋯⋯⋯⋯⋯⋯⋯⋯⋯⋯⋯⋯⋯243
        8.3.1　学术研究的相关问题 ⋯⋯⋯⋯⋯⋯⋯⋯⋯⋯⋯⋯⋯⋯⋯⋯⋯243
        8.3.2　学术创新问题 ⋯⋯⋯⋯⋯⋯⋯⋯⋯⋯⋯⋯⋯⋯⋯⋯⋯⋯⋯⋯246
        8.3.3　硕士生导师的"导"的作用 ⋯⋯⋯⋯⋯⋯⋯⋯⋯⋯⋯⋯⋯⋯247
        8.3.4　博士生导师的"导"的作用 ⋯⋯⋯⋯⋯⋯⋯⋯⋯⋯⋯⋯⋯⋯248
参考文献 ⋯⋯⋯⋯⋯⋯⋯⋯⋯⋯⋯⋯⋯⋯⋯⋯⋯⋯⋯⋯⋯⋯⋯⋯⋯⋯⋯255

第1章 确定命题的思维和方法

科学与哲学是辩证统一的，二者既有区别又有联系。哲学与具体科学的关联性和区别如下。

(1) 哲学与科学的联系。

哲学与科学是一般和个别的关系，哲学为科学的发展提供方法论指导，科学的成果反过来又作为哲学的基础丰富了内涵，科学与哲学是辩证统一的。

(2) 哲学与科学的区别。

① 研究对象不同：哲学是以整体的世界为研究对象，而科学研究的则是自然或社会领域中的具体问题。

② 研究中心不同：哲学是对人与世界关系的总体把握，不仅要探求客观世界的规律，还要探求人与世界的关系，而科学只研究那些可以证实的知识。

计算机数据库理论的发展过程中，只有在解决了阻碍新理论发展瓶颈的前提下才能使其不断向前发展，才能尽可能满足实际应用的需求。哲学为计算机数据库理论的不断发展过程提供方法论指导。

作者在《数据库理论研究方法解析》一书中，较为详细地讨论了哲学的方法论原理、课题选择方法、系统思维划分，对命题正确性证明方法进行了粗浅的讨论和分析等。但对于进行深入研究的相关人员，如硕士和博士研究生还是远远不够的。下面将对数据库理论命题产生及确定、正确性证明方法进行较为详细的讨论及解析。

学术研究是一种理论研究，但理论研究不等于学术研究。学术研究是对基本原理的研究、对新问题和客观规律的探索。

1.1 基 础 知 识

1.1.1 想象和科学假设

1. 想象

人类因为有想象力，才能创造、发明、发现新的对象或事物概念、规律、命题(定理)和系统理论。想象是一种特殊形式的思维，它是以感性材料为基础，在科学理论、方法指导下对原有的表象、某些科学概念、理论进行科学思维，使其经过加工改造和重新组合而构思出对象或事物内部发展过程的相互联系、相互作用的形式和规律。

只有在经验和知识基础上的想象，才能闪现出思想的火花。经验越丰富、知识越渊博，想象力驰骋的面就越广阔。

(1) 想象可以通过类比的途径来完成。类比的关键在于发现不同对象或事物之间的相似性。

(2) 想象可以把同类的若干对象中最具代表性的普遍特征分析出来，然后集中综合成新的对象。

(3) 想象可以通过扩展的方式或不合常理的途径，完成某一范围的性质从而扩展到更大的范围。在计算机科学理论的数据库理论、网络安全理论研究中，若在某一范围内(某一条件或某些条件下)具有某种性质或结论，那么是否在更大的范围内仍然具备同样的性质和结论呢？这一问题的解决就要求科学研究人员要善于把适合于某一范围的性质扩展到更大的范围。把适合于某一范围的性质扩展到更大的范围是不乏实例的，就是在计算机理论课题、命题的确定、分析和证明的研究中也是经常采用的方法。

任何一种科学理论都不是凭空产生的，是不可能仅由搜集、整理单个的观察结果而形成。搜集、整理单个的观察结果只是基础，真正得到一个正确的结论必须是在某一条件或某些条件下确定的命题通过科学想象、思维、推理证明和实验验证的结果。

知识和想象不是一回事，知识只是激发想象力的前提。想象的过程属于思维范畴，想象的形式主要是分析和综合。想象的分析和综合是凭借对有关的已有表象进行加工改造来实现的。

2. 科学假设

想象在科学发展中有着不可估量的作用。通过实验材料、实验过程中的发现和数据，对科学知识的丰富及资料的阅读分析，以及对客观世界需求的研究，针对这些实践中的要求和理论发展的要求，由科学想象提出科学研究的假设、课题、命题。同时，在研究、验证假设、课题、命题、理论系统方面的理论及理论证明的正确性时，必须将大量的实验材料、相关的观察、观测的结果等数据资料作为研究的依据，以科学的方法为工具，以创造性的想象力寻找与其相对应、适应的理论，根据科学的推理推出假设或问题的未知理论。推理推出的结果就是该对象或事物所固有的性质和运动规律。在这个过程中创造性的想象力起到了不可替代的作用。

没有科学假设，人们就不知道观察什么、实验什么和研究什么。

科学假设是产生命题的前提和基础。科学假设往往是一个较大的系统问题，而科学问题相对科学假设而言是一个较小的系统问题或是一个较小的相对独立问题，如某类科研对象中的问题。而命题是为解决科研对象中的问题而确定的。因此，问题和命题之间、命题和命题之间存在必然的联系，命题不是更小的独立个体。

为研究科学假设，除了必须进行严谨的理论证明外，还必须进行严格的实验验证其真实性。设计实验验证假设，如果实验结果与假设相矛盾，说明所提出的假设是不科学的，必须加以修改或纠正，给出新假设；再对新假设进行严谨的理论证明和严格的实验验证其真实性。重复此过程直到其成立为止，如图 1.1 所示。

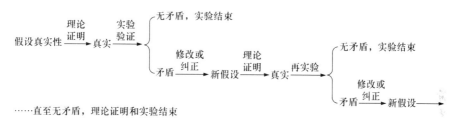

图 1.1　假设真实性证明过程示意图

在计算机科学理论的数据库、网络安全理论研究必须遵循这一过程。在任何一种计算机学科的发展中，为了实际应用都不可避免地要使用算法，一个算法能否完成要达到的设计功能，尽管在计算机科学研究中是浩瀚大海中的一滴水，但它必须通过上机实验验证其理论的正确性和工程实验验证其正确的工程适用性才能完成。如果设计和写出的算法理论上机实验验证或(和)工程实验验证其正确性有误，那么必须找出是什么原因造成的，再进行设计和写出算法，重复通过上机实验验证其理论的正确性和工程实验验证其正确的工程适用性，重复此过程直到其正确为止。

想象是知识进化的源泉，想象力是科学研究中的实在因素。

1.1.2　思维

思维是人类认知客观世界的一种复杂的精神活动。这种认知过程和感觉、知觉相比，具有很强的自动性和主观性，是基于客观事物和主观经验对事物进行认知的过程。感觉和知觉是对事物的直接反映，而思维是运用分析和综合、抽象和概括等对客观事物感觉和知觉的信息进行概括基础上，反映事物的本质和内部联系，这种反映以概念、判断和推理的形式进行。思维作为理性认识的过程，对客观世界的反映具有概括性和间接性。

概括是形成概念的一种思维过程和方法，即从思维中把某些具有一些相同属性的事物中抽取出来的本质属性，推广到具有这些属性的一切事物，从而形成关于这类事物的普遍概念。概括是科学发现的重要方法。因为概括是由较小范围的认识上升到较大范围的认识；是由某一领域的认识推广到另一领域的认识。

思维的概括性是指思维能反映同一类事物的共同本质；间接性是指思维能认识感觉、知觉所不能直接提供的事物内在本质的属性。思维内容是指思维所反映的特定对象及其属性，是指人脑对客观事物的反映。

宏观上思维包括：逻辑思维、非逻辑思维、灵感思维和辩证思维等。

1. 逻辑思维

逻辑思维是以抽象的概念、判断和推理作为思维的基本形式，以分析、综合、比较、抽象、概括和具体化作为思维的基本过程，从而揭露事物(对象)的本质特征和规律联系。抽象的概念已摆脱了对感性材料的依赖，是逐步延伸、环环相扣的。在逻辑思维中，是使用否定来堵死某些途径。逻辑思维具有规范性、严密性、确定性和层次性(可重复性)的特点。

计算机数据库、网络安全理论研究系统都是由概念(内涵和外延)、判断(有真有假)、推理(前提推出结论)建立起来的。在对事物(对象)和理论的认知中、在科学研究人员的思考过程中、在阐述各个学科的系统理论中，逻辑思维具有不可取代的地位。

2. 非逻辑思维

非逻辑思维就是逻辑思维所不包含的，而又在思维过程中发生作用的各种非逻辑因素的过程。它是与逻辑思维相对的一种思维方式。非逻辑思维与逻辑思维是辩证统一的。逻辑思维和非逻辑思维都属于创新性思维的范畴。

非逻辑思维在科学研究中无疑是很重要的，很多研究事物(对象)只有运用逻辑推理、分析、综合、归纳、演绎等方法，对事物(对象)进行去伪存真，才能发现事物(对象)的本质，揭示事物(对象)的发展规律，它是科学研究人员首先应具备的科学思维能力。其原因如下。

(1) 计算机科学理论的数据库、网络安全研究，虽然基本上使用的是逻辑思维，但是在猜测、确定研究课题、命题，寻找解决问题的方法上，却要运用非逻辑思维方式。计算机数据库、网络安全理论研究中，正是运用了非逻辑思维，才能更好地选择、确定相关研究对象的研究课题、命题和证明方法。命题的产生及确定将在本章进行讨论，命题的相关推理证明问题将在第2～4章详细讨论。

(2) 许多创新性思维成果是非逻辑思维的产物。

① 作为科学理论，必须产生及确定命题，必须对需证明的命题进行逻辑证明和实验验证。

② 作为科学假设，必须产生若干基本假设——逻辑结构体系，才能对科学假

设的正确性作进一步的理论证明及实验验证。否则,它就只能作为科学猜测而存在。

科学研究过程往往是通过非逻辑、灵感思维和机遇取得突破,而后由逻辑思维完善和实验论证。总之,严谨的逻辑思维和实验论证,与猜想、直觉交替运用,是科学认识和获得创造性思维成果的最佳途径。

逻辑思维与非逻辑思维的区别:①逻辑思维关注结论的确定性,而非逻辑思维则追求结论的多样性。②逻辑思维关注结论的科学性,而非逻辑思维追求结论的奇异性。两者关注点不同,逻辑思维能力往往与一个人知识的积累和经验成正比,而非逻辑思维与一个人的知识、经验的多少没有太大的必然联系,有时候知识越多,经验越多,反而会成为非逻辑思维的障碍。③逻辑思维要求过程的严密性,而非逻辑思维凭借的是灵感或直觉,呈现的是极大的跳跃性和随意性。

逻辑思维和非逻辑思维虽然是两种根本不同的思维方式,但两者又密切相关,任何一个问题圆满的解决都需要非逻辑思维的启发,它是解决问题的起点;同时,也离不开逻辑思维的严密推理和科学论证,它们是解决问题的基础和保证。

3. 灵感思维和机遇

(1) 灵感思维,简称灵感,是指人们凭借直觉而进行的快速、顿悟性的思维过程中认识飞跃的心理现象,如一种新的思路突然接通。它不是一种简单逻辑或非逻辑的单向思维运动,而是逻辑性与非逻辑性相统一的科学思维整体过程。

灵感思维是人们科学研究中因创造力突然达到超水平发挥的一种特定心理状态,在科学研究中起着极其重要的作用。许多创新成果并不完全是运用了非逻辑思维、逻辑思维的结果,而是得益于顿悟与灵感。

唯物主义认为,灵感思维即长期思考的问题受到某些事物(对象)的启发,忽然得到解决的心理过程。灵感与创新可以说是休戚相关的,灵感不是神秘莫测的,也不是心血来潮,而是人在思维过程中带有突发性的思维方式长期积累、艰苦探索的一种必然性和偶然性的统一。

灵感思维具有突发性、偶然性和模糊性。形象思维、抽象思维都是有意识地进行的,而灵感思维则是在无意识中进行的,这是它们的根本区别所在。

(2) 灵感和机遇,就是要讨论科研工作者在研究过程中怎样运用灵感思维。科研工作者对自然界的长期观察、实验或在研究某一事物(对象)的性质、理论和规律过程中,由于某种偶然的机会,捕捉到出乎意料的现象、性质、规律,就称之为机遇。

运用灵感思维就是要抓住机遇,机遇是可遇不可求的。机遇在一生中往往很少碰到,但是,机遇又是不可创造的。机会和机遇本质上是不同的,机会是可以创造的,一生中的机会是很多的。

辩证思维也称辩证逻辑思维,关于它的详细讨论参见《数据库理论研究方法解析》一书。

1.1.3　抽象和科学抽象

抽象是从众多的事物中抽取出共同的、本质性的特征，而舍弃其非本质的特征。

科学抽象是逻辑思维方式的一种形式。科学抽象的过程是人们对事物(对象)的认识，从个别到一般，再从一般到个别的过程。所以，科学抽象是由三个阶段和两次飞跃构成的辩证思维过程：第一个阶段是"感性的具体"；第二个阶段是"抽象的规定"，这是科学抽象从"感性的具体"到"抽象的规定"的第一次飞跃；第三个阶段是"思维中的具体"，这是科学抽象从"抽象的规定"到"思维中的具体"的第二次飞跃。计算机数据库、网络安全、数学理论研究系统中，正是按照这种过程发展的。

抽象与科学抽象的区别和关系如下。

(1) 抽象过程是从研究对象的各种属性中区分并提取出它的一般属性；科学抽象的作用更在于从研究对象的众多属性中，发现并析取其某一或某些本质的属性、关系和联系，即分别对它的内在矛盾的诸方面及其关系和联系进行考察，并以概念、范畴和规律的形式使之确定化。但是抽象与科学的抽象，都是以感性直观为基础的，是以感性直观为中介的对客观对象的间接反映。

(2) 科学抽象是在感性具体的基础上进行的，它所提供的东西早已包含在感性直观所给予的东西中。但科学抽象的过程在内容上又不限于感性直观，它所提供的关于事物(对象)本质的知识是感性直观不能达到的，它又是一种创新性的思维过程。科学抽象以感性直观为中介，它似乎比感性直观更远离现实。但实际上，科学抽象是更深刻、更全面地认识客观事物(对象)的方法。因为只有借助于思维的抽象力，人们才能揭示和把握感性直观所不可能发现的客观事物(对象)的本质及其规律。计算机数据库、网络安全、数学理论的理论发展正是借助于思维的抽象力，才能揭示和把握感性直观所不可能发现的客观对象的本质及其规律。

(3) 科学抽象是达到思维具体，即在思维中从整体上再现研究对象的必经阶段。任何科学认识过程，都是以获得对研究事物(对象)的这种具体认识为目标的。然而，这里所说的具体与感性具体不同，它表现为关于客观事物(对象)的多种规定的综合，而这些规定都是在科学抽象中获得，并以概念、范畴、规律等逻辑形式确定下来的。正是在这个意义上，科学抽象是对研究事物(对象)科学认识过程中的必然环节，是获得关于研究的具体知识的一种必要手段，使其从抽象上升到具体。

通过抽象研究事物(对象)在思维中被分析，从而使研究的某一或者某些方面从其各种规定的统一中被剥离出来。特别要指出的是，不能片面夸大抽象及作为其结果的概念、范畴、规律等的作用。任何科学抽象都不过是关于事物(对象)的某一或某些方面的反映,因而它只是关于事物(对象)的全面而完整的认识过程的一个或多个环节,它始终处于关于事物(对象)的永无止境的认识运动过程中。

现代科学飞跃发展,科学抽象的意义尤为明显。要建立各个知识领域相互之间的正确联系,几乎每时每刻都不能离开科学思维。如果没有科学思维,不经过科学抽象,即使真理存在也不会发现、得到真理。在当今的、未来的世界中,还有并将永远有无数的概念、范畴、规律等未被发现,因此科学思维将永远不会停止。

1.1.4　运用思维产生及确定命题的过程

1. 分析和综合

思维的过程总是从对事物的分析开始的。分析是把客观事物分解为若干部分,分析各个部分的特征和作用。综合是在思想上把事物的各个部分、不同特征、不同作用(功能)联系起来。通过分析和综合,揭示客观事物的本质,并通过语言或文字把它们表达出来。

分析和综合是统一的科学方法。分析和综合密不可分,分析是综合的基础,综合必先分析,不分析无法综合;分析是为了综合,不综合,分析也失去了意义;而且分析时也要在综合的指导下,把各部分放在整体中进行分析。分析和综合的核心是矛盾分析的方法,就是既分析又综合的方法。宏观上,如计算机数据库、网络安全、数学理论等理论中的任何一个问题、假设和课题的解决都必须通过使用思维的分析开始、综合它们的各部分完成的。宏观上,命题的产生及确定、正确性证明方法的选择和证明也是通过使用思维的分析开始、综合它们的各部分完成的。

2. 比较和概括

在分析和综合的基础上,通过对事物外观、特性、特征等的比较,把诸多事物中的一般和特殊区分开来,并以此为基础,确定它们的异同和它们之间的联系,称为概括。在创新过程中,经常采用科学概括,即通过对事物比较,总结出某一事物和某一系列事物的本质方面的特征。比较和概括是计算机数据库、网络安全、数学理论等理论中的任何一个问题、假设和课题中的概念、定义、公理、规则和必须证明的命题产生及确定的第一步。

3. 抽象和具体

比较和概括是抽象的前提,通过概括,事物中的本质和非本质的特征已被区分,舍弃非本质的特征,保留本质的特征,就称为抽象。与抽象的过程相反,具体是指从一般抽象的东西中找出特殊东西，它能使人们对一事物中的个别特征得到更加深刻的了解。抽象和具体是在理论创新中频繁使用的思维。科学抽象是计算机数据库、网络安全、数学理论等理论中一个概念、定义、公理、规则、必须证明的命题和理论系统等产生和形成过程的第二步。

4. 判断和推理

人们对某个事物肯定或否定的概念，往往都是通过一定的判断和推理过程而形成的。判断分为直接判断和间接判断，直接判断属感知形成，无需深刻的思维活动，通过直觉或动作就可以表达出来。间接判断是针对一些复杂事物，由于因果、时间、空间条件等方面的影响，必须通过科学的推理才能实现的判断，其中因果关系推理特别重要。判断事物的过程首先把外在的影响分离出来，通过一系列的分析和综合、比较和概括、抽象和具体，归纳和分析找出隐蔽的内在因素，从而对客观事物做出准确的判断和推理。判断和推理是计算机数据库、网络安全、数学理论等理论中一个概念、定义、公理、规则、必须证明的命题和理论系统等产生和形成过程的第三步。

5. 迁移

迁移是思维过程中的特有现象，是指人的思维发生空间的转移。人们对一些问题的解决经过迁移往往可以促使另一些问题的解决。例如，掌握了数学的基本原理，有助于了解众多普通科学技术规律，计算机数据库理论研究就是最大的受益者。

尽管在自然科学领域中各个学科的各个领域有不同的特点，但是它们的思维方式基本上是类似的。将逻辑思维与非逻辑思维结合，使概念、判断、推理等过程更加合理和系统，以减少过程的反复，从而树立一种系统的观点，这对处理一些复杂的理论更为有用。同时也鼓励创新性思维，以利于创新理论的产生。

创新性思维可以极大地丰富人类的知识宝库。在实践过程中，运用创新性思维，提出一个又一个新的观念，形成一种又一种新的理论，做出一次又一次新的发明和创新，都将不断地增加人类的知识总量，丰富人类的知识宝库，为人类去认识越来越多的事物创造条件。创新性思维为人们的实践活动开辟新的领域。它不满足于人类环境已有的知识和经验，而是努力探索客观世界中尚未被认识的事物的规律，从而为人们的实践活动开辟新领域、打开新局面。没有创新性思维，没有勇于探索和创新的精神，科学研究人员就无法真正比较深入地解决所承担的研究课题。

1.2 客观世界需求产生及确定命题

作者在《数据库理论研究方法解析》一书中讨论了客观世界需求产生多种大的数据库及系统。本节将对客观世界需求产生数据库命题进行讨论。

由于人类科学的不断发展和实际应用的需求而产生多种大的数据库及系统。以空间数据库、时空数据库、移动数据库、空值数据库和关系数据库为背景，讨论命题的产生及确定。

1. 空间数据库、时空数据库及移动数据库命题产生及确定

(1) 某人在居住点需要找到距其最近的书店。也就是以固定点(居住点)为原点查找一个距离原点最近的目标点(书店)。

(2) 电子商务网站接到客户的订单后，就会把订单送到最近的配送中心，从而产生查找这个最近的配送中心的问题。对类似于这样的一些实际问题进行归纳、分析，就可以得出它们从某一个点出发搜索距离最近的目标点的特征，这就是一个以固定点为原点查找最近邻点的查询问题，是一个空间数据库典型的最近邻查询问题。

(3) 在天体物理学数据库中找出距宇宙某一点最近的恒星。为了解决这类问题，必须将它们描述成距某一点最近的恒星，才能完成查询。

(4) 某人从乘车点出发需要找到距其最近的书店。也就是以移动点(乘车点)为原点查找一个距离原点最近的书店，这就是一个以移动点为原点查找最近邻点的查询问题，是一个移动数据库典型的最近邻查询问题。

上述查询可以总称为最近邻查询，但是前三例为静态的，而第四例为动态的。相关内容可参见《移动查询点的最近邻查询方法研究》等文献。

从上述几个实例中抽象出它们所共有的特性，就是在给定数据集中查找距离给定查询点最近的一个点。

用语义描述为：假设有一个 d 维空间的 n 个数据点的集合 S，给定一个查询点 q，要求找出 S 中距离查询点 q 最近的点 p 就是 q 的最近邻 $NN(q)$。

最近邻查询是用来找出空间中距离给定查询点 q 最近的对象，即最近邻。最近邻的数目可以是一个，也可以是多个，若是一个则称为 NN 查询，若是多个则称为 kNN 查询。

下面给出最近邻查询的形式定义。

定义 1.1 (最近邻查询) 假设有一个 d 维空间的点集 $S(p_1, p_2, \cdots, p_n)$ 和一个查询点 q，最近邻查询就是找出 S 的子集 $NN(q)$：

$$NN(q) = \{s \in S \mid \forall p \in S : D(q, s) \leqslant D(q, p)\} \tag{1-1}$$

如果要求找出一个最近邻，则称为 NN 查询。

如果要求找出 k 个最近邻，上面定义同样可以扩展成 k 个最近邻的查询，即

$$kNN_s(q)=\{p_1, p_2, \cdots, p_k\} \tag{1-2}$$

其中，$\forall p \in S\backslash kNN_s(q),\ s=\{p_1, p_2, \cdots, p_k\} \in kNN_s(q)$ 且 $D(q, s)<D(q, p)$。

最近邻查询是区别于点的定点查询和范围查询的新的查询类型。

该定义完全可以表达上述实例处理查询的要求。

然而对于有些问题，NN 查询并不能反映问题的实质，也就是说要解决有些问题是困难的。例如，一家银行想要在某个地点开设一支行，那么哪些现有的支行将受到影响呢？如果采用 NN 查询，只能查找到距离新开支行最近的客户，而无法解决新开支行对已有支行的影响问题。所以，这个问题的关键并不在于客户到新开支行的距离有多么近，而在于客户到这个支行的距离小于到其他支行的距离。而反向最近邻查询则可以解决这类问题。RNN 查询是由 NN 查询扩展而来的，是找到空间中将给定点作为其最近邻点的问题。影响集与反向最近邻是相一致的，某一点 q 的反向最近邻就是找到数据集中将 q 作为其最近邻的点，这样的点可以是多个。

另外，在相似性查询问题中，反向最相似的问题也是和我们的研究相符的。例如，某公司为一新产品做广告，以电子邮件的形式发到用户的信箱中，但不能随意发到每个人的信箱中，无论该产品与他们是否相关，而要发给那些对该产品相当感兴趣的人，这就不会使用户的信箱总被一些垃圾信息所充满，也能使产品的广告更加有效，所要发给的用户就是我们的 RNN。在数据挖掘中也可根据 RNN 查询来确定一个位置，使得某对象在那里可以发挥最大的影响。为了更好地研究上述问题，就必须从上述实例中抽象出所共有的特性即影响集问题。理论研究的实践表明，影响集是决定查询邻居研究的关键点。

定义 1.2 (影响集)　给定一个数据集 S、S 中数据点之间合适的距离定义、查询点 q，确定 q 的影响集即寻找 S 中点 q 所影响的数据点的子集。

影响集可以用多种方法来实现，如范围查询和 NN 查询，以及下面要研究的 RNN、$RkNN$、带谓词的影响集和反向最远邻等。

假设 $D(q, p)$ 为两点 p 和 q 之间的距离，下面给出 RNN 查询的形式化定义。

定义 1.3 (反向最近邻查询)　假设有一个 d 维数据集 S 和一个查询点 q，RNN 查询就是找出 S 的子集 $RNN_s(q)$，即

$$RNN_s(q)=\{r \in S|\ \forall p \in S:D(q, r)<D(r, p)\} \tag{1-3}$$

一般用 $dnn_s(q)$ 表示 p 和它的最近邻之间的距离，$dnn_s(q)=D(p, NN_s(p))$。

一般来讲，$RNN_s(q)$ 和 $NN_s(q)$ 没有必要的关系，即由 $r \in RNN_s(q)$ 不能得出 $r \in NN_s(q)$，反之亦然。

两点之间的距离是欧几里得距离，当然也可以是其他的距离表达方法，而且下面的结果同样可扩展到高维空间。本书以符号 $RNN_s(q)$ 表示对查询点 q 进行反向最近邻查询返回的结果集，以 $NN_s(q)$ 表示对 q 进行最近邻查询返回的结果集，$RNN_s(q)$ 和 $NN_s(q)$ 中的数据点是所给数据集合或数据库中的点，而查询点 q 可以是数据集合中的点，也可以不是。

反向最近邻查询除了客观需求外，其理论方面的研究是在最近邻查询的基础上发展来的，二者既有联系也有区别，它是空间数据库领域查询研究的重要类型之一。相关内容可参见《空间对象的反最近邻查询》等文献。

移动对象的近邻查询与静止对象的近邻查询不同，因为在移动对象的近邻查询中加入了时间参数。因此，此刻查询点的反向最近邻在下一刻未必是其反向最近邻。

对于计算机学科中的数据库，面向实际工程直接的实际需求，即面向实际的应用领域，如航天航空、火箭发射、军事系统、导弹系统、军事情报、卫星监测及图像处理、移动通信、多媒体数据库、地理信息系统和气象云图分析等多种领域，为解决这些领域的问题，基于各自领域需要确定许多命题并分别研究它们的理论。

在科学理论的发展过程中，只有在解决了阻碍新理论发展瓶颈的前提下才能使其不断向前发展，因此在这种情况下提出许多新的命题并解决它们才能使理论突破瓶颈。

无论哪一类数据库的各种查询命题的确定都是根据客观需求提出的，如反向近邻查询、连续查询、范围查询、组查询、相似性查询、最远邻查询等。

又如，在天体物理学数据库中找出距宇宙某一点最近的恒星。为了解决这类问题，必须将它们以一种形式化描述才能完成查询，如果用欧氏空间解决应当给出如下命题(定义)：假设有一个 d 维空间的点集 S 和一个查询点 q，最近邻查询就是找出 S 的子集 $NN(q)$(见式(1-1))。

我们对同一个命题给出了两种描述，一种是语义描述，另一种是对语义描述的抽象得到的形式化描述。

例如，对最近邻的两种描述如下。

语义描述：描述了数据点的集合 S 所具有的空间特性：d 维、n 个；还描述了给定一个查询点和最近邻点的距离特性，即对查询点和最近邻点客观语义联系的描述。是否满足这种客观语义上的约束，为验证最近邻命题的正确性提供了一个标准。

形式化描述：见定义 1.1 前半部分描述的形式化定义，为我们验证一个具体实例的命题是否满足这种客观语义联系提供了手段和方法。

2. 客观世界需求和空值数据库及命题产生及确定

通常,关系数据库是建立在假定数据库中不存在任何未知信息的基础之上的。这种数据库描述只反映了客观世界的已知信息部分,它与客观世界的客观存在性有一定差距。客观世界告诉我们,有些信息暂时未知,有些信息不存在,有些信息连是否存在都不知道。但是,这些信息是普遍存在的,有时是大量的。例如,在客观世界中,常常出现某些学生因故缺考而暂时无成绩,历史档案中有时出现"生日不详",会议发言人有时宣布议事日程"有待公布",警方记录常常出现"目前下落不明"等。这些在通常的关系数据库中是无法描述的。

如果用与通常的关系数据库相关的理论去研究含有空值(现在称不完全信息)的数据库也是无法进行的。当一个新的元组被插入关系时,若新元组有个别属性值尚未确定,则无法插入。为了使这种元组联接中不丢失,在没有引入空值(不完全信息)之前是无法达到的。当一个新的属性被填入关系模式时,在原模式上各个关系中所有元组在此属性列上的值显然是暂时填入"空值"最为恰当,但这在通常的关系数据库中是不允许的。在这种情况下便产生了空值(或称不完全信息)数据库。由于空值的出现,虽然通过类比推理方式可能知道要解决什么问题,但是概念、理论推理过程在大多情况下都是不同的。这主要是因为处理空值是空值数据库的根本特性。也就是说,在数据库系统领域中,关系数据库是处理常规数据(已知信息)的数据库系统。当人们需要既处理常规数据又处理空值(最早称为缺省值)时,显然用关系数据库处理是无法完成的。其根本原因是两类数据的本质不同。在这种情况下,产生了空值数据库理论。相关内容详见《空值环境下数据库理论基础》一书。

1) 空值的语义及分类

空值本身所固有的信息主要包括:空值是否有可以用来取代空值的非空值(实值),实值的个数,实值的取值范围。

根据这些语义信息,可把空值分为三类。

(1) 关系的某一个元组在某一属性上不应有任何实值。但在数据库中应给出其某种表征,如一个未婚者的配偶姓名等。这类空值可以称为"不存在型空值",实际上,它的含义是存在的。

(2) 关系的某一个元组在某一属性上必然有某个或几个实值,通常称为"存在型空值"。一旦元组在该属性上的实值被确定后,就可以用相应的实值来取代空值,使信息趋于完全,这个过程称为非空化过程,简称非空化。

存在型空值是不确定性的一种表征,这类空值的实值在当前是未知的,但它也不是不确定的,即它仍然有确定性的一面。例如,它的实值确实存在,受本身的语义和数据关联性的约束,且总是落在一个人们往往可以确定的区间内。只有该区间的值才有可能是该空值的实值,称这一区间为该空值的限定代换范围,简称语义范围。实际数据处理中，在实值未知的情况下，空值的限定代换范围信息是十分有意义的。在限定代换范围的每一个值，称为该空值的一个可能代换。

存在型空值对应的实值个数不一定唯一。例如，某个数据库为了记录每个职工的房产情况，定义了如下关系模式：

$$R(职工名，房产名，房产面积)$$

已知职工杨源有房产，但房产名和房产面积不详(瞒报(贪官)或档案不全)。这样，杨源所在元组的房产名、房产面积对应的实值不一定唯一。

(3) 关系的某一个元组在某一属性上尚不知是否存在某种实值，它可能是不存在型空值或存在型空值，要随着时间的推移才能清楚，是最不确定的一类，称其为占位型空值。

根据这些语义定义信息，确定了问题检验是否符合相关定义的标准。根据对命题相关定义形式化联系的描述，确定了检验实例是否满足相关定义的客观语义联系的标准。

为了区别上述三类空值，分别用不同的符号表示：φ^0 表示不存在型空值；φ^* 表示存在型空值；φ^- 表示占位型空值。下面分别给出它们的定义。

根据语义信息分类中的(1)：关系的某一个元组在某一属性上不应有任何实值，通常称为不存在型空值。事实上，这是不存在型空值的语义定义。

下面给出它的形式化定义。

定义 1.4 (不存在型空值)　假设 X 是关系 R 上的一个属性组，对于元组 $t \in R$，若至少有一个属性 $A_i \in X$，元组 t 在 A_i 上的分量 $t[A_i]$ 值无法填入，称这种空值为不存在型空值，记为 φ^0。

根据语义信息分类中的(2)：关系的某一个元组在某一属性上必然有某个或几个实值，通常称为存在型空值。事实上，这是存在型空值的语义定义。

下面给出它的形式化定义。

定义 1.5 (存在型空值)　假设 X 是关系 R 上的一个属性组，对于元组 $t \in R$，若至少有一个属性 $A_i \in X$，元组 t 在 A_i 上的分量 $t[A_i]$ 值暂时不能填入，称这种空值为存在型空值，记为 φ^*。

根据语义信息分类中的(3)：关系的某一个元组在某一属性上尚不知是否存在某种实值，它可能是不存在型空值或存在型空值，要随着时间的推移才能清楚，是最不确定的一类，称其为占位型空值。事实上，这是占位型空值的语义定义。

定义 1.6 (占位型空值)　假设 X 是关系 R 上的一个属性组，对于元组 $t \in R$，若至少有一个属性 $A_i \in X$，元组 t 在 A_i 上的分量 $t[A_i]$ 值不能填入的性质不定，即可能为 φ^0，也可能为 φ^*，称这种空值为占位型空值，记为 φ^-。

2) 空值信息之间的关系

由于占位型空值的可能代换包括不存在型空值、存在型空值或该属性定义域内的任何非空值，那么我们只讨论不存在型空值、存在型空值和非空值之间的关系就足够了。因此，这里只讨论空值相等、空值等价及空值相容。

定义 1.7 (空值相等)　对于同一个值域上的两个空值 φ_1、φ_2，若它们均为存在型空值，在进行空值代换时它们将被代换为相同的非空值；若两个空值为占位型空值 φ_1^-、φ_2^-，可将两者都代换为不存在型空值 φ^0，则称这两个空值 φ_1、φ_2 相等，记为 $\varphi_1 = \varphi_2$。

定义 1.8 (空值等价)　对于某一个属性上的两个空值 φ_1、φ_2，有可能不一定对应相同的非空值，但对应于相同的谓词，则称这两个空值 φ_1、φ_2 等价，记为 $\varphi_1 \doteq \varphi_2$。否则，称这两个空值 φ_1、φ_2 不等价，记为 $\varphi_1 \neq \varphi_2$。

对于：

(1) 所有的占位型空值，是等价的；

(2) 所有的不存在型空值，是等价的；

(3) 任意两个存在型空值，它们对应的非空值的个数相等，且限定的代换范围也相同，则它们是空值等价的。

针对存在型空值，定义两个空值相容。

定义 1.9 (空值相容)　对于某一个属性上的两个存在型空值 φ_1^*、φ_2^*，既不肯定它们相等，谓词表示也不一定相同，但仍然可能出现对应同一个非空值的情况，则称这两个空值 φ_1^*、φ_2^* 是相容的，记为 $\varphi_1^* \doteq \varphi_2^*$。否则，称这两个空值 φ_1^*、φ_2^* 不相容，记为 $\varphi_1^* \neq \varphi_2^*$。

注意，不存在型空值和占位型空值都不存在相容的情况。

本书 4.6 节讨论的命题 4.2、命题 4.3、命题 4.4、命题 4.5、命题 4.6 都是为了解决允许含有空值的空值数据库理论问题产生及确定的。它们是以空值数据库的概念和定义为基础，通过类比推理方式产生及确定的。

综上讨论可知，命题选择确定若是客观世界需求产生命题，则必须通过在同一个环境下对客观世界需求的实例找出，或用自找的实例或反例进行验证，如果命题的条件和结论是正确的，在这种情况下，通过分析、综合、归纳和抽象这些实例，找出它们的规律。

1.3　产生及确定命题的基本方式

当课题确定后，接下来就是对课题的实施，也就是真正进入课题研究的具体阶段。这一阶段具体体现在形成概念和定义、产生及确定命题、必须证明的命题的推理证明，多数情况是使用逻辑思维的方式。产生及确定命题的基本方式有三种：逻辑思维方式产生及确定命题、归纳推理方法产生及确定命题和类比推理方法产生及确定命题。后面讨论的产生及确定命题方式中，确定命题前提条件和结论时要用到它们。由于这三种产生及确定命题方式是基本方式，为了方便后面其他方式产生及确定命题的讨论，这里首先进行讨论。

命题产生及确定过程是在一定环境下可以产生命题，但所产生的命题对实施课题不一定都是有用的，而只将有用的命题确定下来。本书在后面的讨论中，遵循这种比较准确的描述方式："命题产生及确定"，不以"命题产生"或"命题确定"来描述。

1. 逻辑思维方式产生及确定命题

逻辑思维的表现方式是从概念出发，通过分析、比较、判断、推理等方式得出符合逻辑的结论。

逻辑思维一般是单向的思维，总是从概念到判断再到推理，最后得出结论。

逻辑思维是建立在现成的知识和经验基础上的，离开已有的知识和经验，逻辑思维便无法进行。逻辑思维严格按照逻辑进行，思维的结果是合理的，但不一定有创新性。

课题设计实施这一阶段以逻辑思维为主，很多问题的解决是按照流程来进行的，对于一些特殊的问题，还需要大胆地运用科学、创新思维方式。这是因为科学、创新思维方式的使用对解决问题更直接、更适用。

逻辑思维方法是一个整体，它是由一系列既相区别又相联系的方法所组成的，其中主要包括：归纳和演绎的方法、分析和综合的方法、从具体到抽象和从抽象上升到具体的方法以及类比推理方法。逻辑思维方法是最重要的进行科学研究、逻辑论证的方法。对于没有逻辑论证过程的大多数问题，就不会有命题的正确性证明。

对于计算机数据库、网络安全和数学理论研究课题，在具体实施过程中，仍然需要用科学系统思维和规划方法来确定研究课题的每一个命题，几乎都要应用上述的方法。

如果证明原命题结论是正确的，说明原命题结论只有在原命题设定的前提条件下证明原命题结论才能成立。

如果原命题结论不成立，处理原命题设定的前提条件和结论有两种方法：增强原命题前提条件限制法和削弱原命题前提条件限制法。

1) 演绎中增强条件限制产生及确定命题

增强原命题前提条件限制法：在原命题设定的前提条件下，不能证明原命题结论成立时，增加一个或几个(猜测)条件，在增加新的条件下看原命题结论是否成立的方法。

使用增强原命题前提条件限制法有两种可能的结果。

(1) 如果在原命题设定的前提条件下推理证明不出原命题结论是正确的，就要对原命题设定的前提条件逐步增加一个或几个(猜测)条件，看原命题结论是否成立，如果证明原命题结论成立，则原命题设定的前提条件和逐步增加的一个或几个(猜测)条件合在一起，就是证明原命题结论成立的条件。

(2) 如果在原命题设定的前提条件的基础上增加一些(猜测)条件，仍然不能推理证明原命题结论成立，说明原命题的结论错误。此时应将原命题设定的前提条件连同增加的条件应用有效推理规则推导出新的结论，即产生了一个新命题，它也可能是有用的一种创新。

2) 演绎中削弱条件限制产生及确定命题

削弱原命题前提条件限制法：在原命题设定的前提条件下，不能证明原命题结论成立时，削减一个或几个(猜测)条件，在削减后的条件下看原命题结论是否成立的方法。

使用削弱原命题前提条件限制法有两种可能的结果。

(1) 如果在原命题设定的前提条件下推理证明不出原命题结论是正确的，就要对原命题的设定前提条件逐步削减一个或几个(猜测)条件，应用有效的演绎推理规则看原命题结论是否成立。如果证明原命题结论成立，则原命题设定的条件中减去一个或几个(猜测)条件后所剩的条件，就是证明原命题结论成立的条件。

(2) 如果在原命题设定的前提条件的基础上削弱一些(猜测)条件，仍然不能推理证明原命题结论成立，说明原命题的结论错误。此时应将原命题设定的前提条件中减去削弱的一个或几个(猜测)条件后所剩的条件，应用有效的演绎推理规则推导出新的结论，即产生一个新命题，它也可能是有用的一种创新。

在增强或削弱一个或几个(猜测)条件的情况下，考虑在某一或某几个条件下某个命题结论是否成立，并用演绎推理或其他证明方法对这个命题结论进行严格无误的证明。

2. 归纳推理方法产生及确定命题

归纳推理方法确定命题是具体到抽象方法确定命题。就理论研究选题而言，从掌握的大量的例子中，通过归纳推理、分析和综合、从具体到抽象推测出可能得到的某个结论、命题。很多理论研究选题的命题就是通过不完全归纳推理、分析和综合、从具体到抽象推测出命题。命题前提是关于个别性知识，命题结论是关于一般性知识的结论。不完全归纳推理的命题结论一般具有或然性，用在具体课题、命题和题目的猜测(猜想)和确定上；再根据它们从抽象上升到具体的方法设计出各类例子，通过这些设计出的例子，再进一步修正这些命题或定理，直到最后证明相应的命题或定理是正确时为止。

这两种情况均是在特殊情况下已经证明无误的结论、命题提高到在一般情况下原结论、命题成立的方法的体现。完全是由归纳推理、具体到抽象和抽象到具体的方法、演绎推理和其相关推理方法指导下完成的。

由特殊到一般的归纳推理、具体到抽象方法是确定命题的结论和条件的重要方法。

在计算机数据库、网络安全和数学理论研究中，大多数的定义、公理、假设、命题、规则、公式、算法、推论、定律、原理等的确定就是科学研究人员通过归纳推理、分析和综合、从具体到抽象以及判断和推理的方法得出的。就是连需要证明的命题等的证明思维推理过程也不例外。

特别要指出的是，上述两种确定命题的条件和结论的方法是其他多数确定命题方法的基础，如果没有它们，其他确定命题方法只能是大体上猜测，很难获取具体命题的条件和结论。这是因为在用其他方法确定命题的过程中，往往需要用这两种确定命题的方法进行演绎推理，检验命题的条件和结论是否正确，如果检验命题的条件和结论正确，则用其他方法确定命题的过程终止，如图 1.2(a) 所示。如果检验命题的条件和结论不正确，则用其他确定命题方法确定新命题，再进一步通过这两种方法检验命题的条件和结论是否正确，如果检验命题的条件和结论正确，则确定命题过程终止；如果不正确，再进一步重复这一过程，直到最后证明相应的命题是正确时为止。但是，如果通过有限次的重复，其他方法确定命题及上述两种确定命题的条件和结论的方法过程仍然得不到一个确认的命题，这个命题可能根本不存在。其过程如图 1.2(b) 所示。

(a) 其他确定命题方法一次确定命题

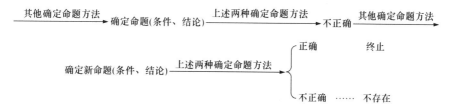

(b) 其他确定命题方法有限次确定命题或无法确定命题

图 1.2　其他确定命题方法确定命题示意图

3. 类比推理方法产生及确定命题

无论哪种产生及确定方式得到的命题，一般都具有或然性。尽管它不是要使用的推理方式的全部，类比推理命题结论一般也具有或然性。类比推理，在某种情况下，可以猜测出它的证明方法。

1) 功能相似类比方法确定的命题

对于大系统可以使用功能相似类比方法，类比出一般到一般的推理。

宏观上，从关系数据库系统到空值(不完全信息)数据库系统就是利用类比推理的一般到一般的推理。对于大系统可类比性，例如，关系数据库系统功能：处理常规数据；空值数据库系统功能：处理常规数据和空值。功能方面是相似的，大系统具有可类比性。

微观上，又由于空值与常规数据的差异性，即本质根本不同，所以在保证实现功能的结构上也有很大的差异性，具有本质上的差别。具体的，从各部分功能、功能实现的结构、理论命题等的基础公理的推理规则的研究，仍然使用类比推理产生空值数据库的数据依赖推理规则。这两类推理规则只是外在轮廓的"形"相似，而内在的实质内涵又不同，但是对于空值数据库的数据依赖推理规则是否存在并不是用类比推理能够证明的，这是由这种推理形式具有的"猜测"这种质决定的，只能说是"可能"。在某种情况下，可以猜测出它的证明方法。

2) 降维相似类比推理确定低维的命题

降维相似类比推理也称简化类比推理。在计算机理论研究中，通过对两个或两类研究对象所处的空间维数进行比较，将高维空间中的对象降为三维空间的对象，将三维空间的对象降为二维(或一维)空间中的对象，这种类比方法即为降维类比推理，通过降维后的对象的处理结果，做出它们之间的相同或相似的结论。在空间数据库、时空数据库及移动数据库中，降维相似类比推理是研究这些数据库中的重要方法之一。许多高维查询如果直接进行是有难度的，都比较烦琐且消耗大量时间、空间，通过降维处理后降至二维或一维，利用二维或一维的查询方法进行处理，既降低难度又节省资源。使用空间填充曲线：Z 曲线、Gray 曲线和 Hilbert 曲线，将高维空间降维至二维来求解，使用主成分分析(PCA)将原始空间(高维的)中的点转化到另一个(通常是低维的)空间的方法确定低维的命题。相关内容可参见《一种采用 Z 曲线高维空间范围查询算法》《一种基于主存 Δ-tree 的高维数据自相似连接处理》《一种基于主存 Δ-tree 的高维数据 kNN 连接算法》《高维主存的反向 k 最近邻查询及连接》。

3) 原命题和其相似的简单命题的类比确定命题

(1) 要对原命题的前提条件和结论转化成较为熟悉的命题或命题集合。通过简单命题的解决思路和方法的启发，寻求原命题的解决思路与方法。计算机数据库中的空值数据库相对关系数据库就是原命题，而关系数据库相对空值数据库就是简单命题。根据关系数据库的系统方法、规律、命题、公理和性质等来推测空值数据库中相应的命题，但是推测出的命题不一定都是正确命题，有些空值数据库中命题即使是正确命题，也不是在关系数据库成立的前提条件下为正确的。这是因为空值数据库中的本质特征是空值(不完全信息)，因为它和研究实值的关系数据库中的实值无相同之处，有本质的不同。

(2) 对于原始创新的问题中的命题，有时根据它们与较为熟悉且又简单的概念、定义和命题的有机联系的命题，需要对原始创新命题的前提条件和结论转化成较为熟悉的命题或命题集。这样便可以利用较为熟悉的命题去表述说明该原始创新命题的实质，并在熟悉的命题证明方法的提示下，结合对原始创新命题解析而得到原始创新命题的证明策略和方法。例如，空值数据库在讨论弱保持条件、亚强保持条件和强保持条件的命题 4.2 "若一个不完全关系 R 满足 NFD 强保持条件，则对它的任何一个满足语义的非空化结果关系中的数据依赖是 FD；若满足 NFD 亚强保持或弱保持条件，则部分满足语义的非空化结果关系中，其数据依赖是 FD；若不满足弱保持条件，该关系的任何一个满足语义的非空化结果关系中，其数据依赖都不可能是 FD。"就是与关系数据库中函数依赖有机联系的命题。其证明方法和关系数据库中相关的证明方法相同，命题结论正确性结果的检验也是根据是否满足"非空化结果关系中的数据依赖是 FD"来确定。

下面就基础的类似于关系数据库公理的推理规则研究的空值数据库数据依赖推理规则进行讨论。例如，具体对关系数据库理论中公理是某个演绎系统的初始命题，这样的命题在该系统内是不需要利用其他命题加以证明的(参见《数据库理论研究方法解析》一书)。并且它们是推出该系统内其他命题的基础命题。这种命题也称为公理系统中的核心公理。

A_1 自反律：若 $Y \subseteq X \subseteq U$，则 $X \rightarrow Y$ 被 F 逻辑蕴涵。

注意，本规则只给出平凡依赖集，即左部包含右部的那些函数依赖。这一规则的使用与 F 无关。

A_2 增广律：若 $X \rightarrow Y$ 且 $Z \subseteq U$，则 $XZ \rightarrow YZ$。

注意，这里的 X、Y 和 Z 是属性集合，而 XZ 是 $X \cup Z$ 的简写。还有，给定的函数依赖 $X \rightarrow Y$ 可能是 F 集中的，也可能是由 F 集中的函数依赖利用正在描述的公理导出的。

A_3 传递律：若 $X \rightarrow Y$ 且 $Y \rightarrow Z$，则 $X \rightarrow Z$。

从阿姆斯特朗公理能导出若干其他推导规则。

A_4 合并规则：若 $X \rightarrow Y$ 且 $X \rightarrow Z$，则 $X \rightarrow YZ$。

A_5 伪传递规则：若 $X \rightarrow Y$ 且 $WY \rightarrow Z$，则 $XW \rightarrow Z$。

A_6 分解规则：若 $X \rightarrow Y$ 且 $Z \subseteq Y$，则 $X \rightarrow Z$。

扩展而产生的规则(A_4、A_5、A_6)是要通过核心公理部分推导出的，即扩展的规则是需要证明的。既然已经说明了 A_1、A_2 和 A_3 的有效性，在证明 A_4、A_5 和 A_6 的正确性时将有权利用它们。关于扩展的规则证明可参见《数据库理论研究方法解析》一书。阿姆斯特朗公理系统的核心公理和扩展的规则共同构成了阿姆斯特朗公理系统(人们习惯上的一种称谓)，严格地说，它是一个推理规则系统(因为 A_4、A_5 和 A_6 的正确性是由 A_1、A_2 和 A_3 逻辑演绎推理得到的)，这组规则还是有效(也称正确)的。它是关系数据库函数依赖理论推理的基础。

对于空值数据库理论系统根据类比推理是否也可能存在类似关系数据库阿姆斯特朗公理系统推理规则呢？使用类比推理(数学相似类比推理或(和)原命题和其相似的简单命题的类比)也能得到这种推理规则 B_1、B_2 和 B_3 存在的可能，具体可参见《空值环境下数据库理论基础》、《空值环境下数据依赖保持条件》和《空值环境下函数依赖公理系统存在性研究》等文献。阿姆斯特朗核心公理是原始公理，根据类比推理空值数据库理论系统能得到这种推理规则存在的可能，如果存在这种推理规则也不是原始的，因为这种推理规则是根据类比推理导出的。它的这种推理规则是"可能"正确的。根据这两类推理规则，即使只是外在轮廓的"形"相似类比也可能得到下面这种推理规则集。

B_1 自反规则：①若 NFD：$X{\rightarrow}Y$ 强保持成立，则自反律不成立；②若 NFD：$X{\rightarrow}Y$ 亚强保持成立，则自反律成立；③若 NFD：$X{\rightarrow}Y$ 弱保持成立，则自反律成立。

B_2 增广规则：①若 NFD：$X{\rightarrow}Y$ 强保持成立，则 NFD：$XZ{\rightarrow}YZ$ 强保持不成立；②若 NFD：$X{\rightarrow}Y$ 亚强保持成立，则 NFD：$XZ{\rightarrow}YZ$ 亚强保持成立；③若 NFD：$X{\rightarrow}Y$ 弱保持成立，则 NFD：$XZ{\rightarrow}YZ$ 弱保持成立。

B_3 传递规则：①若 NFD：$X{\rightarrow}Y$ 和 NFD：$Y{\rightarrow}Z$ 强保持成立，则 NFD：$X{\rightarrow}Z$ 强保持成立；②若 NFD：$X{\rightarrow}Y$ 和 NFD：$Y{\rightarrow}Z$ 亚强保持成立，则 NFD：$X{\rightarrow}Z$ 亚强保持成立；③若 NFD：$X{\rightarrow}Y$ 和 NFD：$Y{\rightarrow}Z$ 弱保持成立，则 NFD：$X{\rightarrow}Z$ 弱保持不成立。

阿姆斯特朗公理系统推理规则，不是只由其核心公理组成，还包括若干扩展的推理规则 A_4、A_5 和 A_6。在空值数据库理论环境下，根据类比推理也能得到这种扩展推理规则集 B_4、B_5 和 B_6 存在的可能。

B_4 合并规则：①若 NFD：$X{\rightarrow}Y$，$X{\rightarrow}Z$ 强保持成立，则 NFD：$X{\rightarrow}YZ$ 强保持成立；②若 NFD：$X{\rightarrow}Y$，$X{\rightarrow}Z$ 亚强保持或弱保持成立，则 NFD：$X{\rightarrow}YZ$ 亚强保持或弱保持均成立。

B_5 伪传递规则：①若 NFD：$X{\rightarrow}Y$ 和 $WY{\rightarrow}Z$ 强保持成立或亚强保持成立，则 NFD：$WX{\rightarrow}Z$ 满足强保持或亚强保持均成立；②若 NFD：$X{\rightarrow}Y$ 和 $WY{\rightarrow}Z$ 弱保持成立，则 NFD：$WX{\rightarrow}Z$ 弱保持不成立。

B_6 分解规则：若 NFD：$X{\rightarrow}Y$ 无论满足什么保持条件，并且当 $Z{\subseteq}Y$，则 NFD：

$X{\to}Z$ 均满足相应的保持条件。

所以，对 B_1、B_2、B_3、B_4、B_5 和 B_6 推理规则集中的每一个推理规则(命题)必须在空值数据库理论环境下进行严格的有效推理证明，确定它是否是正确(有效)的。若正确，则表明扩展推理规则(命题)是存在的；否则，表明它不存在。所以，出现不存在这种情况，是只考虑了一般情况下的功能问题，不仅如此，更重要的是，还要考虑空值与常规数据质的差异性，这种差异性必然要对各个推理规则(命题)中命题条件和结论等产生重要的决定性影响。所以，在空值数据库理论环境下，使用演绎中增强条件限制产生命题或(和)演绎中削弱条件限制产生命题或(和)不完全归纳推理方法产生命题方法，进行检验、修正命题的条件使其能保证命题结论正确(有效)。如果命题结论正确(有效)，则表明该扩展推理规则(命题)是存在的；否则，有限次重复上述过程，直到正确(有效)或该扩展推理规则(命题)不存在。需要指出的是，由于每一个扩展推理规则(命题)都需要重复上面的确定过程，如果都成立，则由它们组成的推理规则集是正确(有效)的。

每一个推理规则(命题)确定过程如图 1.3 所示。

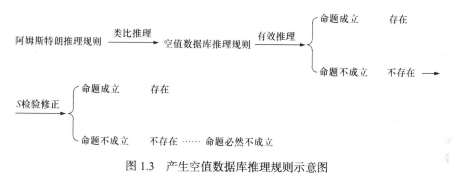

图 1.3　产生空值数据库推理规则示意图

为了描述方便，令 S=(演绎中增强条件限制产生命题，演绎中削弱条件限制产生命题，不完全归纳推理方法产生命题方法)。

由上面讨论可知，产生空值数据库推理规则，不仅是只使用类比就可以做到的，因为空值与常规数据存在质的差异性，这种差异性不仅对各个扩展推理规则(命题)中命题条件和结论等产生重要、甚至是决定性影响，还要影响各部分功能的实现，又因为空值数据库系统是由各部分功能构成的，所以造成了对整个系统的影响。

通过上面的讨论和比较还可以看出，这两类推理规则只是外在轮廓的"形"相似，而内在的实质内涵是截然不同的。

而这六个推理规则(命题)的正确性的推理是无法用类比方法推导出的，其根本原因是两类数据的本质不同。这足以说明类比推理在理论命题证明中的脆弱性。

类比推理是根据两类对象之间的具有某些相似特性和其中一类对象的某些已知特性，推出另一类对象也具有这些特性的推理，是由特殊到特殊、一般到一般的推理。

　　无论是大到科学的假设创立，研究课题的确定，还是小到具体的某一个研究题目(提出一个结论或一个命题)的确定，几乎都要用到类比推理这种特殊到特殊或个别到个别、一般到一般的推理形式，一般也具有或然性。尽管它不是要使用的推理方式的全部。类比推理命题结论一般也具有或然性。类比推理，在某种情况下，可以猜测出它的证明方法。

　　在数据库系统领域中，关系数据库是处理常规数据的数据库系统。当人们需要既处理常规数据又处理空值(缺省值)时，显然用关系数据库处理是无法完成的。从大的系统看，它们应该是功能方面相似的，因此就具有可类比性。宏观上，从关系数据库到空值数据库就是利用类比推理的一般到一般的推理，产生了空值数据库理论。微观上，从各部分功能、功能实现的结构、理论研究上(如命题、定理等)仍然使用类比推理产生空值数据库的理论系统，直到基础的结论、命题等。当然，不仅是只使用类比就可以做到的，因为还要考虑空值与常规数据质的差异性，这种差异性对各个结论、命题、定理等的影响，对各部分功能、实现的结构的影响以及对整个系统的影响。就必须通过分析和综合、从具体到抽象推测出可能得到的某个结论、命题。

　　正是由于空值与常规数据所具有的这种差异性，并不能根据它们在某些方面的相同或相似，就必然地推出它们在另一些方面的属性也相同或相似。因此，类比推理是一种或然性推理，也就是说，即使其前提是正确的，由于其结论超出了前提所判断的常规数据范围，其结论并不必然为正确。正是因为它们的这些差异性，所以类比推理在实质上只能是一种或然性推理。空值数据库理论系统和关系数据库的理论系统相比较，几乎是面目全非。

　　在计算机理论研究中，通过对两个或两类研究对象所处的空间维数进行比较，将高维空间中的对象降维类比推理，通过降维后的对象的处理结果，做出它们之间的相同或相似的结论，产生及确定命题。

1.4　创新思维方式产生及确定命题

　　往往一个好的研究方法和结果，并不是单纯的创新思维和灵感所带来的，创新思维、灵感思维是大量的分析、综合等逻辑思维的结果，如果没有这些作为基础，创新思维和灵感思维也只能是意象，不可能产生及确定命题。

　　创新思维就是通过运用逻辑思维、非逻辑思维和辩证思维获得新问题、提出新假设、形成新概念、产生及确定新命题和创立新理论等探索未知领域的思维活动。而对一个选题来说，就是提出一种新的解决方法或方式的思维活动。创新思维用得最多的是在对具体问题的讨论研究过程中。因此，在本节的讨论中多以某一事物(现象)、问题为对象。在选题深入研究过程的命题产生及确定时，很多是由采用创新思维方式产生及确定的。不仅如此，本书 2.3 节将讨论创新思维在命题的证明过程也是不可缺的。

创新思维是以综合性、探索性和求新性为特征的高级心理活动。创新思维的作用在学术研究中，由于不完全受逻辑规则的限制，往往能够别开生面，另辟蹊径，取得一些意想不到的效果。

创新性思维，从功能上看就是指具有创新功能的思维活动，从结果上看就是指产生创新性新成果的思维活动。创新思维的关键在于怎样具体地去进行思维，在命题产生及过程中可能用到的创新性思维包括 10 种：①理论思维；②发散思维；③联想思维；④收敛思维；⑤相向交叉思维；⑥递进思维；⑦转化思维；⑧延伸思维；⑨扩展思维；⑩综合思维。

下面讨论这些思维方式在命题产生及确定过程中的作用。

命题产生及确定过程是在一定环境下可以产生命题，用任何一种思维方式和方法产生及确定的命题由两个部分构成：前提条件和结论。自然的，由创新思维方式产生及确定命题的构成也是如此。由创新思维构成一个有效命题的前提条件和结论必须是相容的，如果出现矛盾，则需要通过增强原命题前提条件限制法和削弱原命题前提条件限制法进行必要的修正，使命题的前提条件和结论相容。这是作者讨论产生及确定命题的基本方式的目的。

1. 理论思维产生及确定命题

理论思维是指使理性认识系统化的思维方式，在计算机数据库系统、网络安全系统中就是运用系统理论思维来处理一个系统内各个有关问题的。在选题确定后，对课题的实施，进入课题研究的具体阶段，将课题视为一个系统，研究课题就是研究系统，研究过程中又将其有效分解为若干子系统，每一个子系统相对系统而言是一个较小的系统或是一个较小的相对独立问题。为完成每一个子系统研究必然要产生、确定一个或多个命题，如果命题的结论被证明是正确的，它将成为系统的一个有效部分。理论思维是学术研究的一种基本思维方式。

2. 发散思维产生及确定命题

发散思维是指对某一事物(现象)、问题的思考过程中，沿着各种不同的点或线从仅有的信息中尽可能向多方向扩展，而不受已经确定的方式、方法、规则和范围等的约束，并且从这种发散的思考中求得常规的和非常规的多种设想的思维。

使用发散思维就是尽可能多地提出一些"假如…"、"假设…"、"假定…"等，才能从新的角度想自己或他人从未想到过的东西。发散思维又称求异思维，发散思维是创新思维的基本方式，它派生出一些具体方法和技巧，包括逆向思维(法)、侧向思维(法)、分合思维(法)、质疑思维(法)、克弱思维(法)等。

1) 逆向思维产生及确定命题

任何事物都包括对立的两个方面，这两个方面又相互依存于一个统一体中。在确定命题中，一个命题确定了，它的逆命题自然可以根据逆向思维法确定。命题和逆命题依存于一个统一体命题中。命题和逆命题是否正确，当然必须分别进行证明。空间数据库、时空数据库和移动数据库中所有的反向查询命题的产生与确定，就是使用了逆向思维方式。

2) 侧向思维产生及确定命题

侧向思维就是从其他领域得到启示的思维方式。

(1) 侧向移入。跳出本专业范围，摆脱习惯性思维，侧视其他方向，将其他领域已成熟的较好的技术方法、原理等直接移植过来加以利用；或者从其他领域事物的特征、属性、机理中得到启发，导致对原来思考的问题进行创新设想。

(2) 侧向移出。与侧向移入相反，侧向移出是指将现有的设想、已取得的创新、证明方法中从现有的使用领域和使用对象中摆脱出来，将其外推到其他意想不到的领域或对象上。这也是一种立足于跳出本领域、克服线性思维的思考方式。

侧向移入和侧向移出是两种互逆的思维方式。例如，将生物、医学领域人体的特征、属性、机理中的遗传、免疫系统和神经网络等从生物、医学领域侧向移出，将其侧向移入数据库理论、网络安全理论的研究中而产生了遗传算法、免疫系统和神经网络等创新设想。

(3) 侧向转换。侧向转换是指不按最初设想或常规直接解决问题，而是将问题转换成为它的侧面的其他问题，或将解决问题的手段转为侧面的其他手段等。例如，计算机数据库、网络和计算机其他学科理论的数据组织无环性理论研究中，许多学者利用超图、线图对无 α 环、无 β 环、无 γ 环的特性进行了分析，但是利用这些方法在实现满足无环性分解时遇到了难以完成的境地，迫使作者另辟它径，在《数据库数据组织无环性理论》一书中，相继给出了归并依赖集的最小归并依赖集等相关概念，产生及确定了相应的一系列相互关联的命题链。归并依赖集的命题提出是讨论无环分解的起点，是一个核心命题。

3) 分合思维产生及确定命题

分合思维将思考对象的有关部分在思想上将它们分解为部分或重新组合，试图找到解决问题的新方法。分合思维可以分为分解思维法和组合思维法两种。

(1) 分解思维法可以把无用的因素分离出去，把有用的因素提取出来，加以利用；计算机数据库理论的过滤规则这种命题的产生及确定就是使用分解思维方式。

(2) 组合思维法可以由重新组合而创新。

二者都是很有用的创新思维方式。

计算机数据库、网络安全、数学理论研究中，宏观上，对一个选定的课题(可称其为总课题)进行有效划分、确定子课题、问题和命题等就是使用分合思维方式；微观上，就是对所选课题、命题的解决和命题成立的条件、命题的证明和算法设计与分析中，也离不开分合思维方式。

4) 质疑思维产生及确定命题

质疑思维是探索的动力，是创新的前提，是发现问题的起点。以质疑思维阅读文献、学术论文和专著发现新问题、分析问题和解决问题。

质疑思维就是勇于提出问题，敢于向权威挑战。不受传统理论的束缚，不迷信书本和专家权威，在认真学习前人知识经验的基础上，经过深思熟虑，发现问题，提出质疑。在计算机理论研究中的数据库、网络安全、数学理论研究中，当选题确定后，依据选题查阅前人的文献、学术论文和专著的过程中，通过分析发现论文中的缺点甚至错误，勇于指出问题，不管论文的作者是谁，有多么权威，要敢于挑战。宏观上，在修正缺点或纠正错误的基础上提出新课题；微观上，在修正缺点或纠正错误的基础上产生及确定新命题。不仅如此，甚至连"批判阅读"也是基于质疑思维。

5) 克弱思维产生及确定命题

克弱思维就是在解决问题的过程中，先将思考对象的缺点一一列举出来，然后针对发现的缺点，加以分析，抓住关键，有的放矢地进行改进，从而获得课题的解决，许多创新就是用这种方式取得的。计算机数据库、网络安全理论研究中，通过查阅前人的文献、学术论文和专著这种方式产生及确定需要证明的部分新命题或子命题，就是科学研究人员通过阅读所选的阅义有哪些缺点，通过克弱思维得出的。质疑思维是敢于提出问题的思维方式，克弱思维是解决问题的思维方式。

3. 联想思维产生及确定命题

联想思维是一种把已经掌握的知识与某种思维对象联系起来，这是因为任何事物之间都是普遍直接的或间接的相互联系的，这种联系是联想思维的客观基础。联想思维是从其相关性中发现启发点从而获取创新性猜想的思维方式。

联想思维过程是指由某一事物联想到另一种已经掌握的事物而产生认识的由此及彼、由表及里的过程。即由所感知或所思考的事物、概念或现象而想到其他与之有关的已经掌握的事物、概念或现象的思维过程。联想的主要素材和触媒是表象或形象。当我们阅读文献或学术论文时，通过阅读文中的一个概念、一个观点、一个论据、一种现象等，就可能由此及彼、由表及里联想到相关的另一个概念、另一个观点、另一个论据、另一种现象，而使其形成系统的、完整的、新的认识。

联想思维方式按照联想的内容、形式，可以分为 6 种：相近联想、相似联想、相反联想、因果联想、纵向联想和横向联想等。

1) 相近联想产生及确定命题

相近联想是指由一个事物或现象的刺激想到与它在时间或空间相接近的事物或现象的联想。在数据库理论研究中，由于存在空间数据库的近邻、最近邻及相关命题研究，当研究时空数据库和移动数据库理论时，自然根据相近联想到也可能需要研究近邻、最近邻及相关命题。

2) 相似联想产生及确定命题

相似联想是指由一个事物或现象想到与它在外形、结构、功能和原理等方面有相似之处的其他事物与现象的联想。客观事物之间是存在联系的，这些联系不只是与时间和空间有关的联系，还有很大一部分是属性的联系。数据库理论中许多性质命题就是通过相似联想产生与确定的。

另外，相似联想极大地扩展了科学技术的探索领域，解决了大量过去无法解决的复杂问题。利用相似联想，在相似事物之间进行启发、模仿和借鉴。由于相似关系可以把两个表面上看相差很远的事物联系在一起，所以相似联想易于导致较高的创新性。在计算机数据库理论、网络安全理论的研究中所利用的遗传算法、免疫系统等都是借鉴医学领域生物体的特征、属性、机理得到启发产生及确定的网络安全研究的创新假设和新命题，其实是侧向思维和联想思维共同产生的。

3) 相反联想产生及确定命题

相反联想是指由一个事物、现象想到与它在时间、空间或各种属性相反的事物与现象的联想。空间数据库、时空数据库和移动数据库中所有的反向查询命题的产生及确定，就是使用了相反联想。其实反向查询命题的产生与确定是由相反联想到进行逆向思维共同产生的。

相反联想与相近、相似联想不同，相近联想只想到时、空相近而不容易想到时、空相反的一面；相似联想往往只想到事物相同的一面，而不容易想到与正面相对立的一面，所以相反联想弥补了前两者的缺陷，使人的联想更加丰富。同时，又由于人们往往习惯于看到正面而忽视反面，所以相反联想又使人的联想更加富于创新性。

4) 因果联想产生及确定命题

因果联想源于人们对事物发展变化结果的经验性判断和想象，某一事物与另一种事物之间存在一定因果关系。这种联想往往是双向的，既可以由起因想到结果，也可以由结果想到起因。在计算机数据库理论、网络安全理论的研究中，当我们阅读文献、学术论文和专著时，由已知具有因果关系的原因的内容联想到其结果的内容。例如，一个条件产生及确定多种结论的命题，多个条件产生及确定一个结论的命题。

可以说,联想思维方式是在不同对象或事物之间产生联系的一种没有固定思维方向的自由思维活动。这种联想思维方式在计算机数据库、网络安全理论研究中具有极其重要的作用,特别是因果联想思维方法在理论正确性的证明过程中,是最常用、最清晰和最简单的一种。

5) 纵向联想产生及确定命题

纵向联想是指已知内容联想在不同发展时期或发展的不同阶段、发展过程不同环节的相关内容,认识其发展变化、影响因素和发展趋势等。宏观上,纵向联想可以产生及确定大的理论系统模型。计算机数据库中,在不同的数据库之间,如关系数据库→空值数据库是一种纵向联想。由于处理空值,而空值又是空值数据库中的核心因素(本质属性),空值及与其相关的概念决定着空值数据库系统的功能和设计实施中的特性,纵向看它是关系数据库在处理空值方面的延伸;类似的,关系数据库、时态数据库和空间数据库→时空数据库→移动数据库也是宏观的纵向联想。微观上,纵向联想可以产生及确定命题,甚至产生及确定命题链。例如,任何一种数据库理论研究中的核心部分是各命题研究过程和结果的综合。这些都是在该数据库系统中的命题链研究的体现。

在进行研究同一种数据库理论的问题时,按纵向联想的时间,查询与阅读文献是常用的方法。

6) 横向联想产生及确定命题

横向联想是指已知内容联想在同一时期有关方面的相关内容,认识其相互关系。宏观上,横向联想可以产生及确定大的理论系统模型。如何确定空值数据库研究功能(数据库数据组织、操作、查询和优化等都是必备的功能)和为实现功能所研究的内容,就是在阅读关系数据库已知文献、学术论文和专著中总结其体系结构,通过横向联想、纵向联想和相似联想确定的。微观上,横向联想可以产生及确定命题。例如,关系数据库中为实现某种功能有的命题,在空值数据库中可能为实现某种相似功能也应该存在。不仅如此,就是在计算机数据库、网络安全理论研究时,横向联想也是查询与阅读文献中常用的方法。

4. 收敛思维产生及确定命题

在阅读文献、学术论文和专著中,把众多的信息和解题的可能性逐步引导到条理化的逻辑序列中,最终得出一个合乎逻辑规范的结论,并且得出一种较优的解决办法。这种思维方式在计算机数据库、网络安全理论研究中具有极其重要的作用,是普遍使用的一种思维方式。这种思维方式经常用在以下几个方面。

(1) 寻求较小的子课题中在进一步深化研究中命题的产生及确定。

(2) 命题的条件设定和命题结论的确定。

(3) 命题的证明过程、思路。

(4) 算法设计思想和公式的推导等。

5. 相向交叉思维产生及确定命题

从问题一端寻找解决问题的途径、结论，在一定的点暂时停顿；再从问题另一端寻找解决问题的途径、结论，也在该点上停顿。两端交叉汇合沟通思路，找出正确的解决问题的途径、结论。在解决较为复杂的问题时经常要用到这种思维。这种思维方式在科学研究人员研究具体问题时是常用的思维方式，如用分析法结合综合法解决计算机数据库、网络安全理论研究中的具体问题的命题证明时，有时所用的"前后夹击"方法就是具体地应用这种思维方式。如果能够证明命题是正确的，证明可以结束；如果得不到正确的结果，则要考虑是否存在异于该命题的其他命题。

6. 递进思维产生及确定命题

为了解决选题，以第一步为起点，以更深的目标为方向，一步一步深入达到目标的思维，即递进思维。为实现选题的某一个目标或功能，通过递进思维产生及确定命题链。实际上，命题链的产生及确定是通过纵向联想并使用递进思维完成的。

7. 转化思维产生及确定命题

在计算机数据库、网络安全理论研究或证明具体问题、命题和性质的过程中遇到障碍时，把问题研究或证明方法由一种形式转换成另一种研究或证明方法，使问题变得更简单、清晰。例如，在讨论侧向思维和命题产生及确定的关系时，所给出的(例子)数据组织无环性理论研究中，许多学者利用超图、线图对无 α 环、无 β 环、无 γ 环的特性进行了分析，但是利用这些方法在实现满足无环性分解时遇到了障碍，迫使作者侧向转换并利用转化思维，深入分析了函数依赖集固有的内在特性，提出了归并依赖集的新概念；分析了归并依赖集的左部属性集，讨论了它们的内在关系；相继给出了归并依赖集的最小归并依赖集等相关概念，产生及确定了相应的一系列相互关联的命题链。实际上，这种一系列相互关联的命题链产生及确定是通过侧向转换并使用转化思维完成的。

8. 延伸思维产生及确定命题

延伸思维就是借助已有的知识，沿袭他人、前人的思维逻辑去探求未知的知识，将认识向前推移，从而丰富和完善原有知识体系的思维方式。在选题确定后，确定阅读文献、学术论文和专著这一过程本身就是延伸思维，在阅读前人已有的参考文献产生及确定的命题链的基础上产生确定命题。例如，空值数据库的函数依赖及相关命题是基于关系数据库函数依赖及相关命题，通过纵向联想并使用延伸思维产生及确定的。空值数据库的多值依赖及相关命题则是基于空值数据库的函数依赖及相关命题产生及确定的。

计算机数据库、网络安全理论命题，后面一个或多个命题往往都是前一个或多个命题(定义、定理、公理、公式和推论等)的延伸。许多新型数据库的出现、新的网络安全理论的出现都是延伸思维的体现。这对任何一位从事科学研究的人来说，是必须具备的思维方式。如果没有这种思维，任何一种理论不可能向前发展，更不可能形成相应的理论体系。

在计算机数据库研究中的许多新型数据库的出现都是关系数据库的延伸思维表现。这对任何一位从事科学研究的人来说，是必须具备的思维方式。

9. 扩展思维产生及确定命题

扩展思维就是将研究的对象范围加以拓广，从而获取新知识，是认识扩展的思维方式。计算机的数据库概念的发展与数据库应用对象的扩充是数据库发展的一条重要线索。应用对象扩充的过程体现了数据库的发现和创造过程，也体现了数据库发生、发展的客观需求。宏观上，数据库理论研究中的关系数据库(二维空间)→空值数据库(二维空间)→空间数据库(三维空间)→时空数据库(高维空间)→移动数据库(高维空间)的产生和出现，是来自于人类在实践活动中的实际需求。微观上，关系数据库中的多值依赖的许多命题就是在函数依赖的相应命题基础上运用扩展思维产生及确定的。

10. 综合思维产生及确定命题

综合思维就是在对事物(对象)的认识过程中，将上述几种思维方式中的某几种加以综合运用，从而获取新知识的思维方式。宏观上，在计算机数据库、网络安全理论研究中，对于较为复杂的事物(对象)、问题(命题)，许多研究过程都不只是使用一种单一的思维方式，而是在同一研究过程中同时使用几种不同的思维(综合思维)方式，这体现在绝大多数自然科学的各门独立学科的理论研究中，具有极其重要的作用。单一的思维方式只对简单的事物(对象)、问题(命题)研究是有效的。微观上，在上面的讨论命题产生及确定中，多数都使用了多种创新思维方式。

创新思维方式是多种多样的，只有真正理解、掌握创新思维的多样性，在实践中灵活运用创新思维的多种方式，才能获取创新的丰硕成果。

除了以上讨论的十种产生确定命题思维方式外，还有五种和产生及确定命题无直接关联的思维方式：类推思维、形象思维、幻想思维、灵感思维和创新思维方式。它们的详细讨论可参见《数据库理论研究方法解析》一书。

1.5　阅读文献方式产生及确定命题

在阅读过程中要发现问题、解决问题，是科学研究人员阅读文献、学术论文和专著的主要目的。只有这样，才能把要学的知识学到手。不仅是了解他人做了什么，还要考虑他人没做什么，或者他人的实验能否与其结论吻合、数据可不可靠等。

在阅读过程中，需要多问几个为什么：基本概念是什么？基本理论是什么？派生的理论是什么？各个概念之间的关系是什么？哪些是主要概念？哪些是次要的？每个概念的来源或实际含义是什么？它与事实的关系如何？在什么条件下能够代表这个事实？在什么条件下又不能代表这个事实？从而明确一个概念的局限性。

阅读文献、学术论文和专著的目的是继承前人和他人的科学研究成果。继承是为了科学创新，就是在已有知识的基础上，为了研究前人或他人没有做过的新课题和问题，对未知领域进行探索并获取新的知识和成果。

继承是科学创新的基础，没有继承是不会有创新的。在批判继承的基础上勇于创新，创新比继承更重要。

为了做前人或他人没有做过的新课题和新问题，就必须进行科学思维、创新思维，创新出对新课题和问题研究的新思路、新理论、新实验和新科学方法。这就促使科学研究人员认真总结前人或他人的研究成果、成功的经验、失败的教训和存在的问题。继承研究成果、成功的经验固然可贵，但是失败的教训和存在的问题对科学研究人员更可贵。经验值得吸取，教训值得警惕。

将不了解或不甚了解的千头万绪的课题进行系统、条理化。这样处理的作用是，原本抓不住关键，不知从何入手的问题，就可以逐步明确，找出问题的核心，确定主攻方向，初步形成解决问题的方法和技术路线。这样既可以吸取他人的经验和继承他人的研究成果，避免重复他人的劳动，也可以从中接受他人的教训，少走弯路，防止重蹈他人的覆辙，避免失败。由于科学研究工作是一种极其严谨且具有创新性的工作，对科学研究人员来说，必须逐层深入，要以科学的态度一步一个脚印地走。每取得一点成果都是在前一步的基础上取得的，前一步如果没走好，将会影响下一步，前一步如果出现错误，后一步就无法走向正确。这就是"一步走错，全盘皆输"的道理。特别是要从选题一开始就要十分慎重。

1.5.1　批判阅读和吸收中产生及确定命题

世界上的一切对象或事物都是一分为二的，前人的学术成果也不例外，有其正确的一面，也有其片面或错误的一面；有其在某些条件下解决问题的一面，也有因其局限性而解决不了的一面。发生的错误限于客观条件，限于时代科学研究环境(理论、实验环境)，许多科学研究当时是无法完成的，随着研究环境的进步和改善才能被揭示出来。因此，在阅读文献、学术论文和专著或其他资料时应当批判(质疑思维)地阅读，不能迷信前人得出的结论和解决问题的方法，要懂得批判地阅读和吸收。要想真正取得学术研究上的突破，必须在阅读过程中通过演绎推理、归纳推理、类比推理和运用创新思维和科学思维方式探索并找出不同于已有的成果的结论。对于阅读文献、学术论文和专著或其他资料中的片面、不足甚至是错误的地方，要找出它们的原因。宏观上，便可以找到新的课题。微观上，产生确定新命题。

批判地阅读和吸收，并不等于完全否定前人的工作，没有前人的工作就不会有今天科学研究人员的工作。任何一项新的科研成果都是在前人研究创新的知识的基础上发展起来的，没有继承就不会有发展。如果前人的科研成果已经完美无缺地达到顶峰，今天的科学研究者就没有科研可做了，自然科学也就不能有创新。只要人类存在，科学研究总是遵循着：未知→已知→未知→……发展下去，是永无止境的。

在阅读过程中，力求保持独立的思考能力，利用阅读来启发思想。对于普遍的规律要具有清晰的概念和理解，而不能把它们看成是一成不变的法则，更不能用一大堆杂乱无章的文献、论文和专著的内容消极地充斥头脑，应当积极地分析研究，寻找现有知识上的无人区。

在已知基础上发现问题，才能提出问题并解决问题。学习就是提出问题并解决问题的过程。思维活动产生于问题，提出问题之后，就产生求知欲，要寻求解决提出问题的一定知识，分析与问题之间的关联，解决问题而获取新的知识。在已有知识的基础上或在学习知识的过程中，对知识的钻研和质疑而提出问题(未知知识)，为解决问题就使问题在已知知识和未知知识之间建立起一定的逻辑关系和架起一座桥梁，依据问题而探索解决问题的理论与方法，问题的解决就获得相应新的知识。

批判地阅读和吸收有利于开拓思路，激发学习、研究的积极性、主动性，通过提出问题和解决问题的思维过程而更好地理解、掌握和运用知识。

1.5.2　比较阅读中产生及确定命题

比较是认识客观事物的一种方法。比较是将两种或多种相关的事物从不同的方面进行对比，找出异同，分析差异及其原因，从而认识事物发展的原因、关系、趋势和规律。比较阅读是将相关的两部分或多部分内容对照阅读，分析其相同点和不同点及其差异的原因，为归纳推理和类比推理提供推理前提条件和环境。同时，可以进一步认识和把握阅读文献、学术论文和专著的中心思想、内容结构、基本观点、研究方法和需要研究的问题等。比较阅读分两种情况。

(1) 观点相反的学术论文可以参照来读，考虑一下双方的观点，其中一个必然是错误的或者两个都错。要注意，在阅读文献时，对于不同的学术观点应抱有客观的严肃认真的态度，在没有足够根据的情况下，对于他人的观点和论点不能轻易地否定，即使是在激烈的争论过程中，对于完全不同的观点和论点，也应认真地研究他人提出的问题的前提和论点的根据，应当持一种公正和理性的态度，不能意气用事。必须认识到，不仅那些正确的观点和论点对科学研究人员是有益的，那些已经知道是错误的观点和论点，认真分析错在什么地方，往往是更有益的。正是由于知道了错误的观点和论点并找出了错误的原因，就必须要纠正错误的观点和论点。宏观上，提出新的课题。微观上，产生确定新命题。

无论理论的文献、学术论文和专著还是实验的文献、学术论文，在阅读时都应当考虑做出客观的分析和评价。

(2) 解决同一类问题的文献、学术论文和专著可能有多篇，就需要采用比较性阅读：比较它们解决问题方法的差异、思路和具体实施方法的过程差异、实验差异。要将这些文献或学术论文中所讲的观点相比较，找出有意义的相似之处与不同点，分析与综合、归纳推理确定课题或命题，对各篇论文做出优、劣的判断，明确吸收或采纳的思想，并把这些分析研究中发现新的线索作为实施研究的突破口。

1.5.3　阅文评价中产生及确定命题

在阅读学术论文过程中要注意多问几个是什么、为什么，并给出相应的阅文评价，是必须做到的。否则，将等于做无用功。必须做到如下几点。

(1) 学术论文提出的假设或实验构想是什么？用以推理的依据是什么？证明命题的方法是什么？在阅读过程中发现哪个部分令人感到困惑或难以理解，应积极地尝试理解它。①如果假设或实验构想有问题，就必须修正它提出新的假设或实验构想；②如果用以推理的依据有问题，就必须利用增强原命题前提条件限制法和削弱原命题前提条件限制法修正它提出新的推理依据；③如果证明命题的方法有问题，就必须依据第 2 章与第 3 章确定新的证明方法。

(2) 论文继承了过去理论的哪些部分？肯定和否定了哪些部分？肯定的论点是什么？否定的论点是什么？新的思想是什么？贡献是什么？得出了什么样的理论成果？学术论文的成果使你明确了该项研究工作的精髓。

(3) 学术论文提出的新理论，能否说明原有理论所不能说明的事实或现象？

如果能说明，要弄清原来存在的矛盾是如何解决的；否则，说明这种理论存在着局限性。找出并弄清楚这一理论的局限性，为什么具有这种局限性？这对阅读学术论文的人来说是一种挑战。表明这种理论不完善、不足以解决存在的矛盾，就必须按照解决矛盾所缺的部分进行研究，确定新的研究课题，产生及确定出所需要命题链。

(4) 新的理论能够预见到什么新的事实和现象？这些新的事实和现象能否用实验加以证实？如果进行实验不能证实这些新的事实和现象，这也是提供选择、确定新的研究课题的一个机会。

(5) 学术论文所涉及的研究方向的未来发展怎么样？不仅是论文作者所指出的未来发展方向，还包括阅读论文的人在阅读论文过程中产生的一些自己的想法或假设。这为选择、确定新的研究课题提供了一次机会。

按照上述说明阅读、思考和分析一篇学术论文，科学研究人员就不会受论文本身的观点的束缚，可以启发创新精神。

1.5.4　阅读专著中产生及确定命题

科学研究课题选题要从专著开始，找到科学研究人员最感兴趣的问题，查找相关综述，会发现书中一些所谓的成熟观点，在综述中是"推测"，然后找到原始文献，会发现有许多理论论证是由于原作者在某种程度上没有掌握恰当的证明方法或其他方面知识的欠缺，使推理证明不太完善。如果发现这样的问题，就可以选择这个题目或课题。

(1) 要弄清原题目的假设、条件、结论是什么。在不改变原题目的情况下，读者要另辟蹊径去进行理论推理证明，如果推理证明是正确的，就应和原作者的结论对比，看读者的结论是否比原作者的更优。这在计算机数据库、网络安全理论、数学和计算机其他分支理论研究的算法设计中是经常发生的。

(2) 如果有许多实验数据是在当时条件不够的情况下的初步探索，就要弄清原题目的假设、条件、结论是什么，在不改变原题目的情况下，就要用最新技术验证一个很正确的观点，给它提供新证据。

(3) 如果发现前人的观点或结论有错误，科学研究人员就找到一个将来的科研方向，选其为课题，继续做下去。

其实，对于阅读有关文献、学术论文和专著，不仅是在着手研究工作之前进行，即使在选题之前和整个课题研究工作的过程中，也时刻离不开阅读有关文献、学术论文和专著。

1.6　本　章　小　结

本章深入讨论了产生及确定命题的各种思维方式。运用思维产生及确定命题的五个过程：分析和综合、比较和概括、抽象和具体、判断和推理及迁移等，较为深入地分析了空间数据库和时空数据库及移动数据库命题产生及确定的五个过程、客观世界需求和原始创新空值数据库及命题产生及确定的五个过程。

深入讨论了真正进入课题研究具体阶段产生及确定命题的基本方式：逻辑思维方式产生及确定命题、归纳推理方法产生及确定命题和类比推理方法产生及确定命题。说明"命题产生及确定"不以"命题产生"或"命题确定"来描述的原因。

深入说明了逻辑思维方法是一个整体，它是由一系列既相区别又相联系的方法组成的，其中主要包括：归纳和演绎的方法、分析和综合的方法、从具体到抽象和从抽象上升到具体的方法以及类比推理方法。

深入讨论了演绎中增强条件限制产生及确定命题和演绎中削弱条件限制产生及确定命题的过程、方法。

给出了功能相似类比方法确定的命题、降维相似类比推理确定低维的命题以及原命题和其相似的简单命题的类比确定命题的过程、方法，并以产生空值数据库推理规则为例进行了详细讨论和解析。

深入研究了创新思维方式产生及确定命题的十种方法：理论思维产生及确定命题、发散思维产生及确定命题、联想思维产生及确定命题、收敛思维产生及确定命题、相向交叉思维产生及确定命题、递进思维产生及确定命题、转化思维产生及确定命题、延伸思维产生及确定命题、扩展思维产生及确定命题、综合思维产生及确定命题，并对这十种方法进行细分深入讨论。

深入研究了阅读文献方式产生及确定命题的四种方法：批判阅读和吸收中产生及确定命题、比较阅读中产生及确定命题、阅文评价中产生及确定命题和阅读专著中产生及确定命题的过程、方法，特别强调了批判阅读的作用。

第 2 章 命题证明中的思维和推理解析

在计算机数据库理论、网络安全理论研究中，当命题确定之后，接下来的研究工作就是命题的证明。它是学术研究中确定命题是否有效(正确)的关键，没有正确性证明的命题不可能成为定理。因此，这也是本书在命题未证明之前不能写成定理的原因，这也是不会成为理论长河中的一分子的原因。命题证明需要一定的过程：准备阶段、酝酿阶段和证明描述阶段。

2.1 命题证明的三个阶段

1. 第 1 阶段：准备

准备阶段就是通过学习掌握命题证明中的思维和推理知识：①理论型逻辑思维；②逻辑思维的基本规律；③形式逻辑；④证明中的创新思维；⑤演绎推理；⑥推理的逻辑性；⑦条件关系推理和归纳推理；⑧完全归纳推理；⑨不完全归纳推理；⑩类比推理；⑪数学相似类比推理；⑫简化类比推理；⑬因果关系推理；⑭模型类比推理；⑮数理逻辑等。为对命题证明的思维、推理提供基础，是命题证明的灵魂，是命题证明过程的第一个阶段。在没有学习掌握命题证明中的思维和推理知识情况下，无法深入掌握各种推理证明方法，也无法实现命题和证明方法的"对接"(对号入座)。

2. 第 2 阶段：酝酿

酝酿阶段就是通过学习掌握推理证明方法解析和命题解析两个部分。掌握和深入理解了它们，便可以根据不同命题的特性找到相适应的证明方法，实现命题和证明方法的"对接"。

1) 证明方法深入分析(解析)

通过学习掌握理论命题证明中常用的证明方法知识：①分析与综合方法在命题证明中的作用；②证明和推理的联系与区别；③逻辑演绎证明模式和对命题证明的适用范围；④综合证明模式和对命题证明的适用范围；⑤分析证明模式和对命题证明的适用范围；⑥数学归纳证明模式和对命题证明的适用范围；⑦不完全数学归纳证明模式和对命题证明的适用范围；⑧条件关系证明模式和对命题证明

的适用范围；⑨反证法证明模式和对命题证明的适用范围；⑩同一法证明模式和对命题证明的适用范围；⑪构造法证明模式和对命题证明的适用范围；⑫存在性证明模式和对命题证明的适用范围；⑬理论命题推理证明方法选择的层次等。为对命题证明的推理证明方法选择提供参照和选项，实现命题和证明方法的"对接"。

必须指出的是，根据命题的定义和算法的定义，算法不能被归类于命题。但是，算法理论证明方法也是应用命题证明方法。所以，必须学习掌握算法证明前证明方法和复杂度分析法的解析：算法理论证明前的解析、算法模拟实验检验方法等，为对算法理论证明的推理证明方法选择提供参照和选项，实现算法理论证明和证明方法的"对接"。

证明方法深入分析(解析)为对命题或算法理论证明的推理证明方法选择提供参照和选项，实现命题或算法理论证明方法的"对接"。

2) 待证命题解析(深入分析)

待证命题是解析的对象，是被证明的主体。待证命题分为自确定命题(由待证命题人自己确定的命题)和间接确定命题(由他人确定的命题)两类。为了能够科学地证明命题(结论)的正确性，必须对证明前的命题进行解析。为此，通过学习掌握理论命题解析方法知识。

(1) 原始创新型命题。

(2) 构成命题的结构。

(3) 命题解析的几个方面：①命题讨论环境；②命题相关概念及定义；③条件间的关联性；④条件和命题结论间的关联性；⑤命题结论间的关联性。

(4) 证明前命题的解析过程：①确定理论命题讨论的环境解析；②命题相关概念及定义解析；③确定命题前提条件和结论；④命题的前提条件之间关联性解析；⑤命题前提条件和结论间关联性解析；⑥命题结论之间的关联性解析。

(5) 证明前自确定不同方式产生及确定命题解析：①确定命题产生及确定方式；②客观世界需求产生命题；③逻辑演绎产生及确定命题和解析；④归纳推理方法产生及确定命题和解析；⑤类比推理的方法及确定命题和解析；⑥创新思维产生及确定命题和解析；⑦联想思维产生及确定命题和解析；⑧收敛思维产生及确定命题和解析；⑨相向交叉思维产生及确定命题和解析；⑩递进思维产生及确定命题和解析；⑪转化思维产生及确定命题和解析；⑫延伸思维产生及确定命题和解析；⑬扩展思维产生及确定命题和解析；⑭综合思维产生及确定命题和解析；⑮阅读方式产生及确定命题和解析；⑯原始创新问题中的命题和解析；⑰证明前间接确定命题浅析。

待证命题深入分析(解析)为对被证明的主体(命题)理论证明和推理证明方法选择提供接口，实现命题和证明方法的"对接"。

证明方法深入分析(解析)和待证命题解析(深入分析)是命题证明和算法理论证明的脊梁。

3. 第 3 阶段：证明描述

在前两个阶段充分实施完成的基础上，便实现了命题和证明方法的"对接"。针对不同的命题选择相适应的证明方法，将命题证明过程按照命题前提条件和结论之间的关联关系严谨地描述出来。

在计算机数据库、网络安全理论、数学和自然科学各门独立学科的理论证明过程中，大多经历了三个阶段。

2.2 命题证明中的逻辑思维

在计算机数据库理论、网络安全理论的命题证明中，使用最多的思维方式是逻辑思维(又称抽象思维)。

一般来说，逻辑思维就是人在感性认识的基础上，以概念为操作的基本单元，以判断、推理为操作的基本形式，以辩证方法为指导，间接地、概括地反映客观事物规律的理性思维过程，是科学思维的一种最普遍、最基本的类型。

逻辑思维一般有经验型与理论型两种类型。后者是以理论为依据，在计算机数据库、网络安全理论研究中，正是以理论为依据，运用科学的概念、定义、原理、定律、公理、命题、公式、定理、推论和性质等进行判断和推理。计算机数据库理论工作者的思维多属于这种类型。这也是计算机数据库理论命题证明中科学思维的一种最基本的类型。

计算机数据库理论、网络安全理论的命题证明中和解决其他问题一样，所使用的逻辑思维必须遵守三条基本逻辑规律：同一律、矛盾律、排中律。之所以称它们是基本规律，是因为对人类思维而言，这三条规律最简洁和最常用。除此之外，在计算机数据库、网络安全理论命题证明中，还应满足"充足理由律"。它们是正确解决计算机数据库理论命题证明中科学思维的必要条件。如果不能严格遵守这四条规律中的任何一条，一般情况下将不会得到任何正确结果，这是因为基本规律要求"思维具有确定性"。

确定性反映了客观事物的相对稳定性，由于命题在同一时间、同一方面或同一过程所具有的这种量的相对确定性和质的规定性，这就是形成命题证明中思维基本规律的客观基础。

1) 同一律

(1) 对概念要求，在同一思维的过程中，即在同一时间、同一条件下应使用同一概念指称同一对象，使概念的内涵和外延保持同一。概念、定义和条件等不允许存在二义性。

(2) 对命题要求，无论思维过程还是推理、证明过程，都必须专一，不能更改、偷换命题，要始终保持同一个命题。否则，将会出现原则错误。

计算机数据库、网络安全理论研究中，必须遵守同一律。

2) 矛盾律

(1) 对概念要求，在同一思维过程中，就概念而言不能同时既反映这个事物的某种属性，又不反映这个事物的某种属性，至少有一假，即不能同时用两个互为矛盾的概念指称同一对象。

(2) 对命题要求，两个互相否定(包括相反或相互矛盾)的命题不能同为正确，至少有一个不正确。即既不能肯定两个互为矛盾的命题，也不能同时肯定两个互为对立的命题。

矛盾律保持思维的首尾一贯性，避免自相矛盾。这在计算机数据库、网络安全理论、概念和命题研究中是必须遵守的，否则将会造成是非混淆，无法借助于概念、判断、推理等思维方式能动地反映计算机科学理论的理性认识过程。

计算机数据库、网络安全理论证明研究中，两个否定的思想，就概念而言不能同时既反映这个事物的某种属性，又不反映这个事物的某种属性；就命题而言是指对两个互相相反或互相矛盾的命题不能同时加以肯定。违反矛盾律就会犯自相矛盾的错误。

3) 排中律

在同一思维过程中，两个相互否定的概念和命题不能同时为假，至少有一个为正确。

计算机数据库、网络安全理论命题证明研究中，违反排中律就会犯模棱两可的错误。往往表现为对两个具有矛盾关系的概念或相反关系的命题同时进行否定。这在计算机数据库、网络安全理论的概念和命题证明研究中也是必须遵守的。否则，将会造成模棱两可，无法借助于概念、判断、推理等思维方式能动地反映计算机数据库、网络安全理论命题证明的理性认识过程。

4) 充足理由律

充足理由律是指人们在同一思维过程中，确定任何一个判断是正确的，都必须有充足的理由。对证明中每一步的推理证明都必须是正确无误的，只有这样才能在满足前三个定律的前提下，最终保证命题的结论是正确的。

逻辑思维每一步必须准确无误，否则无法得出正确的结论。逻辑思维是以抽象的概念、判断和推理作为思维的基本形式，以分析、综合、比较、抽象、概括和具体化作为思维的基本过程，从而揭露事物(对象)的本质特征和规律性联系，是逐步延伸、环环相扣的。在逻辑思维中，是使用否定来堵死某些途径。逻辑思维具有规范性、严密性、确定性和可重复性的特点。

计算机数据库、网络安全理论证明研究都是由概念、判断、推理进行的。在对事物(对象)和理论的认知中、在科学研究人员的思维过程中、在阐述它们的理论证明中，逻辑思维具有不可取代的地位。

2.3　命题证明中的形式逻辑

形式逻辑就是指传统逻辑、演绎逻辑和归纳逻辑。形式逻辑是研究思维形式及其结构、思维规律的科学。此外，还研究定义、划分、分析、综合、试验、假设等逻辑方法。

形式逻辑是在"质"的规定不变的情况下，对"质"的同态性表述。它反映的是事物的"像素"是量的积累。也就是说，形式逻辑的演绎表现的是事物自身的等同性，即在演绎的过程中，事物不能从一种质的规定变化为另一种质的规定。例如，在数学的演绎过程中，无论如何变化，等式的两端必须相等。也就是说，在演绎的过程中要素要保持自身的质的不变性，即 $a=a$，任何数学题求解的过程都是这样一个过程。形式逻辑必须遵守的基本规律是同一律、矛盾律、排中律和充足理由律。

尽管形式逻辑只包括传统逻辑、演绎逻辑和归纳逻辑，但在计算机数据库、网络安全理论证明研究中许多问题是通过采用传统逻辑、演绎逻辑和归纳逻辑方式解决的。特别是演绎逻辑推理方式是无处不在的，往往和其他逻辑推理证明方法联合使用才能完成所要证明的命题。形式逻辑推理证明方式在理论证明研究中有其不可替代的作用。

其他类型的逻辑推理证明方法包括类比推理(包括数学相似类比推理、降维相似类比推理和对模型依据类比推理)、数理逻辑推理等。

任何具体思维都有它的内容，也有它的形式，都涉及一些特定对象。对象决定内容，特定的对象决定特定的内容。命题就是证明中的特定对象，具体的某一个命题要证明什么，就是由某一个命题决定特定的内容。

计算机数据库、网络安全理论命题证明研究中是离不开形式逻辑的。这是因为它们的理论思维是以数学中的具体思维为基础。

数学中的具体思维，就涉及数量与图形这些特定对象。计算机数据库、网络安全理论证明研究中的具体思维所涉及的对象是不相同的。但是，在它们的具体思维中，又存在着一些共同的因素。例如，都要应用"所有…都是…"、"如果…那么…"这些思维因素。在不同命题证明过程的具体思维都需要应用的共同思维因素，就是具体思维的形式。各个不同命题证明过程的具体思维所涉及的特殊对象，就是具体思维的内容。

概念、判断、推理是形式逻辑的三大基本要素。

(1) 概念。概念由内涵和外延两个方面构成。内涵是指一个概念所概括的思维对象本质特有的属性(含义、性质)的总和；外延是指一个概念所概括的思维对象的数量或范围(范围大小)。

(2) 判断。判断从质上分为肯定判断和否定判断，从量上分为全称判断、特称判断和单称判断。

(3) 推理。推理是思维的最高形式，概念构成判断，判断构成推理。

总体上，人的思维就是由这三大要素决定的。形式逻辑以保持思维的确定性为核心，帮助人们正确地思考问题和表达思想。

形式逻辑的基本规律：思维要保持确定性，就要符合形式逻辑的一般规律，要求思维满足同一律、矛盾律、排中律和充足理由律。也就是说，这四条规律要求思维必须具备确定性、无矛盾性、一贯性和论证性。这正是计算机数据库、网络安全理论证明研究中所渴求的。

2.4　命题证明中的创新性思维

创新思维，从功能上看就是指具有创新功能的思维活动，从结果上看就是指产生创新性新成果的思维活动。在计算机数据库、网络安全理论研究中的许多发现都是基于创新性思维的具体应用结果。命题的证明过程需要用到以下几种。

1. 命题证明中的理论思维

在计算机数据库系统、网络安全系统中就是运用系统理论思维来处理一个系统内和各个有关问题的一种管理方法。例如，计算机数据库、网络安全理论证明研究中所使用的部分方法：启发式方法(蚁群算法、退火算法)就是"相似论"(仿生学)，属于科学理论思维的范畴。理论思维是一种基本的思维方式。因此，为了把握创新规律，就要认真研究理论思维活动的规律，特别是创新性理论思维的规律。

2. 命题证明中的收敛思维

命题是由前提条件和结论两部分构成的。命题前提条件是证明命题结论的出发点，推理出命题结论(终点)这一过程就是运用收敛思维结果。

另外，对具体实例的算法设计思想、方法、算法证明与分析和公式的推导等也都以收敛思维方式进行。

3. 命题证明中的递进思维

递进思维即以第一步为起点，以更深的目标为方向，一步一步深入达到目标的思维。如同数学运算中的多步运算、计算机算法的步骤等。在计算机数据库、网络安全理论定理证明中，所使用的逻辑演绎、因果推理和直接证明方法都是使用递进思维方式。这种思维方式是进行收敛思维的一种方式。

4. 命题证明中的类推思维

先对一个事物进行分析、判断，得出结论，如果对另外一个事物研究的过程与前事物类似，再"以此类推"，是常用的思维方式。

这种思维方式在具体证明一个命题结论所用的方法与前面所证明的结论所用的方法、过程类似或相同并且过程清晰时，常用"以此类推"或"略"结束计算或证明。

5. 命题证明中的转化思维

在证明命题过程中遇到障碍时，把证明方法由一种形式转换成另一种证明方法，使问题变得更简单、清晰。在计算机理论研究中的数据库、网络安全的命题证明中的反证法、归谬法和穷举法就是这种思维方式的具体体现。

6. 命题证明中的发散思维

发散思维是创新思维的基本方式，证明中最常用的有四种。

1) 逆向思维

任何事物都包括对立的两个方面，这两个方面又相互依存于一个统一体中。例如，计算机科学的理论证明中的反证法就是采用这种逆向思维方式。

2) 侧向思维

侧向思维就是从其他领域得到启示的思维方法。具体运用方式有以下三种。

(1) 侧向移入。计算机数据库、网络安全理论证明研究中所使用的部分方法，如启发式方法(蚁群算法、退火算法)就是由侧向思维方式得到的。

(2) 侧向移出。与侧向移入相反，将蚁群算法、退火算法侧向移出到解决计算机数据库、网络安全理论算法证明中。

(3) 侧向转换。将计算机数据库理论的距离空间各种近邻及最近邻查询问题转换到图结构中的有向图、无向图和 Voronoi 图，并分别用它们中的方法去解决近邻及最近邻查询问题。

3) 分合思维

分合思维将思考对象的有关部分在思想上将它们分解为部分或重新组合，试图找到解决问题的新方法。分合思维可以分为分解思维法和组合思维法两种。

(1) 分解思维法可以把无用的因素分离出去，把有用的因素提取出来，加以利用。

(2) 组合思维法可以由重新组合而创新。计算机数据库理论的构造法和构造证明法就是使用组合思维方式出现的。

二者都是很有用的创新思维方式。

宏观上，在计算机数据库、网络安全理论研究中对一个选定的总课题进行有效划分，确定子课题、命题或题目就是使用分合思维方式；微观上，即使对所选课题、命题和命题成立的条件及命题的证明和算法设计与分析中，也离不开分合思维方式。例如，计算机数据库理论的分治法、减治法、变治法的证明等。

4) 质疑思维

质疑思维是探索的动力，是创新的前提，是发现问题的起点。没有质疑思维不会有命题的证明。

7. 命题证明中的延伸思维

在计算机数据库、网络安全的命题证明中，后面一个或多个命题往往都是前一个或多个已经被证明是正确的命题(成为定理、公式和推论)、定义、公理、推论等的延伸。

8. 命题证明中的综合思维

在计算机数据库、网络安全理论命题证明中，除了较为简单事物(对象)、问题的命题可用直接证明方法证明的命题外，对于其他较为复杂事物(对象)、问题的命题，许多证明过程都不只是使用一种单一的思维方式，而是在同一证明过程中同时使用几种不同的思维(综合思维)方式，对于较为复杂事物(对象)、问题的命题证明中，具有极其重要的作用。单一的思维方式只对简单的命题证明是有效的。

2.5　命题证明中的演绎推理

2.5.1　三段论演绎推理的一般模式

演绎推理的逻辑思维特征是：如果前提正确，那么结论一定正确，是必然性推理。其详细的讨论将在本书的后面给出。

推理分为演绎推理与非演绎推理(包括归纳推理)，后者被定义为不是演绎推理的推理，在计算机数据库、网络安全理论命题分析和证明过程中，使用归纳推理确定命题，具体使用数学归纳法证明命题。

　　关于归纳推理，作者在《数据库理论研究方法解析》一书中已经较为详细地讨论了使用归纳推理确定命题(命题形成过程)，具体使用数学归纳法证明命题的正确性。

　　演绎推理的结论是以一般的有效推理规则从推理前提(条件)推导出来的，其推理的结论应是唯一的。

　　演绎推理从推理前提(条件)到推理结论的推导是用"逻辑推导"；而非演绎推理的推导是根据命题内容之间的联系进行分析。演绎推理的前提(条件)与推理结论之间的关系必为数理逻辑的逻辑演算中的形式定理所反映；而非演绎推理相应的关系则不能由数理逻辑的逻辑演算中的形式定理所反映。因此，演绎推理必须遵循某个演绎推理规则，而非演绎推理则不遵循任何形式的演绎推理规则。

　　非演绎推理是通过各种不同创新性思维的基本思维类型和简单演绎推理为基础的综合推理形式。非演绎推理与证明定理的方法密切相关，这是因为它们的证明方法大多数是由非演绎推理确定的。在计算机数据库、网络安全和数学理论中，非演绎推理的主要作用是为演绎推理提供命题前提，是它的突出特性。这也是演绎推理经常需要非演绎推理支持的原因。在大多数情况下，如果没有非演绎推理确定命题的前提，就不可能有演绎推理命题的前提。没有演绎推理的命题前提，就不可能演绎推理出命题的结论。如果确定了命题前提，通过演绎推理和其他能够用于命题证明的推理形式就可以判断命题结论的正确性。只有这个正确(有效)的命题才有可能被认定为定理，所以说"有可能"被认为是定理，是根据正确(有效)的命题在后续研究中的重要性、难易程度被确定为定理或引理。

　　一般来说，演绎推理、归纳推理是计算机数据库、网络安全和数学理论命题证明研究中的重要推理形式。

　　演绎推理可分为三段论、直言推理、条件关系推理和选言推理。演绎推理不仅是证明命题数学结论、建构数学体系的重要推理形式，也是计算机数据库、网络安全理论研究中证明命题结论的正确性、建构相应理论及体系的重要推理形式之一。

　　1. 三段论公理

　　三段论公理是三段论的原理或依据。基本内容是：凡断定(肯定或否定)了一类事物的全部对象，也就断定(肯定或否定)了该类事物的任何部分对象。或者可以描述为：一类对象的全部具有或不具有某属性，那么该类对象中的部分也具有或不具有某属性。对于性质命题的推理就是如此。

　　2. 三段论是演绎推理的一般模式

　　演绎推理的三段论是指由两个简单命题作前提和一个简单命题作结论组成的

演绎推理。三段论中三个简单命题只包含三个不同的概念，每个概念都重复出现一次。这三个概念都有专门名称：结论中的宾词(谓项)称为"大项"(P)，结论中的主词称为"小项"(S)，结论不出现的那个概念，称为"中项"(M)，在两个前提中，包含大项的称为"大前提"，包含小项的称为"小前提"，小项和大项组成的命题称为结论。三段论的形式是：凡 M 是 P；凡 S 是 M；所以凡 S 是 P。由于三段论讨论的背景不同，三段论的一般模式用项的观点是：三段论是演绎推理的一般模式。

(1) 大前提：已知的一般原理。

(2) 小前提：待研究的特殊情况。

(3) 根据一般原理，对特殊情况做出的判断。

用公式来表示，则

大前提：M 是 P。

小前提：而 S 是 M。

结论：所以 S 是 P。

通俗地说，三段论演绎法的一般形式如下。

大前提：M 理论在某一范围内是正确的；在此范围内规律 P 普遍适用。它提供了一个一般的原理。

小前提：假定事物 S 的行为受 M 理论的支配。它指出了一个特殊情况。

这两个判断联合起来，揭示了一般原理和特殊情况的内在联系，从而产生了第三个判断——结论。

结论：则 S 的行为规律为 P。

显然，三段论就是指由三个命题构成的推理。这种演绎推理共分三段，所以称为"三段论"。其中第一段称为大前提，提供了一个一般的原理；第二段称为小前提，指出了所研究的特殊情况；第三段称为结论，根据一般原理，对所研究的特殊情况做出判断。

应用三段论推理解决问题时，首先应确定什么是大前提和小前提，然后通过分析，看这个共同因素能否把两个前提连接起来推演出结论。如果连接不起来，则三段论就是错误的。

3. 三段论种类

根据大前提的不同判断形式，推理形式有直言推理、假言推理(也称条件推理)和选言推理。

(1) 直言三段论。当三段论的两个命题都是直言命题时，这种三段论称为直言三段论。直言命题是断定思维对象具有或不具有某种性质的命题。

(2) 假言三段论。当三段论的前提中包含假言命题时，这种三段论称为假言三段论。假言命题是有条件地断定事物的某种情况存在的命题。

(3) 选言三段论。当三段论的前提中包含选言命题时，这种三段论称为选言三段论。选言命题是反映几种对象情况有选择地存在的命题。

在计算机数据库、网络安全、数学理论研究中，假言命题一般用"如果…那么…"或者"当且仅当…则…"这两种形式来表达。

从推理所得的结论来看，演绎推理在大、小前提必须真实符合客观实际，而且推理形式都完全正确无误的前提下，得到的结论一定是正确的。

以某一理论作为大前提，以在该理论范围内的确切事实为小前提的演绎称为理论演绎法。

演绎推理是一种必然性推理。演绎推理的前提与结论之间有蕴涵关系，因此只要前提是正确的，推理的形式是正确的，那么结论必定是正确的。但错误的前提可能导致错误的结论。

在计算机各分支理论研究中，任何推理都是由推理前提和推理结论两个部分组成。推理前提是已知的判断(已知的定义、定律、原理、公理或其他已被证明的定理、引理、公式以及推论等)，是整个推理过程的出发点，通常称为推理的根据和理由；推理结论就是推出的那个新判断，是推理的结果。作为由同一个推理前提下推理的判断(结论)只能有一个。

2.5.2　推理逻辑性和推理结论正确的必备条件

1. 推理的逻辑性

命题证明过程必须合乎逻辑，这就是推理的逻辑性问题。具有合乎逻辑性的推理被看成有效的推理。所谓逻辑性，就是推理的过程符合推理前提和推理结论之间的推理规则，这些规则正是形式逻辑要向我们提供的。如果符合推理规则，就是具有逻辑性的，即形成有效推理；如果违反推理规则，就是不具有逻辑性，即形成无效的推理。无论哪一种推理形式的推理规则，对相应的推理都是极其重要的，缺少推理规则或错误的推理规则的推理一定会造成推理结果的错误。

2. 推理得到正确结论必备的条件

一个推理要想得到正确结论，必须首先符合推理规则，即具有逻辑性，但不是只要具有逻辑性就一定能获得正确结论。要通过推理得到正确的结论，必须具备两个条件：①推理的逻辑性；②前提的正确性。

这两个条件缺一不可。具备两个条件的演绎推理必然能获得正确的结论，不具备这两个条件或只有其中一个条件，都不能保证获得正确的结论。

"推理与证明"是计算机数据库、网络安全理论命题证明中的基本思维过程，证明通常包括逻辑证明和实验、实践证明。任何命题结论的正确性都是必须经过逻辑证明的。

计算机数据库、网络安全理论研究中的各种流程图和示图是表示一个系统各部分和各环节之间关系的图示，它能够清晰地表达比较复杂的系统各部分之间的关系。不仅如此，它在理论命题证明过程中，对于那些比较复杂且有一定难度的命题，除了用相应的证明方法和正确的推理规则进行推理外，还往往穿插用平面图示作为某一部分或几部分的示意图以清晰地表达比较复杂的证明过程各部分之间的关系，引导研究人员清晰地认识各部分之间的关系、理清证明思路，避免思维混乱、避免使证明走向歪路以至命题的正确性无法判断。本书第 5 章以后的命题推理证明中有不少这样的实例。

计算机数据库、网络安全理论命题证明中有相当大一部分是通过演绎得到的；就是用其他证明方法证明命题的正确性，其证明过程也往往使用演绎推理。但它们的推理前提(条件)和推理结论的选择、确定过程及证明思路的发现过程等主要靠合情推理，即观察、实验、归纳、类比和猜测等。因此，从它们选择、确定的过程以及它们的研究方法的发现角度看，又是归纳的科学。

具体的演绎推理是根据已有的事实和正确的结论(包括已有的定义、公理、推论、设定的条件和已被证明的命题(定理、引理、性质和公式等))作为推理的前提，按照严格的逻辑推理规则推理得到新结论的推理过程。

作者在《数据库理论研究方法解析》一书中曾指出，计算机数据库、网络安全理论、数学理论中的发现、创新与其他知识创新一样，在证明一个命题之前，首先要确定证明的对象命题，即猜测或判断这个命题的前提条件和结论是什么。在确定命题后，完全做出详细的证明之前，要明确证明的思路。

对于计算机数据库、网络安全理论、数学理论研究，演绎推理是证明研究对象、命题结论、建立理论体系的重要推理思维过程。特别是对命题、算法等的证明中使用演绎推理方法，把归纳推理得到的一般规律，按照一定的目标，运用演绎推理形式，推导出其他没被考察过的同类对象的性质，取得对命题、算法等结论的过程。因此，必须掌握演绎推理的内容，只有这样才能准确无误地证明它们的结论，否则将会出现重大的错误。

2.5.3　命题证明中演绎推理的作用

演绎推理中的基本部分是三段论。除三段论外，演绎推理中还有直言推理、条件关系推理(假言推理)和选言推理。

演绎推理就是从一般的原理出发，推导即"演绎"出某个特殊情况下的具体陈述或个别结论的过程，即从一般到特殊的推理模式。对命题来说，是由一般性的命题推出特殊性命题的一种推理模式。

(1) 对于以计算为主的命题，把特殊情况明晰化。当问题在一般情况下获得了结论，按理来说就已经包括了特殊问题的结论。然而，有时一个问题摆在面前，我们并不一定会发现它是什么定理或公式的特殊情形，致使头绪茫然、无从想起。因此，需要从一般情形下演绎出一些特殊情况，把那些原来不明晰的关系显现出来，使我们的认识具体化。

例如，本书的命题 6.4：假设 n 和 n_e 分别为离散生成点和 Voronoi 边的数量，则 $n_e \leqslant 3n-6$。当命题在一般条件(假设 n 和 n_e 分别为离散生成点和 Voronoi 边的数量)下获得了结论 $n_e \leqslant 3n-6$ 时，这个命题已经证明完成。在这个一般条件下是否还能发现一些或一个特殊情形的定理或公式呢？在未继续进行演绎推理之前我们是头绪茫然、无从想起的。但在继续进行演绎推理之后，我们发现 $n_v \leqslant 2n-5$ 也成立。

(2) 把蕴涵的性质揭露出来。在一般的前提中所蕴涵的性质并非都是容易认识到的，通过演绎推理(当然不只是前面所述的最简单形式的演绎推理)把它们揭示出来，在一定程度上也可以算作新知识；下面所讨论的(3) ①就能充分体现出来。

(3) 演绎推理不仅可以起到验证一个命题前提条件是否是正确的作用，而且往往在利用其他证明方法证明过程中使用。否则，命题的正确性是无法证明的。

① 为了使原命题结论为正确，演绎推理常常可以验证一个原命题给定的前提条件是否是正确的。这就要从原命题前提条件出发，推出各种可能的情形，如果与原命题结论有些不符，那么就可以发现原命题前提条件的错误，便可以有针对性地进一步修改原命题前提条件完善它，使其保证能推出原命题结论。这在确定命题的条件时是一种重要的方法，如图 2.1(a)所示。

② 从另一个角度来看，如果将原命题结论否定且作为前提条件逆向演绎推理，如利用反证法证明命题正确性时，需要对原命题结论否定并从否定的结论出发，利用演绎推理推导的结论往往可能和原命题结论或原命题条件相矛盾，这就证明了该命题的正确性，如图 2.1(b)所示。

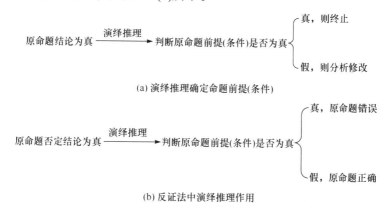

图 2.1　演绎推理确定命题前提(条件)和反证法证明

在图 2.1(a)中，当使用演绎推理判断原命题前提(条件)为假时，则必须对其进行分析修改。具体需要根据本书 1.2 节演绎推理中增强条件限制确定命题和演绎推理中削弱条件限制确定命题进行修改。

演绎推理是由命题的前提(条件)证明命题的结论是否正确的重要推理形式。几乎所有的命题证明过程都离不开演绎推理，即使用其他推理证明的过程中也要夹杂着演绎推理；演绎推理检验假设和理论。演绎推理对假设和理论做出推论，是逻辑论证的工具，为科学知识的合理性提供逻辑证明。

根据大前提的对象不同，演绎推理还有公理演绎法、假设演绎法、定律演绎法。具体内容可参见《数据库理论研究方法解析》一书。

另外，对于计算机数据库、网络安全理论中算法的证明不仅需要演绎推理证明算法的正确性、可终止性和算法复杂度分析，而且要再通过实验检验，如果实验结果与预测结论相符，就说明算法正确。反之，则说明算法是错误的。这是对于计算机数据库、网络安全理论中的算法而言必须做到的，原因是这些算法几乎都是可直接应用于实际的。

值得注意的有以下几点。

① 演绎推理的前提是一般性原理，所得的结论是蕴涵于前提之中的个别、特殊事实，结论完全蕴涵于前提之中。

② 演绎推理所推测的事物，必须不是原来在归纳推理时考察过的，否则就是循环论证，没有任何意义。

③ 在演绎推理中，前提与结论之间存在必然的联系。只要前提是正确的，推理的形式是正确的，那么结论也必然是正确的。因此，演绎推理是计算机数据库、网络安全和数学研究中严格证明命题结论正确与否的重要工具。

④ 演绎推理的思维方式是一种收敛思维，但它主要用于命题的证明上。更重要的是，因为它具有条理清晰、令人信服的论证作用，有助于计算机各分支学科和数学科学的理论化和系统化的建立。

⑤ 演绎推理所得的命题结论完全蕴涵于前提之中，所以它是收敛型思维方式。演绎推理形式化的程度远比归纳推理、类比推理高，即用演绎法时，一个命题由其他命题推出，其根据是命题的形式结构之间的联系，而与这些命题描述所来自的具体事物内容无关，这一点由三段论法的形式表示就可以清楚地看到。

⑥ 在做演绎推理前必须有足够的前提。否则，必须需要根据本书 1.3 节演绎推理中增强条件限制确定命题和演绎推理中削弱条件限制确定命题进行修改，或利用归纳推理和类比推理及其他推理方式进行修改。

2.6　命题证明中的条件关系推理和归纳推理

要想准确地掌握计算机数据库、网络安全理论命题中有关的条件命题证明和条件关系推理，并且利用蕴涵、逆蕴涵、互逆蕴涵等做其相关的推理证明及证明方法，就必须清楚命题证明中的条件关系推理和归纳推理。

2.6.1　命题证明中的条件命题推理

1) 命题证明中的条件命题

所谓条件命题，就是陈述某一事物情况是另一事物情况的条件关系的命题。

客观事物总是相互联系的，而且事物之间的联系是多种多样、错综复杂的。其中有的联系是：①某一现象(情况)的发生与存在，会引起另一现象(情况)的发生与存在；②某一现象(情况)的不发生与不存在，也会导致另一现象(情况)的不发生与不存在。把这种现象(情况)的联系叫做条件关系。其中，能够导致其他现象(情况)出现的现象(情况)叫做条件，由先前现象(情况)引起的后继现象(情况)叫做结果。人们认识了事物现象(情况)之间的这种条件关系，就形成了条件命题。

条件关系主要有三种，即充分条件关系、必要条件关系和充分且必要条件关系。与上述条件关系相对应，就有相应的条件命题：充分条件命题、必要条件命题和充分且必要条件命题(简称为充要条件命题)。对于条件命题，条件是最重要的。在下面的讨论中将要使用如下几种符号，必须理解它们的内涵。

2) 命题证明中的条件命题推理

条件命题推理是以条件命题为前提并根据条件命题的逻辑性质进行的演绎推理，条件命题推理也称条件关系推理。当条件推理满足以下两点时即属于演绎推理：

(1) 前提正确。

(2) 推理形式有效。

根据条件命题所表达的条件的逻辑性质不同，可以把条件推理分为三种：充分条件推理、必要条件推理和充分且必要条件推理。

(1) 充分条件推理。充分条件推理是根据充分条件命题的逻辑性质进行的推理。充分条件命题推理有两个有效推理形式：肯定前件式和否定后件式。

在语义表达中，"如果…就…"、"有…就有…"、"倘若…就…"、"只要…就…"等联结词都能表达充分条件命题。

(2) 必要条件推理。必要条件推理是根据必要条件命题的逻辑性质进行的推理。

必要条件推理反映了命题中原因与其结果间的制约关系。一个结果的产生需要许多原因，缺一不可。这些条件就是原因。这些原因中的各个原因要联合起来，才能产生结果；只有原因之一，不能产生结果。

必要条件推理有两个有效推理形式：否定前件式和肯定后件式。

在语义表达中，"只有…才…"、"没有…就没有…"、"不…不…"、"除非…不…"、"除非…才…"、"除非…否则不…"、"如果不…那么不…"等联结词都能表达必要条件命题。

根据推理规则，必要条件推理的肯定前件式和否定后件式都是无效的。

(3) 充分且必要条件推理。充分且必要条件推理是根据充分必要条件命题的逻辑性质进行的推理。

具体的充分且必要条件推理，反映的是客观世界中一因一果的因果制约关系。这种因果制约关系的特点如下。

① 有这个原因，就有这个结果；没有这个原因，就没有这个结果。

② 有这个结果，就有这个原因；没有这个结果，就没有这个原因。

充分且必要条件推理有四个有效的形式：①肯定前件式；②肯定后件式；③否定前件式；④否定后件式。

在语义表达中，"只有…就…"、"只有…才…"、"当且仅当…才…"。

2.6.2 命题证明中的完全归纳推理

所谓归纳推理，就是科学研究人员从若干零散的特殊现象中按照一定的目标，运用归纳推理形式，总结出一个一般规律，是从特殊到一般的推理过程。这里所说的特殊是指若干特殊现象或特例；总结出一个一般规律是指若干特殊现象或特例所遵循的共有的一般规律。

归纳推理时所考察的对象必须是同类的，必须是科学研究人员所研究范围之内的。这是必须遵守的一条原则。

在各种数据库的应用理论研究中，许多命题、定义、定理、引理、算法和公式等都是通过由许多同类的若干实例分析和综合出来的。

值得注意的有以下几点。

(1) 归纳推理的前提是其结论的必要条件。

(2) 归纳推理的前提必须是正确的，否则，归纳就失去了意义。

(3) 归纳推理的前提是正确的，而结论却未必正确，可能为假。

(4) 归纳推理是依据特殊现象推断一般现象，因此由归纳推理所得的结论，超越了前提所包容的范围。

根据前提中是否考察了一类事物的全部对象，把归纳推理分为完全归纳推理和不完全归纳推理。

完全归纳推理是根据某类事物中考察了每一对象都具有某种属性，推出该类事物对象都具有某种属性的推理，其结论所断定的范围没有超越前提所包容的范围，而是等于前提所包含的范围。由于它穷尽了被研究对象的一切特例以后才做出结果，所以结论是正确可靠的。完全归纳法是完全归纳推理在命题证明中的一种实现，可以作为证明命题是否真假的方法。

计算机数据库、网络安全理论中命题证明中有关的归纳法是根据数学的特点利用归纳法原理产生的数学归纳法，是将一个无穷的归纳过程，根据归纳原理转化成一个有限的特殊演绎(直接验证和演绎推理相结合)过程，所以利用数学归纳法证明命题结论是正确可靠的。

由于完全归纳推理的结论必须在考察一类事物的全部对象后才能做出，所以完全归纳推理的适用范围受到局限。主要表现在以下方面：

(1) 当对某类事物中包含的个体对象的确切数目还不甚明了，或遇到该类事物中包含的个体对象的数目太大乃至无穷时，就无法进行一一考察，要使用完全归纳推理就很不方便或根本不可能。

(2) 某类事物中包含的个体对象虽然有限，也能考察穷尽，但不宜确定考察，这时就不能使用完全归纳推理。

2.6.3 命题证明和不完全归纳推理的关系

由于不完全归纳法没有穷尽全部被研究的对象，得出的结论只能算猜测(猜测的结论有可能是不正确的)，这种结论的正确与否有待进一步证明、实验或举反例验证。

不完全归纳推理又分为简单枚举归纳推理和科学归纳推理。

(1) 简单枚举归纳推理。它的结论不是很可靠的，是或然性的，不能用来证明命题是否正确。

(2) 科学归纳推理。科学归纳推理是归纳推理中的一种类型，是以理性认识，即科学分析为主要依据，列举某类事物中部分对象具有某种属性的情况，并分析出制约对象具有某种属性的原因(部分对象与其属性之间的内在联系)，推出该类事物的全部对象都具有某种属性的推理。

科学归纳推理与简单枚举推理的前提是相同的，是没有穷尽该类事物的全部对象；不同的是科学归纳推理在前提中找出了所列举的部分对象同某属性的必然联系，因而简单枚举推理的结论是或然的，而科学归纳推理的结论是必然的。这结论是必然的原因，正是在前提中找出了部分对象同某属性的必然联系。这两种不完全归纳推理在产生命题时，科学归纳推理产生命题的结论要比简单枚举归纳推理更可靠。在命题证明其是否正确时，不能使用简单枚举归纳推理。

2.7　命题证明中的类比推理

2.7.1　命题证明和类比推理的关系

类比推理是根据两类对象之间具有某些相似特性和其中一类对象的某些已知特性，推出另一类对象也具有这些特性的推理。简单地说，类比推理是由特殊到特殊、一般到一般的推理。

例如，加法作为一种运算，具有交换律和结合律；乘法作为加法的一种简便运算，也应具有交换律和结合律。这种运算规律在任何一门自然科学中都是适用的。

(1) 类比推理是由特殊到特殊的推理。在关系数据库理论研究中，由于多值依赖(集)和函数依赖(集)是不同的两类对象，函数依赖及依赖集的许多理论已经成为关系数据库理论的基础，在多值依赖及依赖集理论选择确定命题时，就使用了类比推理这种方式。这两种依赖(集)的命题和对命题证明的方法几乎是相似或相同的，尽管它们就依赖性质上分属不同类，但它们又都同属于计算机所处理的数据间的联系。

(2) 类比推理是由一般到一般的推理。值得注意的是，一般到一般是指对不同类事物之间的大的系统。例如，在计算机网络安全研究中，其中的入侵检测系统是人工免疫理论的一部分，而人工免疫理论是用类比推理的方式、借鉴生物免疫系统的机理解决网络与信息安全问题。要注意，入侵检测系统和生物免疫系统是两种不同类的事物。这种类比推理形式只能从宏观上指导证明的轮廓，由于它们是两个不同的大类，无直接联系而无法对具体命题的证明提供帮助。相关内容可参见《基于人工免疫的网络入侵检测器覆盖及算法研究》等文献。

在现实中类比推理存在是客观事物之间具有的共同性与差异性。也就是说：

(1) 正是由于不同事物之间存在着共同性或相似性，才可以由它们之间的某些属性相同或相似，自然地推断出它们的另一些属性也相同或相似。

(2) 正是由于不同事物之间所具有的这种差异性，使得我们并不能根据它们在某些方面相同或相似，就必然地推出它们在另一些方面的属性也相同或相似。因此，类比推理是一种或然性推理，也就是说，即使其前提是真的，由于其结论超出了前提所判断的范围，其结论并不必然正确。所以，必须用演绎推理或其他推理形式或方法对推出的命题结论进行证明。从另一个角度看，也正是由于它们的这些差异性，类比推理有发现新命题的功能，在科学研究中才有意义。

类比推理比演绎推理和归纳推理应用得更广泛。演绎推理和归纳推理虽然在思维方式上截然相反，但就应用范围而言，它们只能适用于同类对象之间。相比之下，类比推理则完全不受这些方面的限制。

　　类比推理的出发点是不同对象之间的相似性，而相似对象又具有多种多样的属性，在这些属性之间又有这样和那样的关系，人们对这些关系的认识过程是从简单到复杂的过程。随着对这些关系认识的不断深化，人们所运用的类比推理方法也就出现了不同的类型。

　　一般而言，类比推理的种类可以分为两大类。

　　(1) 根据两个(或两类)对象在属性上的共同性与差异性进行划分，类比推理可以分为共性类比和异性类比。

　　(2) 根据事物的属性是事物的性质、关系还是事物的运算等分别进行划分，类比推理可以分为性质推理、关系推理和事物的运算推理。

　　类比推理的结构主要由两部分组成：①类比推理的推测根据，就是进行比较的两个研究对象或两类研究对象之间的相同点或相似点；②类比推理的推测结论，就是由一个对象或一类对象的已有知识或结论，推测出另一个对象或另一类对象的有关知识或结论。

2.7.2　命题证明和数学相似类比推理的关系

　　自然科学的发展，要求使用定性类比推理和定量类比推理相结合的方法。一般说来，定性类比推理是定量类比推理的前提和条件，定量类比推理则是定性类比推理的发展和提高。一个很有成效的定性研究，通常能够为自然科学的进一步发展指出方向，而后又要进行定量研究，才能达到对精确的规律性认识。

　　数学相似类比推理是定性类比推理和定量类比推理相结合的方法。由于差异是事物发展过程中的差异，所以相似不等于相同，数学相似表现有几何相似、关系相似、结构相似、方法相似、命题相似等多种形式，而数学思维中的联想、类比、归纳、猜测方法，就是运用相似性探求数学规律、发现数学知识的主导方法，是数学创造性思维的重要组成部分。

　　在计算机数据库、网络安全和数学理论研究中，通过对两个或两类研究对象的属性、方程式或定量计算进行比较，做出它们之间的相同或相似点的结论。计算机理论研究中的算法时间复杂度大小的预测，就要运用这种类比方法进行推理，预测其时间复杂度是否在可允许的范围之内，又要根据相似算法的相应运算过程对其有定量计算的运算公式的预测，根据定性、定量的预测，做相当的结论和计算。一般说来，通过定量计算得到的关于事物规律性的知识，其可靠性程度比较高。同时，数学相似类比推理是一种综合性的类比，它注重从事物的相互联系中研究事物各种属性之间的关系。不仅能找出它们之间的相同或相似点的关系，而且还可能找出解决该命题结论的证明思路的猜测，进而达到命题正确性证明的目的。

值得注意的是，数学相似类比推理可以实现：①算法时间复杂度大小的预测，预测其时间复杂度是否在可允许的范围之内；②对命题结论的证明思路的猜测。

2.7.3 命题证明和简化类比推理的关系

计算机数据库、网络安全理论研究中，通过对两个或两类研究对象所处的空间维数进行比较，将高维空间中的对象降为三维空间的对象，将三维空间的对象降为二维(或一维)空间的对象，这种类比方法即为降维类比推理，通过降维后的对象的处理结果，做出它们之间的相同或相似的结论。在确定命题时是否正确是未知的，必须通过演绎推理和其他证明方法根据相应已知的命题进行证明。

2.7.4 命题证明和模型类比推理的关系

算法模拟实验是算法正确性证明必需的两种证明方法之一，在对算法理论性证明之后必须进行算法(命题)模拟实验。就是在研究对象的原型时，由于客观条件的限制而不能直接考察被研究对象，也要通过仿真方法建立模型；再对模型依据类比推理，采用间接的模拟实验进行研究。模拟是一种实验方法。从类比和模拟的实质来看，这两种研究方法有共同之处。模拟实验是以模型和原型之间的相似性为根据，对模型和原型进行类比。这就是说，模拟实验以类比推理这种逻辑思维方法为理论根据，而模拟方法是类比方法的运用。类比方法还可为模拟实验提供逻辑基础。在数据库、网络安全理论研究中，模拟实验在验证子系统(子课题)、结论、建立理论体系以及命题、结论的正确性时具有不可忽略的作用，特别是对算法正确性和可终止性的验证更是不可缺少的。

类比推理是一种主观的不充分的近似于真的推理，因此要确认其猜测的正确性，必须经过严格的检验(观察、实验、分析和证明)。

注意，正确地进行类比推理，要有一个根本的条件：两类事物可作类比的前提是它们各自的部分之间在其可以清楚定义的一些关系上一致。在此基础上，需要多方面、确切地掌握研究对象和用以作比较对象的知识，抓住事物的相似性，才能进行类比，这不同于比喻。否则，对它们的情况了解不多、把握不准，勉强地进行类比推理，就很可能出现错误的类比，类比推理出错误的结果。

要进行正确而有效的类比推理，需要有丰富和明确的知识，这是基础和前提条件。如果仅从个别相似情形就做出类比推理的结论，或然性很大，是很不可靠的。

计算机数据库、网络安全和数学理论研究中，不仅只有归纳推理是确定研究课题、子课题、结论、建立理论体系以及对命题或结论的证明思路等的发现的重要推理思维过程。许多上述功能的完成，更是缺少不了类比推理，很多时候类比推理显得比归纳推理更重要。这是因为类比推理是不同于演绎或归纳推理的一种独特的推理形式，它可以在归纳推理和演绎推理无法进行推理时，发挥其特有的推理能力(这一点一定要牢记)。这是因为归纳、演绎和类比推理虽然都是推理的方法，都是从已知的前提推出结论，而且结论都要在不同程度上受到前提的制约。但是，结论受前提制约的程度是不同的，其中演绎推理的结论受到前提的制约最大，归纳推理的结论受到前提的限制次之，而类比推理的结论受到前提的限制最小，因此可以说，类比推理在自然科学探索和发现中发挥的作用最大。

2.8　命题证明中的因果关系推理

有了准确无误的逻辑推理，才能得到正确的推理结论。所以，必须掌握和区分逻辑推理中的"条件与结论"与现实中的"原因和结果"的关系。逻辑推理中的演绎推理，条件必然蕴涵结论。从逻辑上说，原因和条件并无区别，因为逻辑分析不考虑时间因素。只是由于它们出现的时间次序不同，才区分出"原因"和"条件"。而在因果关系推理中，原因并不必然蕴涵结论，而只有在"条件"都已经具备的情况下，原因的出现才引起了结果的发生。

2.8.1　因果关系及性质

1. 因果关系

哲学上把现象和现象之间那种"引起和被引起"的关系，称为因果关系。其中，引起某种现象产生的现象叫做原因，被某种现象引起的现象叫做结果。

在自然界存在的事物和对象中，和哲学中的因果关系类似，如果某个事物和现象的存在必然引起另一个事物和现象发生，那么这两个事物和现象之间就具有因果联系。其中，引起某一事物和现象产生的事物和现象叫做原因，而被某一事物和现象引起的事物和现象叫做结果。

现实中能够用"因为…所以…"表述的关系并不都是因果关系。逻辑推理中的"条件和结论"与现实中的"原因和结果"必须给予严格区分，原因和条件的区别在于出现的时间不同。

由上面的讨论可以得出，原因和结果是揭示客观世界中普遍联系的事物和现象具有先后相继、彼此制约的一对范畴。原因是指引起一定事物和现象的事物和现象，结果是指由于原因的作用而引起的事物和现象。

内因是根本的、决定性的原因。现实中的因果关系是复杂的，存在"一因一果、一因多果、多因一果、多因多果"等情况。人们还从不同的角度把原因分为"直接-间接、主要-次要、重要--般、偶然-必然"等。但是，表述越复杂，越容易出现模糊和混乱，给科学地认识因果关系造成困难。其原因是这些划分标准没有给予严格界定，引起许多不必要的争议。

区分原因和条件：我们把与结果发生有关的所有先前情况统称为"先前因素"，探索因果关系就是要确定哪些先前因素是原因，哪些先前因素是条件。与因果现象实际发生的过程正好相反，人们在探讨因果关系时往往是先知道结果，而后才去探讨其原因，这一过程称为"执果索因"。"执果索因"中必须利用逻辑推理，推断哪些因素可能引起结果的出现。

复杂因果关系是"基本因果关系"的复合，原因与结果都是动态的，寻找可能的原因(现象)是逻辑推理。可能的原因现象有两类：只要有一个原因发生，结果就会发生；必须全部原因发生，结果才会发生。"时间"参数的有无是因果关系与逻辑推理的根本区别。原因和条件的区别完全在于出现的时间不同。在此基础上，内部原因和外部原因、主要原因和次要原因、根本原因和一般原因、直接原因和间接原因、偶然原因和必然原因等，都可以做出合理解释。

2. 因果关系的性质

把通常所说的"事物"分解为动态的"事"和静态的"物"两类。"物"是哲学研究的主体，"事"则是"物"的动态变化过程，它体现了主体"物"之间的关系。所以，"事"是由"物"参与产生的，而静态的"物"则可以独立存在。静态的"物"叫做"事物"，是哲学研究的主体。

1) 普遍导致关系

时间因素对因果关系具有重要意义。从逻辑上说，原因和条件并无区别(因为逻辑分析不考虑时间因素)。只是由于它们出现的时间次序不同，才区分出"原因"和"条件"。

事物的现象 P 是事物的现象 Q 的原因，原因总是引起结果。因果关系表示原因先于结果出现、或者至少同时出现。

2) 必要或充分的关系

P 是 Q 的充分条件：有 P 就会产生 Q，即：$P \rightarrow Q$。

P 是 Q 的必要条件：没有 P 就没有 Q，即：$Q \rightarrow P$，$\neg P \rightarrow \neg Q$。

因果关系不等于条件句的表达，"引起"用"$\rightarrow$"表示。

3) 多条件多因素的关系

任何事物都是在一定条件下产生的，P 是 Q 的充分条件，即 P 在一定条件下足以产生 Q。如果用 h、q、k、w 代表条件，$P \rightarrow Q$ 其实就是 $(P+h+q+k+w) \rightarrow Q$，$P$ 是产生 Q 的一个充分条件组中的必要成分，P 是 Q 的直接"引起"因素。

因果关系推理简称为因果推理。因果推理的前提是事物相继发生的现象，结论是它们有因果联系。从这个前提到这个结论，必须要有充分的具体证明。

对于相继或同时发生的事物的现象，根据两个事物同时或者相继存在，不能就此结论说它们一个是另一个的原因。

因果关系论证是排除其他可能的论证，所以因果推理的准则之一，必须排除其他可能性。

2.8.2　逻辑推理与因果关系的区别

逻辑推理与因果关系的区别主要如下。

(1) 逻辑推理与因果关系推理的根本区别是，逻辑推理不考虑时间因素，而因果关系推理却必须考虑时间因素。从理论上讲，任何在时间上发生在结果之前的与结果产生具有同一性的因素都是原因。

用"因为…所以…"形式表述的关系，也可能不是因果关系。

(2) 逻辑推理的条件是有限的，而在任何一个因果关系中，条件实际上是无限的。在逻辑推理中，有时一个条件即可推出一个结论，有时多个条件才能推出一个结论。即使多个条件推出一个结论，这些条件的个数也都是有限的。但现实中的因果关系却不是，与结果现象有关的条件实际上是无限(多)的，无法把它们穷举出来。在科学研究中，我们只能够限定范围，对那些不言而喻的条件也只能忽略，对那些超出界限的情况也不再研究。总之，现实中"原因和结果的关系"，要比逻辑推理中的"条件和结论的关系"复杂得多。

(3) 逻辑推理中的演绎推理，条件必然蕴涵结论；但在因果关系推理中，原因并不必然蕴涵结论，而只有在条件都已经具备的情况下，原因的出现才引起了结果的发生。

(4) 因果关系是现实关系，只有在原因现象和结果现象已经发生之后，才可以说，原因 A 和结果 B 之间存在因果关系。而逻辑推理是一种理论推导，它不需要任何现实性作支撑，条件就必然蕴涵结论。演绎推理的逻辑结构是：若 A 包含于 B，并且 B 包含于 C，则 A 包含于 C。但是，因果关系推理却不具有这种传递性。即 A 是 B 的原因，并且 B 是 C 的原因，却不能得出 A 是 C 的原因。正是由于理论必须符合现实，它才能够解释和预测现实。逻辑推理尽管是理论上的，也许正是由于它是理论上的，所以可以用于推测因果关系的可能性，并由现实予以证实其真假。实际上，人们也正是这样利用逻辑推理来探索因果关系的。有时科学研究人员经常把因果关系中的"结果"与逻辑推理中的"结论"相混淆，所以我们在分析"因为…所以…"这样的表述时，一定要明确它是逻辑推理还是因果关系。

研究事物现象间的因果关系，是进行科学归纳推理的必要条件。因为科学归纳推理是根据事物现象间的因果关系的分析而做出结论的。那么，我们首先应该清楚的是：什么是因果关系。如果某个现象的存在必然引起另一个现象发生，那么这两个现象之间就具有因果关系。其中，引起某一现象产生的现象叫做原因，而被某一现象引起的现象叫做结果。

因果关系有以下特点。

(1) 原因和结果在时间上是前后相继的，原因在前，结果在后。前后相继是因果关系的一个特征，但不能只是根据两个现象在时间上前后相继，就做出它们具有因果关系的结论，如果这样，就要犯"以先后为因果"的逻辑错误。

(2) 因果关系是确定的。因果关系在一定范围内是确定的，原因就是原因，结果就是结果，不能倒因为果，也不能倒果为因。否则就会出现"因果倒置"的逻辑错误。

原因和结果是揭示客观世界中普遍联系的事物具有先后相继、彼此制约的一对范畴。原因是指引起一定现象的现象，结果是指由于原因的作用而引起的现象。

特别值得指出以下两点。

(1) 上面讨论的各种演绎推理，无论使用哪一种演绎推理，都是从前提通过推理得出结论。一个命题的证明往往正是为了寻求演绎推理的前提，找出证明的线索，从而进一步分析问题、证明命题。

(2) 当探索的对象是演绎推理前提时，相应的分析称为演绎推理的前提分析。由此可知，演绎推理的前提是由前提分析产生的，因此前提分析是演绎推理前的关键步骤，是命题证明的重要论证过程。为此，要针对命题给出的条件，根据前提分析找出相应的推理证明方法，涉及哪些已知原理、定理、公理、性质、公式、算法、规则、定义，问题中存在哪些事实以及与已知知识之间有什么样的联系等情况进行具体分析。完成前提分析后，通过推理得到结论。如果此结论就是所要证明的命题结论，则命题证毕；否则，还要继续分析演绎推理所得结论，这被称为结论分析。结论分析有时又蕴涵着新一轮的前提分析及相应的演绎推理。数学归纳法证明问题也基本遵循此过程。

2.9　命题证明中的数理逻辑

逻辑学是研究推理的科学。形式逻辑、数理逻辑分别是逻辑学的一部分。

在 2.3 节中已经指出，形式逻辑是研究思维形式及其结构、思维规律的科学。形式逻辑的基本规律是同一律、矛盾律、排中律和充足理由律。

而数理逻辑又称符号逻辑，是用数学方法研究关于推理、证明等问题的一门科学。

形式逻辑研究思维形式及其结构、思维规律，还研究定义、划分、分析、综合、试验、假设等逻辑方法。形式逻辑表现形式较简单。形式逻辑有关知识在 2.3 节已经做了一定程度的讨论。

在 17 世纪中期，莱布尼茨提出了用通用的符号语言和通用代数思想，使用了特制的符号语言。这种符号为表达思想和进行推理提供了良好的条件。这种语言的符号应是表意的，和数学符号一样，每个符号表达一个概念。一个较好的符号语言同时又应该是思维的演算，根据这种演算，思维和推理就可以用计算来代替。

莱布尼茨确立了特制的符号语言和用这种语言进行演算，这主要源于他的哲学思想集中表现在两个密切联系着的概念：普遍符号论的概念和推理演算的概念。为数学的命题和定理证明开辟了新思路，为今天的数学的命题和定理的机器证明奠定了基础。

数理逻辑是用数学方法研究推理、证明。它的主要内容是：逻辑演算(命题逻辑演算和谓词逻辑演算)、递归论、证明论、集合论(包括公理集合论)和模型论等。逻辑演算是数理逻辑中的基础部分。命题逻辑演算和谓词逻辑演算是研究各种逻辑的基础，它们在计算机数据库和网络安全理论研究中有广泛应用，既具有引导性又具推理证明作用。

2.9.1　命题逻辑

为讨论命题逻辑，首先给出命题与联结词的概念及相关知识。

1. 命题

判断一件事情的语句，叫做命题。命题由前提(题设)和结论两部分组成。前提是已知事项，结论是由已知事项推出的事项。命题常可以写成"如果…那么…"的形式，这个"如果"后接的部分叫做前提，"那么"后面的部分叫做结论。如果前提成立，那么结论一定成立。像这样的命题叫做真命题。如果前提成立，不能保证结论一定成立，像这样的命题叫做假命题。

一般来说，在计算机数据库、网络安全理论和数学理论研究领域，甚至一些其他的自然科学领域理论研究中，把用语言、符号或公式表达的，可以判定真假的陈述句称为命题。其中，判断为真(正确的)的语句称为真命题，判断为假(错误的)的语句称为假命题。

判断一个语句是否是命题，就要看它是否符合"是陈述句"和"可以判断真假"这两个条件。

命题一般表示为如下形式："若 p，则 q"。通常把这种形式的命题中的 p 称为命题的前提条件，q 称为命题的结论。

2. 逻辑联结词

在数理逻辑中的联结词是逻辑联结词或命题联结词的总称，用它和原子命题构成复合命题。常用联结词如下。

1) 否定联结词

设 P 是一个命题，由逻辑联结词"$\neg$"和命题 P 构成 $\neg P$，称 $\neg P$ 为命题 P 的否定式复合命题。$\neg P$ 读作"非 P"。即使用逻辑联结词"$\neg$"可以对一个命题 P 进行全盘否定，而得到一个新命题(命题 P 的否定式复合命题)。

对于命题 P 的正确性，可用如下方法进行确定。

若 P 是真命题，则 $\neg P$ 必然是假命题；若 P 是假命题，则 $\neg P$ 一定是真命题。简单地说，命题 $\neg P$ 的逻辑性质：命题 P 和命题 $\neg P$ 真假相对。

逻辑联结词"$\neg$"是自然语言中的"非"、"不"和"没有"等的逻辑抽象。可以看出，否定联结词是一个一元运算。

2) 合取联结词

设 P 和 Q 是两个命题，由逻辑联结词"$\wedge$"把命题 P 和 Q 联结构成 $P \wedge Q$，称 $P \wedge Q$ 为命题 P 和 Q 的合取式复合命题。即使用逻辑联结词"$\wedge$"可以对两个命题 P 和 Q 进行合取，而得到一个新命题(命题 P 和 Q 合取式复合命题)。$P \wedge Q$ 读作"P 且 Q"或"P 与 Q"或"P 合取 Q"。

对于命题的正确性，可用如下方法进行确定。

当 P 和 Q 都是真命题时，$P \wedge Q$ 是真命题；当 P 和 Q 两个命题中有一个命题是假命题时，$P \wedge Q$ 是假命题。例如，如果 P：平行四边形的对角线互相平分，则 Q：平行四边形的对角线相等。因为 P 是真命题，而 Q 是假命题，所以 $P \wedge Q$ 是假命题。

又如，如果 P：菱形的对角线互相垂直，则 Q：菱形的对角线互相平分。因为 P 是真命题，而 Q 也是真命题，所以 $P \wedge Q$ 是真命题。简单地说，命题 $P \wedge Q$ 的逻辑性质：一假一定假。

例如，如果 P：35 是 15 的倍数，则 Q：35 是 7 的倍数。因为 P 是假命题，而 Q 是真命题，所以 $P \wedge Q$ 是假命题。

逻辑联结词"$\wedge$"是自然语言中的"和"、"与"、"并且"、"既…又…"等的逻辑抽象。可以看出，合取联结词是一个二元运算。

3) 析取逻辑联结词

设 P 和 Q 是两个命题，由逻辑联结词"$\vee$"把命题 P 和 Q 联结构成 $P \vee Q$，称 $P \vee Q$ 为命题 P 和 Q 的析取式复合命题。即使用逻辑联结词"$\vee$"可以对两个命题 P 和 Q 进行析取，而得到一个新命题(命题 P 和 Q 析取式复合命题)。$P \vee Q$ 读作"P 或 Q"或"P 析取 Q"。

对于命题的正确性，可用如下方法进行确定。

当 P 和 Q 两个命题有一个命题是真命题时，$P \vee Q$ 是真命题；当 P 和 Q 两个命题都是假命题时，则 $P \vee Q$ 是假命题。简单地说，命题 $P \vee Q$ 的逻辑性质：一真必真。

例如，命题"$a{\leqslant}a$"是由命题 P：2=2 和 Q：2<2 用"或"联结后形成的新命题，即 $P{\vee}Q$。因为 P 是真命题，所以 $P{\vee}Q$ 是真命题。

又如，命题"周长相等的两个三角形全等或面积相等的两个三角形全等"是由命题 P：周长相等的两个三角形全等和 Q：面积相等的两个三角形全等用"或"逻辑联结词联结得到一个新命题 $P{\vee}Q$。因为 P 和 Q 都是假命题，所以 $P{\vee}Q$ 是假命题。

逻辑联结词"$\vee$"是自然语言中"或"的逻辑抽象。可以看出，析取联结词是一个二元运算。

4) 条件逻辑联结词

设 P 和 Q 是两个命题，由逻辑联结词"$\rightarrow$"把命题 P 和 Q 联结构成 $P{\rightarrow}Q$，称 $P{\rightarrow}Q$ 为命题 P 和 Q 的条件式复合命题，把 P 和 Q 分别称为 $P{\rightarrow}Q$ 的前件和后件或称为前提和结论。即使用逻辑联结词"$\rightarrow$"可以对两个命题 P 和 Q 进行条件逻辑联结，而得到一个新命题(命题 P 和 Q 条件式复合命题)。$P{\rightarrow}Q$ 读作"若 P，则 Q"或"P 条件联结 Q"。

在自然语言中，当前件为假时，不管结论真假，整个语句的意义往往无法判断。但在命题逻辑中，当 P 为 F 时，无论 Q 为 T 还是 F，都规定 $P{\rightarrow}Q$ 为 T。

P 为假命题，Q 为假命题，R 为真命题，而 $P{\rightarrow}Q$ 和 $P{\rightarrow}R$ 都是真命题。

逻辑联结词"$\rightarrow$"是自然语言中"如果…那么…"、"若…则…"、"若…才能…"的逻辑抽象。可以看出，条件联结词是一个二元运算。

5) 双条件联结词

设 P 和 Q 是两个命题，由逻辑联结词"$\leftrightarrow$"把命题 P 和 Q 联结构成 $P{\leftrightarrow}Q$，称 $P{\leftrightarrow}Q$ 为命题 P 和 Q 的双条件式复合命题。$P{\leftrightarrow}Q$ 读作"P 当且仅当 Q"。

例如，P：两个三角形全等。Q：两个三角形的三组对边相等。$P{\leftrightarrow}Q$：两个三角形全等，充分必要条件(或当且仅当)这两个三角形的三组对边相等。

双条件联结词"$\leftrightarrow$"是自然语言中"充分必要条件"、"当且仅当"的逻辑抽象。可以看出，双条件联结词是一个二元运算。

值得注意的是以下几点。

(1) 复合命题的真值只取决于构成它们的各原子命题的真值，与它们的具体内容、含义无关，与联结词所联结的两个原子命题之间是否有关系无关。

(2) 联结词都有从已知命题得到新命题的作用，它们具有操作或运算的功能。因此，可以把它们看成是一种运算或一种函数。

(3) $\wedge$、$\vee$、$\leftrightarrow$ 具有对称性，而 $\neg$、$\rightarrow$ 则没有。

2.9.2 命题公式及文字命题的符号化

1. 命题公式

由联结词、原子命题变元、圆括号进行有限次的联结所得到的有意义的字符串，称为命题逻辑中的公式，简称命题公式或公式。

原子公式：单个的命题常元和命题变元称为原子命题公式或原子公式。

命题公式形成的规则：由下列规则形成的字符串。

(1) 原子命题公式和真值 T、F 都是命题公式。

(2) 若 A 是命题公式，则($\neg A$)是命题公式。

(3) 若 A 和 B 是命题公式，则 $A \wedge B$、$A \vee B$、$A \rightarrow B$ 和 $A \leftrightarrow B$ 都是命题公式。

(4) 经过有限次地使用(1)、(2)、(3)所得到的包括原子命题公式、联结词和圆括号的字符串都是命题公式。

例如：

① $((\neg P) \vee Q)$是命题公式。

② $(P \rightarrow (Q \wedge R))$是命题公式。

③ $((P \rightarrow Q) \rightarrow (\wedge Q))$不是命题公式。

④ $(P, (P \rightarrow Q) \leftrightarrow (\wedge R))$不是命题公式。

圆括号的使用和联结词的优先级规定如下。

(1) 命题公式外层圆括号可省略，如把$(P \rightarrow (Q \vee R))$写成 $P \rightarrow (Q \vee R)$。

(2) $\neg$ 只作用于邻接后的原子变元，如把$(\neg P) \vee Q$写成 $\neg P \vee Q$。

(3) 联结词的优先级从高到低依次为 $\neg$、$\wedge$、$\vee$、$\rightarrow$、$\leftrightarrow$。

子公式的定义为：如果 A_1 是一个命题公式且是公式 A 的一部分，则称 A_1 是 A 的子公式。

例如，设公式 A 为$(P \rightarrow Q) \rightarrow (Q \vee R)$，则 $P \rightarrow Q$、$Q \vee R$ 都是 A 的子公式。

值得注意的是，命题公式是没有真假值的，仅当在一个公式中命题变元用确定的命题代入时，才能得到一个命题。这个命题的真值依赖于代换变元的那些命题的真值。特别的，并不是由命题变元、联结词和一些括号组成的字符串都能构成命题公式，这在前面已经进行了说明。

2. 文字命题的符号化

在计算机数据库理论命题的研究中，有些命题需要用数理逻辑证明较为简明和清晰，如推理规则集的完备性证明就是如此。这就需要将推理规则集的完备性命题的有些自然语言中的有些语句翻译成数理逻辑中的符号形式。把一个用文字叙述的命题相应地写成由命题标识符、联结词和圆括号表示的"符号化"的命题公式。例如，A 中没有元素，A 就是空集。当设 P：A 中没有元素、Q：A 就是空集。该例可以符号化表示为 $P \leftrightarrow Q$。必须指出这种"符号化"是极其重要的。

2.10　本　章　小　结

本章深入讨论了命题证明的准备、酝酿和命题证明描述三个阶段，特别是证明方法深入分析(解析)和待证命题解析(深入分析)。

在证明方法深入分析(解析)中，对以下问题进行了深入研究：分析与综合方法在命题证明中的作用、证明和推理的联系与区别、逻辑演绎证明模式和对命题证明的适用范围、综合证明模式和对命题证明的适用范围、分析证明模式和对命题证明的适用范围、数学归纳证明模式和对命题证明的适用范围、不完全数学归纳证明模式和对命题证明的适用范围、条件关系证明模式和对命题证明的适用范围、反证法证明模式和对命题证明的适用范围、同一法证明模式和对命题证明的适用范围、构造法证明模式和对命题证明的适用范围、存在性证明模式和对命题证明的适用范围以及理论命题推理证明方法选择的层次等。证明方法深入分析(解析)为对命题或算法理论证明的推理证明方法选择提供参照和选项，实现命题和算法理论证明方法的"对接"。

深入研究了命题证明中的逻辑思维。逻辑思维必须遵守三条基本逻辑规律：同一律、矛盾律、排中律。

深入研究了命题证明中的形式逻辑中概念、判断、推理三大基本要素的各自特性和它们之间的关系。强调了形式逻辑的基本规律：思维要保持确定性，就要符合形式逻辑的一般规律，要求思维满足同一律、矛盾律、排中律和充足理由律。

深入研究了命题证明中的创新性思维：命题证明中的理论思维、命题证明中的收敛思维、命题证明中的递进思维、命题证明中的类推思维、命题证明中的转化思维、命题证明中的发散思维、命题证明中的延伸思维和命题证明中的综合思维等。

深入研究了命题证明中的演绎推理三段论公理、三段论推理一般模式、推理逻辑性和推理结论正确的必备条件(推理的逻辑性，推理得到正确结论必备的条件)、命题证明中的演绎推理。

深入研究了命题证明中的条件关系推理和归纳推理(命题证明中的条件命题推理、命题证明中的完全归纳推理、命题证明和不完全归纳推理的关系)。

　　深入研究了命题证明中的类比推理(命题证明和类比推理的关系、命题证明和数学相似类比推理关系、命题证明和简化类比推理关系、命题证明和模型类比推理关系)。

　　深入研究了命题证明中的因果关系推理(因果关系及性质、逻辑推理与因果关系的区别)。

　　最后讨论了命题证明中的数理逻辑。

第3章 命题证明方法解析

讨论之前，首先给出几个常用词语的含义、概念和定义。

含义是指词句等所包含的具体意义，与它等价的是涵义。

概念是客观事物的本质属性在人们头脑中的概括反映。人们在感性认识的基础上，从同类事物的许多属性中概括出其所特有的属性，形成用词或词组表达的概念。概念具有抽象性和普遍性，因而能反映同类事物的本质。

定义是对一种事物的本质特征或一个概念的内涵和外延所做的确切表述。

概念与定义的区别是：概念是抽象的、普遍的，定义是具体的、确切的；定义可以包含概念，或定义是概念的细化和延伸。概念的含义比定义的含义更宽泛。

3.1 分析与综合在命题证明中的作用

作为各种数据库理论的形成，一方面需要有原始的概念作为一切定义的基础，另一方面需要有原始的命题作为一切推理的出发点。数学理论研究是逻辑推理、演绎性质的科学，数学理论在论述这些概念和关系时又是用逻辑演绎的形式来表达。因此，数学的演绎体系一方面需要有原始的概念作为一切定义的基础，另一方面需要有原始的命题作为一切推理的出发点。前者就是数学中的基本概念，后者就是数学中的公理。数学上的公理，是数学需要用作自己的出发点的少数思想上的规定。它是"把未包含在定义中的数量所具有的其他基本规定性，当作公理从外部补充进去"，作为某一公理系统内一切定理判断的出发点。因此，公理作为一个数学系统推理的前提，"就表现为未加证明的东西，自然也就表现为数学上无法证明的东西"。

而计算机数据库、网络安全理论研究中有相当大一部分也是通过逻辑推理、演绎推理得到的。

除此之外，还和数学有很大不同，这是因为计算机理论研究中，大多是和应用对象相关的，大多数理论研究属于应用理论研究范畴。一方面是从许多应用对象中归纳出需要解决什么问题，抽象出什么概念、规律、命题并利用逻辑推理求证它们的正确性；另一方面需要进行相应实验和实践验证其正确性。例如，在这些学科的理论研究中的各种算法都是如此。这也是计算机计算理论研究的一大特点。而数学中，有些命题证明其正确后，却不一定非做相应实验和实践验证其正确性不可。正因为如此，计算机数据库、网络安全理论研究中，也并不完全像数学理论那样，以公理这种不加证明的原始命题为出发点。它们的出发点命题是某种环境下的推理规则，而这些规则有些是需要证明的。例如，空值环境下数据库理论的出发点命题就是空值环境下的推理规则。

除了不需要证明的公理(命题)和以唯一形式表述的定义(命题)外，对于其他任何一个命题都是需要给出证明的。对这样需要给出证明的命题一定要给出严谨的推理证明过程。这种推理证明过程是以收敛思维方式向命题结论收敛的，其过程是以递进思维进行的。

思维的过程包括分析、综合、比较、分类、抽象、概括、具体化、系统化等。

分析与综合是思维过程的基本环节，一切思维活动，从简单到复杂，从概念形成到创造性思维，都离不开分析与综合。

解析就是将研究对象的整体分为各个部分、方面、因素和层次，并分别加以深入分析考察，离析出本质及其内在联系。其意义在于细致地寻找能够解决问题的主线，并以此解决问题。解析研究对象比分析研究对象更深入。

综合是把事物的各个部分、方面、各种特征结合起来进行考虑的思维过程。

分析与综合在人的认识过程中有不同作用。通过分析，人们可以进一步认识事物的基本结构、属性和特征；深入认识事物的表面特征和本质特征；深入认识问题的情境、条件、任务，便于解决思维问题。通过综合，人们可以完整、全面地认识事物，认识事物间的联系和规律；整体把握问题的情境、条件与任务的关系，提高解决问题的技巧。

分析与综合是同一思维过程中彼此相反而又紧密联系的过程，是相互依赖、互为条件的。分析是以事物综合体为前提的，没有事物综合体，就无从分析。综合是以对事物的分析为基础的，分析越深入，综合越全面；分析越准确，综合越完善。

对于问题的解决和命题的推理证明，通过分析，人们可以进一步认识命题基本结构和本质特征；可以深入认识命题的证明环境、概念、定义、条件、结论，便于解决命题的证明方法和推理证明。

本章将讨论证明方法解析，本书第4章将讨论针对不同方法产生的命题的解析。这两章的讨论目的是最终实现命题证明推理方法的选择与确定，即通过比较、分类、综合实现命题和命题证明方法的"对接"。

在确定命题后，完全做出详细的证明之前，首先要思考怎么证明问题，即要勾画出证明的思路。这就是本章和第4章要讨论的命题证明方法解析和命题证明前命题解析的原因。通过解析寻找能够解决理论命题证明问题的思路：确定理论命题用什么样的推理形式和证明方法，以便证明命题是否为真(假)或正确性，实现命题和命题证明方法的"对接"。

科学抽象、概括、具体化、系统化思维是一个概念、判断、推理、假设、命题和理论系统等产生和形成的过程。

在第 2 章中已经讨论了命题证明中的思维和解析，而本章将讨论命题证明的前奏，即需要对命题的证明将可能使用的各种方法进行解析，讨论各种证明方法各自的特性、证明模式及对命题推理证明的适用范围解析。首先，应明确证明和推理之间有什么联系和区别，才能有利于证明和推理过程的衔接及解析。就一般比较简单的命题证明而言，只要做一般的浅析就可能寻找到合适的证明方法。

1) 证明和推理的联系

(1) 任何证明都是一个推理的过程，证明是推理的实际运用，推理是证明的工具。

(2) 证明方法和推理形式都是命题(判断)之间的逻辑推导过程。

(3) 证明的结构与推理形式的组成部分之间具有相关性：条件—前提、结论—命题结论、证明方法—推理形式。

计算机数据库、网络安全理论研究和数学领域理论研究的命题证明结构中，命题给定的已知条件及已知为正确的定义、公理、定律、原理、定理(性质)、推论、合理的假设、规则、公式、算法等都是条件；结论或求证就是命题结论；证明过程即是推理过程。

2) 证明和推理的区别

(1) 目的要求不同。证明是先有命题结论后找命题条件，推理是先有命题前提后得命题结论。

(2) 认识过程不同。证明要求命题条件正确，推理形式并不一定要求命题前提正确。

(3) 逻辑结构不同。证明通常比推理复杂。

因为任何命题证明都是一个推理的过程，并且命题证明过程即是推理过程，所以本书后面的讨论中，对命题推理前提和证明条件不加严格区分，对命题条件和命题推理前提均冠以命题前提条件。

3.2 命题证明的结构解析

一个命题证明的结构由三个部分构成：命题结论、命题前提条件和证明方法。命题结论、命题前提条件的讨论同前，现在对证明方法解析。

证明方法也称为证明方式，是指命题证明中前提条件和命题结论之间的联系方式，即用前提条件证明命题结论时的证明过程所运用的推理形式，它所回答的是"怎样用前提条件证明命题结论"的问题。一个证明过程可以只包含一个推理，也可以包含多个(有限的)、一系列推理。特别对复杂的命题证明一般都包含多个(有限的)、一系列推理形式，而且还包含多种类型的推理形式，如演绎推理、非演绎推理以及联合使用等多种形式。

在实施命题证明中，无论使用哪一种从命题的前提条件到命题结论的有效逻辑推理形式，同时有效逻辑推理形式是必需的；在充分理解逻辑推理并且熟练掌握它的情况下，显然又是简单的。因此，在推理证明过程中思路必须脉络清晰，但在描述命题证明的推理过程中常常被省略，或只作简单提示。

计算机数据库、网络安全理论研究中的研究问题大体上可分为两大类：一类是理论命题，另一类是理论命题应用的算法类(算法不是命题)，但算法也必须进行证明。

下面讨论第一类理论命题证明前的证明方法解析问题，并且在本章 3.5 节讨论算法证明方法和复杂度分析法的解析来完成应用理论算法类的解析。

理论命题证明是确定命题是否正确的第一关，如果不加证明就认为是正确的，则是错误的，因为它只是一种猜测或猜想。对理论系统的进一步发展是人为造成的瓶颈或陷阱，从该命题开始以后产生及确定命题和推理证明都可能是错误的，既误导了本人，又误导了他人，后果是灾难性的。

命题的证明过程、思路使用收敛思维方式。

一般情况下对一个理论命题正确性证明需要如下浅析。

(1) 确定理论命题讨论的环境。根据命题的语义或形式化描述，确定讨论命题的环境是什么样的。

(2) 确定命题前提条件和结论。

(3) 浅析命题前提条件和结论间关联关系。在命题证明前对理论命题如何进行解析(详细分析)不在本节讨论，而将在第 4 章进行详细讨论。

(4) 确定证明方法。

根据本章将要讨论的证明方法模式及证明方法的适用范围解析，以及对命题前提条件和结论之间的联系综合考虑确定证明方法。最后，实施命题证明，以确定命题的正确性。

命题证明前的确定推理证明方法浅析过程，如图 3.1 所示。

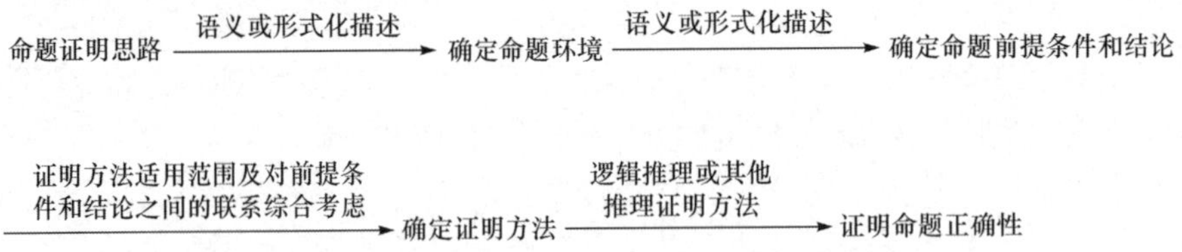

图 3.1　命题证明前的证明方法浅析示意图

特别需要指出的是，并不是对所有的命题都需要解析后才能选择证明方法对其进行证明。如果有的命题前提条件和结论间存在着明显或隐含的因果关联性，根据这种因果结构特征进行分析，这时应当抓住"果"去分析"因"，便可以很快找到证明命题的有效策略和推理证明方法，对这种命题是不用解析的。

3.3　证明方法模式及其适用范围解析

本节讨论理论命题证明中常用的一些证明方法各自的特性和证明模式以及对命题推理证明的适用范围。这是在理论命题证明之前必须掌握的关键知识和技术。

因为直言命题根据命题本身结构可直接推出，本书不加解析。

3.3.1　逻辑演绎证明模式和对命题证明的适用范围

1. 逻辑演绎证明推理证明模式

由于演绎推理的前提与推理结论之间的关系必为数理逻辑的逻辑演算中的形式定理所反映，所以演绎推理必须遵循某个演绎推理规则。因此，演绎推理是从推理前提严格遵守一般的有效推理规则逻辑推导出结论，其推理的结论应该是唯一的，本质上它属于问题解决的范畴。简单地说，演绎推理从推理前提到推理结论的推导是用"逻辑推导"。

演绎推理证明是根据已有的事实和已经被证明正确的结论(包括已有的定义、公理、推理规则、原理、定律、定理、公式和算法等)作为命题推理前提条件到命题结论的逻辑推导。当然命题推理前提条件还包括已知的假设条件。

作为推理的前提，按照严格的逻辑推理规则推理得到新结论的推理过程，如图 3.2 所示。

命题推理前提条件(前提与结论之间有蕴涵关系) $\xrightarrow{\text{逻辑推导}}$ 命题结论

图 3.2　逻辑演绎证明法推理证明模式示意图

出现演绎推理错误的主要原因：①大前提不成立；②小前提不符合大前提的条件。

2. 适用范围

(1) 演绎推理是由命题的前提条件证明命题的结论是否正确的重要推理形式，适用于几乎所有的命题证明中。

(2) 支持大多数证明法推理证明模式，绝大多数证明模式中均由逻辑演绎推理证明作支撑(即使用其他推理证明法的过程中也要夹杂着演绎推理)，没有演绎推理支持，其他证明模式不可能实施。它是推理证明中应用最广且最基本的一种证明推理模式。

1) 公理演绎法

用(尽可能少的)那些意义自明的概念作为原始概念、那些最简明的正确性为人们所公认的不加证明的原始命题作为公理，公理作为推理出发点，利用演绎推理方法演绎出其他的事实，推导出尽可能多的结论。把与公理相应的理论学科组成一个由低级到高级、彼此相联系的系统。这个系统就全局来看是用演绎法建立起来的一个演绎系统。这种方法称为公理化方法或称公理演绎法，如图 3.3 所示。

命题推理前提条件(公理或规则)作推理出发点 $\xrightarrow{逻辑推导}$ 命题结论

图 3.3　公理演绎法推理证明模式示意图

如果把公理系统中的概念、关联关系只作纯形式的理解，即与它的原型脱离，只从彼此的联系中来考虑，那么这样的系统就会具有更一般的意义，这就是数学中的形式公理化系统。公理演绎法的特点是大前提依据公理进行推理。

在空值数据库理论推理规则及其有效性和完备性研究中，就是通过公理演绎法推导出来的。相关内容将在第 4 章中讨论。

2) 假设演绎法

假设演绎是在观察和分析的基础上提出问题以后，通过推理和想象提出问题的一种假设。

(1) 从假设条件出发，进行演绎推理推出各种可能的情形，推出各种可能的结论，如果与事实有些不符，那么就可以发现假设的不足或错误，进一步补足或修正和完善它。

(2) 再通过实验检验演绎推理的结论，如果实验结果与预测结论相符，则说明假设正确。反之，则说明假设是错误的。这是现代自然科学研究中常用的一种科学方法。

假设演绎的特点是以假设作为推理的大前提，它的一般形式如下：

如果 p(假设)，则有 q(某事件)；

因为 q(或非 q)，所以 p 可能成立(或 p 不成立)。

假设演绎法如图 3.4 所示。

3) 定律演绎法

定律演绎是以某个定律或某种规律作为大前提的演绎法。作为演绎推理前提

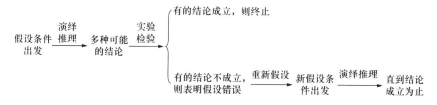

图 3.4　假设演绎法示意图

的定律包括两类：一类是经验定律，另一类是普遍定律。

　　就计算机数据库、网络安全理论研究而言，在其所形成的理论系统中有许多重要定律，如运算中的交换定律、结合定律和分配定律等。演绎推理是证明计算机数据库、网络安全、数学理论研究结论、建立研究体系的重要推理形式。

　　演绎推理所推测的事物，必须不是原来在归纳推理时考察过的，否则就是循环论证，没有任何意义。

3.3.2　综合证明模式和对命题证明的适用范围

　　直接证明方法就是在正确的前提条件下不用其他间接证明方法，而直接证明命题的正确性，即从命题的前提条件出发，为命题的正确性提供直接的理由和根据。综合法和分析法是直接证明法中最基本的两种证明方法。这两种方法常用的思维方式是逻辑思维和推理方式，是以三段论的演绎推理、因果推理形式为指导，是演绎推理、因果推理的两种推理形式应用的具体方法。使用的逻辑演绎、因果推理和直接证明方法中的"综合法"都是使用递进思维方式。

　　1. 综合证明推理证明模式

　　综合法是"由因到果"，即从原命题所给的前提条件(原因)出发，推导出所要证明的命题结论(由原因产生的结果)。因此，综合法又叫做顺推证法或由因导果法。

　　综合法是计算机数据库、网络安全和数学领域理论的证明方法中常用的一种方法，它是一种从已知到未知(从命题的前提条件到结论)的逻辑推理方法，即从命题所给的前提条件中的已知条件或已证的正确命题出发，经过一系列的正确推理，最后导出所求证命题的结论正确，这就是顺推法的过程，如图 3.5 所示。

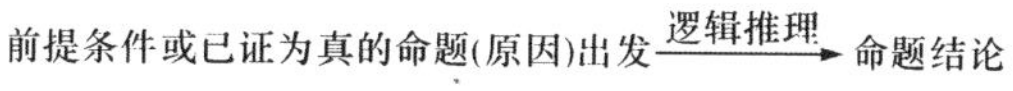

前提条件或已证为真的命题(原因)出发 $\xrightarrow{\text{逻辑推理}}$ 命题结论

图 3.5　综合法推理证明模式示意图

2. 适用范围

(1) 用综合法证明命题时，必须是从原命题所要证明命题的条件出发，一步一步地顺推探索下去寻求下一步成立的充分条件，最后达到原命题的结论(由条件推导出原命题结论的正确性)。

(2) 命题中命题所有条件能够和命题结论之间保证综合过程的每一步都是可以顺推的。

(3) 命题证明过程仅使用三段论演绎推理、因果推理。

3.3.3 分析证明模式和对命题证明的适用范围

1. 分析证明推理证明模式

分析法是从原命题所要证明命题的结论出发，一步一步地逆推(回溯)探索下去寻求上一步成立的充分条件，最后达到原命题的已知条件(由结果找到产生的原因)。因此，分析法又叫做逆向推证或执果索因法。

分析法是计算机数据库、网络安全和数学领域理论的证明方法中常用的另一种直接证明方法。与综合法正好相反，它是一种从未知到已知(从结论到前提条件)的逻辑推理方法。具体地说，即先假定所要证明命题的结论是正确的，由此逐步推出保证此结论成立的必需的命题前提条件，而当这些判断恰恰都是已证的命题(定义、公理、定理、法则、公式等)或要证命题设定的已知条件时，命题得证(强调一点，它不是由命题的结论去证明前提条件，而是去寻找命题结论成立的条件)。因此，分析法是一种执果索因的证明方法，这种证明方法的逻辑依据也是三段论的演绎推理、因果推理方法。这种证明方法的关键在于必须保证分析过程的每一步都是可以逆推(回溯)的"逻辑链"。分析法推理证明模式如图 3.6 所示。

$$命题结论出发 \xrightarrow{\text{逻辑推理}} 寻找命题结论成立的充分条件$$

图 3.6　分析法推理证明模式示意图

用分析法证明命题，是寻求命题结论成立的充分条件而不是必要条件。

2. 适用范围

(1) 用分析法证明命题时，必须是从原命题所要证明命题的结论出发，一步一步地逆推(回溯)探索下去寻求上一步成立的充分条件，最后达到原命题的已知条件(由结果找到产生的原因)。

(2) 命题中命题结论能够和命题条件之间保证分析过程的每一步都是可以逆推(回溯)的。

(3) 命题证明过程仅使用三段论演绎推理、因果推理。

必须强调的是，在数据库理论命题证明中，综合法证明命题和分析法证明命题是两种最常用的证明方法。若从已知前提条件入手能找到证明的途径，则用综合法，否则用分析法。综合法的每一步推理都是寻找必要条件，分析法的每一步推理都是寻找充分条件。综合法和分析法是两种互逆的思维模式，在证明某些较复杂的命题时，常采用"分析综合法"，用综合法拓展条件，用分析法转化结论，找出已知前提条件与结论的连接点。

3.3.4　数学归纳证明模式和对命题证明的适用范围

计算机数据库、网络安全和数学领域理论的证明中经常使用的归纳法是数学归纳法。

1. 数学归纳推理证明模式

数学归纳法采用了另外一种证明手段，使它能用来证明有关无限序列的数学命题的正确性，当之无愧地成为一种演绎方法。数学归纳法具有证明的功能，它将无穷的归纳过程根据归纳公理转化为有限的特殊演绎(直接验证和演绎推理相结合)过程。数学归纳法既不是直接证明也不是间接证明。但是，数学归纳法的原理是和前面归纳推理相通的，但不是相同的。这是因为数学归纳法既要应用归纳推理又要使用演绎推理。

完全数学归纳法是完全归纳法的一种。根据归纳推理形式和数学理论研究的特点，主要用于研究与正整数有关的数学问题的证明问题方法，是一种特殊的归纳证明方法。

1) 第一数学归纳法推理证明模式

一般地，证明一个与正整数 n 有关的命题 $P(n)$，推理证明模式如下。

(1) 归纳基础：证明当 n 取第一个值 n_0，即 $n=n_0(n_0 \in N^*)$ 时，命题 $P(n_0)$ 成立。

(2) 归纳递推：假设 $n=k(k \geqslant n_0, k \in N^*)$ 时命题 $P(k)$ 成立，证明当 $n=k+1$ 时命题 $P(n_{k+1})$ 也成立。

只要完成这两步，就可以断定命题 $P(n)$ 从 n_0 开始的所有正整数 n 都成立。这样对于一切自然数，命题都正确了。

2) 第二数学归纳法推理证明模式

对于某个与自然数有关的命题 $P(n)$，推理证明模式如下。

(1) 归纳基础：命题 $P(n)$ 在 $n=n_0$ 时，命题 $P(n_0)$ 成立。

(2) 归纳递推：命题 $P(n)$ 在 $n=n_0$ 时，假定命题 $P(n_0)$ 成立下，可以推出 $P(k+1)$ 成立，则综合(1)、(2)，对一切自然数 $n(\geqslant n_0)$，命题 $P(n)$ 都成立。

3) 反向归纳法(倒推归纳法)推理证明模式

设 $P(n)$ 表示一个与自然数 n 有关的命题，推理证明模式如下。

(1) 归纳基础：$P(n)$ 对无数多个自然数 n 都成立。

(2) 归纳递推：假设 $P(k+1)$ 成立，可以推出 $P(k)$ 也成立。

则 $P(n)$ 对一切自然数 n 都成立。这样对于一切自然数，命题都正确了。

根据数学归纳法的定义，利用数学归纳法证题时，上述两步缺一不可。如果只有第一步没有第二步的证明，则属于不完全归纳法，做出的结论就不一定正确可靠；而有了第二步的证明，在数学归纳原理的保证下，才使得到的结论是完全可靠的。

值得注意的是，数学归纳法有别于本书 2.7 节提到的完全归纳推理和不完全归纳推理，它是根据归纳原理综合运用归纳、演绎推理的一种特殊的数学证明方法。

2. 适用范围

(1) 理论命题条件与结论之间以正整数有相关联的命题证明。

(2) 当对某类事物理论命题(条件与结论)中包含的个体对象的确切数目还不甚明了，或遇到该类事物中包含的个体对象的数目太大乃至无穷时，人们就无法进行一一考察，这时使用完全归纳推理就很不方便或根本不可能使用。

(3) 对某类事物理论命题(条件与结论)中包含的个体对象虽然有限，也能考察穷尽，但不宜确定考察，这时就不能使用完全归纳推理。

3.3.5 不完全数学归纳证明模式和对命题证明的适用范围

1. 不完全数学归纳法推理证明模式

不完全数学归纳法是科学归纳推理的一种应用，是科学归纳推理形式在数学和与数学相关领域，如计算机的数据库、网络安全理论及自然科学相对独立的学科理论研究证明的一种体现。

虽然不完全数学归纳法的结论有时可能不正确，但它仍是一种重要的推理方法；不完全归纳法只能证明 n 取其中某些数字时命题正确，例如，法国数学家费马在对质数进行研究时，通过对四个质数：$2^{2^1}+1=5$，$2^{2^2}+1=17$，$2^{2^3}+1=257$，$2^{2^4}+1=65537$ 观察，并通过类比推理猜想(对于数学中的猜测称为数学猜想)可能对任何形如 $2^{2^n}+1(n\in N^*)$ 的数都是质数，这种数称为费马数。只是通过这四个数便产生了"费马数"，当验证 $2^{2^4}+1$ 的数时，也确实是质数。但是，经过约半个世纪后，数学家欧拉找到第 5 个费马数 $2^{2^5}+1=4294967297=641\times6700417$ 不是质数，因为它可以写成两个非 1 数的积，说明费马猜想是错误的，推翻了费马猜想，如图 3.7 所示。这就说明他使用了不完全归纳法只能证明 n 取 1, 2, 3 时命题正确，但对于任何形如 $2^{2^n}+1(n \in N^*)$ 的数都是质数的猜想结论是错误的。猜想结论可靠与否必须通过演绎推理、因果推理和其他方法进行严格的证明。又如，无穷数列 0, 1, 1, 2, 3, 5, 8, 13, 21, 34, 55, …，称为斐波那契级数。这个序列的第 n 项 F(n)可以定义为

$$\begin{cases} F(0) = 0 \\ F(1) = 1 \\ F(n) = F(n-1) + F(n-2), \quad n \geqslant 2 \end{cases}$$

它的第三个公式是一个递归关系式(函数)，说明：当 n≥2 时，这个级数的第 n 项的值是它前面两项之和。它用两个较小自变量的函数值来定义一个较大自变量的函数值，所以需要两个初始值 F(0)和 F(1)。

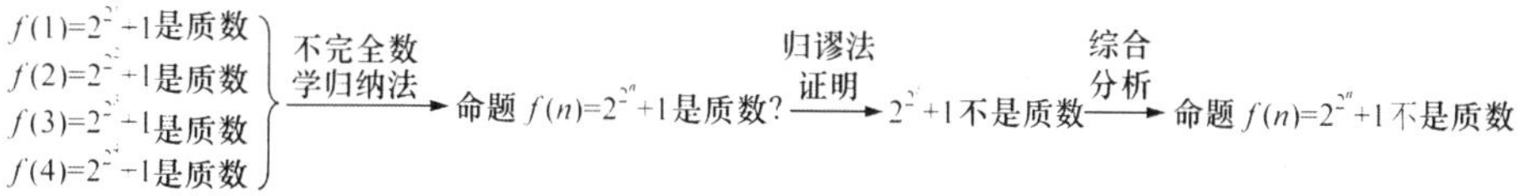

图 3.7　不完全数学归纳法推理证明模式示意图

　　没有证明对于所有的自然数都正确。不完全数学归纳法可以获得相应的猜想。它在命题的猜测或猜想中发挥的作用很大。

　　2. 适用范围

　　(1) 理论命题条件与结论之间以正整数有相关联的命题猜测或猜想证明。
　　(2) 几何图形相关命题猜测或猜想证明。

3.3.6　条件关系证明模式和对命题证明的适用范围

　　条件关系证明方法的原理是条件关系推理，反过来说条件关系推理是条件关系证明方法的工具。条件关系证明方法包括充分条件证明方法、必要条件证明方法、充分且必要条件证明方法。

　　1. 充分、必要和充分且必要条件关系证明方法模式

　　通过判断分清什么情况下是充分条件，什么情况下是必要条件，什么情况下是充要条件。在证明中按不同的条件关系分别做如下证明。
　　(1) 证明充分条件。在证明充分条件时，要用命题条件去证明命题结论。
　　(2) 证明必要条件。在证明必要条件时，要用命题结论去证明命题条件。

(3) 证明充分且必要条件。在证明充分且必要条件时，要用命题条件去证明命题结论，还要用命题结论去证明命题条件。

当条件关系证明方法满足：命题的条件正确，证明过程正确，即推理形式有效时，它也是演绎推理的一种。

2. 适用范围

(1) 简单的(当且仅当)隐含式证法。

(2) 直接证明原命题的条件和结论之间存在的充分且必要条件。

(3) 利用原命题与其逆否命题是等价的特性来间接证明原命题的条件和结论之间存在的充要条件。

3.3.7　反证法证明模式和对命题证明的适用范围

1. 反证法证明模式

证明一个命题正确性时，如果不能使用直接证明法证明原命题的正确性，就需要通过证明原命题的否定命题结论不真，从而断定原命题的正确性。

反证法是间接证明方法，演绎证明方法是根据命题的前提条件演绎推理出命题的结论，反证法则不是。证明中的反证法、归谬法和穷举法就是使用转化思维方式。

假设命题的结论不成立，从命题的条件和命题结论的否定出发，推理得出与已知命题的条件或否定结论相矛盾的结果，根据排中律，最后断定原命题成立。这种驳倒反面的证法，称为反证法。

反证法就是从否定原命题的结论入手，并把对原命题结论的否定作为推理的已知条件，进行正确的逻辑推理，使之得到与已知条件矛盾或与假设矛盾或与定义、公理、引理、定理、推论、法则、性质及已经证明为正确的命题等相矛盾，矛盾的原因是假设不成立，所以肯定了原命题的结论，从而使命题获得了证明。反证法不是直接证明命题结论的正确性，而是以否定结论为条件，通过逻辑推理得出与已知条件矛盾的一种间接证明法。

一个命题与它的否定形式是完全对立的。两者之间有且只有一个成立。

反证法的关键是在正确的推理下得出矛盾，常见的主要矛盾有三类。

(1) 与已知条件矛盾。

(2) 与假设矛盾(自相矛盾)。

(3) 与定义、定理、引理、性质、公理和事实等矛盾。

值得注意的是以下几点。

(1) 分清命题前提条件和结论。

（2）周密考察原命题结论的否定事项，防止否定不当或有所遗漏；命题的否定只否定该命题的结论，而否命题则否定原命题的条件和结论。

（3）推理必须是有效推理，推理过程必须完整，否则不能说明命题的正确性。

（4）在推理过程中，要充分使用前提条件，否则，推导不出矛盾，或者不能断定推出的结果是错误的。

（5）命题的否定只是否定该命题的结论，而否命题则否定原命题的条件和结论，这一点尤为重要。在应用反证法证题时，一定要用到"反设"，否则就不是反证法。

反证法推理证明命题模式可以简要概括为否定→推理→否定，如图 3.8 所示。即从否定命题结论开始，经过正确无误的逻辑推理导致逻辑矛盾，达到新的否定。可以认为，反证法的基本思维就是"否定之否定"的辩证思维。

图 3.8　反证法推理证明模式示意图

2. 适用范围

（1）难于直接使用已知条件导出结论的命题和性质。

（2）使用已知条件导出结论的唯一性命题和性质。

（3）"至多"或"至少"性命题和性质。

（4）否定性或肯定性命题和性质。

（5）某些命题结论的反面比结论具体、明确或结论的反面容易证明。对于这种情况不需要考虑其他证明方法。

3. 反证法分类

反证法可以细化为归谬法、穷举法。

1）归谬法证明模式和对命题证明的适用范围

（1）归谬法证明模式。

归谬法：当命题结论的否定只有一种情况时，只要把这一情况推翻，根据排中律，即可证得原命题的结论是正确的。这是一种单纯的反证法，但又不完全相同。

归谬法是运用充分条件假言推理否定式进行反驳的一种论证方法。它以被反驳判断作为充分条件假言判断的前件，然后通过否定由该前件合理引出虚假或荒谬的后件，从而否定被反驳判断。

（2）适用范围。

命题结论的否定只有一种情况。

2) 穷举法证明模式和对命题证明的适用范围

(1) 穷举法证明模式。

穷举法证明命题时，若命题结论的否定不止一种情况，就必须将否定后的各种情况无一漏掉地一一驳倒，根据排中律，最后才能断定命题结论成立，这种反证法称为穷举法。

穷举法得到的结果肯定是正确的，精确度高；方法简单，易于使用；但可能做了很多无用功，效率低下；数据量大时，可能会造成时间崩溃。穷举法是通过牺牲时间来换取求解的全面性、正确性。

(2) 适用范围。

① 命题结论的否定有有限(n)种情况。

② 通常用于求最值问题的解。

值得注意的是以下几点。

① 穷举法证明命题结论时，命题结论的否定不止一种情况，否定的情况数一定是有限整数(n)个。

② 周密考察原命题结论的否定事项，防止否定不当或有所遗漏；命题的否定只否定该命题的结论，而否命题则否定原命题的条件和结论。

③ 穷举法不同于枚举法，枚举法枚举的个数小于 n。

3.3.8　同一法证明模式和对命题证明的适用范围

1. 同一法证明模式

证明一个命题正确性时，如果不能使用直接证明法证明原命题的正确性，一般情况下，除了考虑使用反证法外，因为命题的条件与结论所确定的对象都是唯一存在的，即它们所指的是同一概念，命题与它的逆命题等效(同一原理)，所以还可以考虑用同一法证明命题的正确性。证明中的同一法也是使用转化思维方式。

我们已经知道，两个互逆命题不一定是等价(同真同假)的，只有当命题的条件和结论所确定的对象是唯一存在的情况下，也就是一个命题的条件和结论所指的概念同一的情况下，该命题与其逆命题才能等价，这是我们称这一命题符合同一原理的原因。

必须指出的是，同一法与反证法都是用间接的方法证明结论。能用同一法证明命题，一般也可用反证法证明，只需在证明时先将结论否定，在最后不指出图形重合，仅指出"根据唯一性，出现两个性质相同的不同图形是矛盾的"即可。

同一法证明模式如图 3.9 所示。在一般情况下，原命题与逆命题不一定等价时，同一法是无效的。

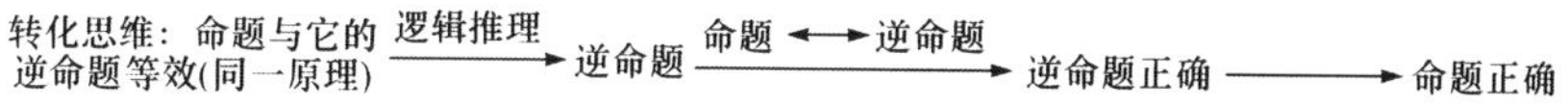

转化思维：命题与它的 →逻辑推理→ 逆命题 命题←→逆命题 逆命题正确 →命题正确
逆命题等效(同一原理)

图 3.9 同一法证明模式

应用同一法证明初等几何命题时，往往先做出一个满足命题结论的图形，然后证明图形符合命题已知条件，确定所做图形与题设条件所指的图形相同，从而证得命题成立。

需要指出的是，同一法和反正法的适用范围是不同的，同一法有较大的局限性，通常只适用于符合同一原理的命题，反证法则普遍适用，反之，则不行。

2. 适用范围

(1) 对于符合同一原理的命题，当直接证明有困难时，同一法常用于证明符合同一原理的命题。

(2) 常用于具有图的几何命题。

3.3.9 构造法证明模式和对命题证明的适用范围

1. 构造法证明模式

可构造性是指能具体给出某一对象或者能给出某一对象的计算方法。

有些问题的证明，要先构造一个函数或一个算式，甚至一个辅助命题才能完成，我们把这种运用构造法的证明称为构造性证明。

构造证明法大体上分为两类：一类是直接构造证明法；另一类是间接构造证明法。

(1) 直接构造证明法。具体的是"构造一个带有命题结论里所要求的一个或几个特定条件或性质的实例，以显示具有该性质的物体或概念的存在性"，证明某些命题或结论的存在性；也可以"构造一个反例，来证明命题(结论)是错误的"。这种方法在某些命题(结论)的选取、确定过程中也是经常使用的方法。假定命题要求的条件或性质有三个，给出直接构造证明法证明模式如图 3.10 所示。

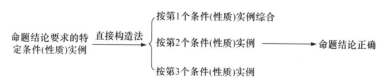

图 3.10 直接构造法证明模式示意图

(2) 间接构造证明法。有些构造证明中并不直接构造满足命题要求的例子，而是构造某些辅助性的工具或对象，使得命题证明更容易解决。许多初等几何证明题中常常用到添加辅助线或辅助图形的办法。

在证明过程中具有鲜明的"构造性"或"可操作性"。构造性证明所得到的结果是通过一步一步构造出命题的结论所描述的对象。构造性证明多数都是直接证明。

构造性证明也是分析性证明，所不同的是技巧性比较高，对相关知识和方法的掌握运用要比较熟练才能做到。如果说分析性证明是很基本的，那么构造性证明则是在关键步骤有了一个"飞跃性的创造"，构造一个新的函数、算式或辅助性命题，作为解决问题的桥梁。

构造性证明就是通过有限步的推导或计算，具体地构造出这样的具体对象。因此，构造性证明不仅要证明所述对象的存在，而且要具体地求出对象是什么。

2. 适用范围

(1) 构造出命题的结论所描述的对象达到直接证明。

(2) 命题证明不能用逻辑演绎证明时，要考虑构造一个函数或一个算式，甚至一个辅助命题去证明命题。

(3) 构造一个带有命题(结论)里所要求的特定性质去证明命题。

3.3.10 存在性证明模式和对命题证明的适用范围

1. 存在性证明模式

存在性证明则是从逻辑上证明命题所述具体对象确实存在，但具体是什么，并不一定知道。

存在性证明应该说是源于经典数学的"公理化"(一般性真理)思想方法。存在性命题证明的关键是证明其存在性，它与构造性证明不同，当相应命题所述对象不可构造或不易构造时，一般只能从逻辑和理论上证明所述对象确实存在，但不能具体求出。因此，其证明常常表现为间接证明，即假定所述对象不存在，就会导致矛盾；有时必须依靠一种紧密联系的"逻辑链"才能说明其存在性。

存在性证明是表述存在性的命题或定理的一种证明方式，很多时候依赖于排中律。这种逻辑上的极强依赖性，很好地体现了公理化方法的特色。

在计算机数据库、网络安全和计算机其他分支领域理论的算法复杂性分析中，使用数学相似类比推理和简化类比推理对每个算法复杂性(空间复杂性或时间复杂性)分析时，如果分析的结果是多项式阶的，只是说明它是哪一阶的，在同一阶中的复杂性有很多种也是千差万别的，很难精确地确定出它的复杂性究竟是哪一种。所以，复杂性分析的过程就是存在性证明的过程。

存在性证明与构造性证明常常是紧密相依、相辅相成、互为补充的。

2. 适用范围

(1) 命题所述对象不可构造或不易构造。

(2) 适于函数存在命题的存在性问题。

(3) 适于算法复杂性分析。

上述证明推理方法是计算机数据库、网络安全和计算机其他分支领域理论命题推理证明中用的最多的一些方法。在命题证明选择证明方法时，一般情况下，首先考虑直接证明法(综合法和(或)分析法)，然后考虑逻辑演绎证明法、条件证明法、数学归纳证明法、反证法证明法(归谬法(或)穷举法)，最后考虑构造证明法、存在性证明法等。

理论命题推理证明一般考虑选择次序：直接证明法→间接证明法→构造证明法、存在性证明法。

必须注意的是，上面已经对理论命题证明中可用的各种常用证明方法证明模式的特性和适用范围进行了解析，为解决一系列同类型命题证明提供了模式化思路，对同类的后继命题的证明是有利的。但是，要切记思维僵化，如果后继命题虽可用前法解决，但也可以采用更合理更简易的证明方法，思维定势就成为障碍，从而影响命题的证明速度与合理化。

3.4　理论命题推理证明法选择的层次

对于比较复杂的某一个命题推理证明，证明法推理证明的过程也不是单一的，因此证明法推理证明的层次要进行合理选择。这样才能省时、省力和少走弯路。

(1) 对某一个命题推理证明，根据证明方法解析和证明前命题解析选择第一层次证明法(主证法)。通过有效逻辑推理或其他推理证明命题可能有两种可能。

一种可能是推理证明命题正确，证明结束，完成命题证明。

另一种可能是推理证明命题没得到命题结论，没有完成命题证明，尚需选择第二层次证明法(证明方法之一)继续命题证明。

(2) 以第一层次证得临时结论+原命题条件为新条件，原命题结论不变。根据证明前命题解析寻找新条件和原命题结论关联关系，再根据证明方法解析寻找新的证明方法(证明方法之一)。通过有效逻辑推理或其他推理证明命题又可能有两种情况……

……

(3) 尚需选择第 n 层次证明法(证明方法之一)。以第 $n-1$ 证得临时结论+原命题条件为新条件，原命题结论不变。根据证明前命题解析寻找新条件和原命题结论关联关系，再根据证明前命题证明方法解析寻找新的证明方法(证明方法之一)。继续通过有效逻辑推理或其他推理证明命题，又可能有两种情况。

一种可能是推理证明命题正确，证明结束，完成命题证明。

另一种可能是推理证明命题没得到命题结论，未知命题正确，证明停止，说明命题不成立。在有限分层次证明后仍证不出命题的正确性，只有对命题进行全面分析，找出其出错原因，进行修正。否则，放弃。

继续命题证明，直到完成命题证明，命题证明结束。

理论命题推理证明法选择的层次如图 3.11 所示。

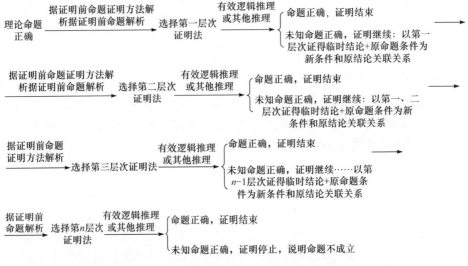

图 3.11　理论命题推理证明法层次选择示意图

必须指出的是以下几点。

(1) 每个层次推理证明过程大多数情况下，都要使用逻辑演绎推理才能完成；否则，无法完成命题的正确性证明。

(2) 对于一个较为复杂的命题推理证明所选择的证明方法可能是无序的，"你中有我，我中有你"。

(3) 有时在一个命题推理证明过程中，同一种证明方法可能应用几次。

3.5　算法证明前证明方法和复杂度分析法的解析

3.2 节和 3.3 节已经讨论了理论命题的各种证明方法解析。本节讨论另一类应用理论算法类证明方法解析。

在计算机数据库、网络安全和计算机其他分支理论研究中，无论是哪一种数据库相关理论研究，还是网络安全相关理论研究和计算机相关的工程项目中，一般要解决某一个或多个问题或完成某一个或多个任务的操作，都是通过算法(解决问题的一种方法或一个过程)来完成的。算法设计过程不仅和数据模型的选择有关，而且与算法正确性(有效性)证明紧密相关。因为在设计算法时，最重要的问题莫过于算法的正确性。算法正确性是算法理论研究中最重要的一部分，如果一个算法的正确性保证不了，算法其他方面的讨论将会毫无意义。

尽管不能说算法是一种纯粹的猜测，也不能说它是命题，但是算法设计思想和公式的推导等是以收敛思维方式在理论命题上构建起来的，而算法又是算法思想的描述。因此，算法命题和理论命题一样，也要给出严谨的推理证明过程。如果不加证明就认为是正确的，这也是错误的。虽然它是用计算机语言写出的，但不能保证算法思想及其相关联的理论命题都是正确的。一个算法包含的内容总体上有两个方面：一是解决问题(实现功能)的方法，二是实现这个方法的计算机语言或指令。要确定所使用方法和(或)所使用公式的正确性，就必须明确需要相应的结构模型的相关理论：公理、规则、定理、引理、推论、性质和子算法等。这些相关理论必须在设计算法思想之前就要解决，它们是设计算法思想的理论基础。只有这样才能顺利构思算法和保证算法的正确性。

3.5.1　总算法和子算法的关系

为了保证算法的正确性，在算法设计之前，对一个问题必须确定一个或多个精准的算法，这个算法说明在给出合理输入后算法将要产生什么结果，然后证明这些算法的正确性。

对于算法求解的问题比较大且较为复杂，一般来说，算法也比较长而且也比较复杂。

(1) 为了证明这类算法的正确性，往往要将这个算法按照所完成的目标或功能分解成一些较小的子目标或功能，为此就对应形成算法段(也称为子算法或子过程)，并证明如果所有这些较小的算法段正确地完成了它们的工作，在各算法段合理衔接的情况下，整个算法自然是正确的。而且只要特别注意合理衔接，这个过程是很容易完成的。这种将算法分解成若干能独立验证、互不相交的算法段的方法，正是计算机结构程序设计方法在算法正确性证明中的一种有效的应用。

(2) 算法按照所完成的目标或功能分解成一些较小的子目标或功能，这些完成子目标或功能的子算法或子过程合成了一个总算法。每一个子算法或子过程的正确性、可终止性和复杂性都直接影响总算法的性能。

1. 算法正确性证明原则

算法的正确性证明就是要证明算法必须达到解决问题的目标或完成所要完成的功能。

(1) 如果每一个子算法或子过程通过有效逻辑推理或其他推理证明是正确的，则总算法是正确的，正确性证明完成。

(2) 如果有一个子算法或子过程不正确，如图 3.12(a) 所示，根据归谬法可知总算法不正确，通过检验和解析寻找错误子算法 $i(i<n)$ 错误点进行修正，对修正后的子算法 i 进行有效逻辑推理或其他推理，直到子算法 i 正确为止。

(3) 特别要注意的是，可能通过检验和解析寻找错误子算法不只是一个(可能多个)，对每一个子算法都要进行有效逻辑推理或其他推理，直到所有子算法正确为止。

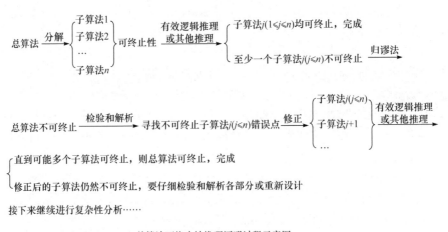

(a) 总算法正确性推理证明过程示意图

(b) 总算法可终止性推理证明过程示意图

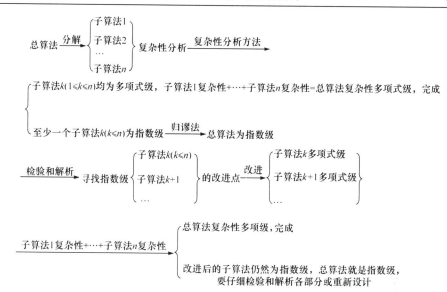

(c) 总算法复杂性分析推理证明过程示意图

图 3.12　总算法和分解成的子算法的关系示意图

(4) 如果对修正后的子算法仍然无法推理证明其正确性，说明该算法总体分解错误或子算法错误，要更加仔细检验和解析寻找错误，甚至推倒重新设计。

2. 算法可终止性证明原则

(1) 如果每一个子算法或子过程通过有效逻辑推理或其他推理证明是可终止的，则总算法是可终止的，可终止性证明完成。

(2) 如果有一个子算法或子过程不可终止，如图 3.12(b) 所示，根据归谬法可知总算法不可终止，通过检验和解析寻找不可终止子算法 $j(j \leqslant n)$ 错误点进行修正，对修正后的子算法 j 进行有效逻辑推理或其他推理，直到子算法 j 可终止为止。

(3) 特别要注意的是，可能通过检验和解析寻找不可终止子算法不只是一个(可能多个)，对每一个子算法都要进行有效逻辑推理或其他推理，直到所有子算法可终止为止。

(4) 如果对修正后的子算法仍然无法推理证明其可终止性，说明该算法总体分解错误或子算法错误，要更加仔细检验和解析寻找错误，甚至推倒重新设计。

3. 算法复杂性分析原则

(1) 如果每一个子算法或子过程通过复杂性分析方法是多项式级的，则总算法是多项式级的，总算法精确的复杂性等于各子算法或子过程的复杂性之和，当然在确定总算法复杂性时，往往选择它们中的最大者作为总算法近似复杂性。复杂性分析完成。

(2) 如果有一个子算法或子过程的复杂性是指数级的，如图 3.12(c) 所示，根据归谬法可知，总算法也一定是指数级的。通过检验和解析寻找不可终止子算法 $k(k \ll n)$ 错误点进行改进，对改进后的子算法 k 通过复杂性分析方法进行复杂性分析，直到子算法 k 是多项式级的为止。

(3) 特别要注意的是，可能通过检验和解析寻找复杂性是指数级的子算法不只是一个(可能多个)，对每一个子算法都要通过复杂性分析方法进行分析，直到所有子算法是多项式级的为止。

(4) 如果改进后的子算法仍然无法得到多项式级的复杂性，说明该算法总体分解错误或子算法错误，要更加仔细检验和解析寻找错误，甚至推倒重新设计。

基于上述原因，一定要对每一个子算法或子过程的正确性、可终止性和复杂性进行证明和分析。总算法和分解成的子算法的关系如图 3.12 所示。

对于属于应用理论范畴的算法的证明包括两部分：算法理论证明、算法模拟实验。下面首先讨论算法理论证明。

3.5.2 算法理论证明前解析

算法的理论证明包括三个部分：算法正确性证明、算法可终止性证明、算法复杂度分析。

一个解决问题的优秀算法，首先要在理论证明中过好这三关。

1. 算法正确性证明方法解析

算法正确性证明就是要证明算法必须达到解决问题的目标或所要完成的功能。在计算机上要解决某一个或多个问题或完成某一个或多个任务的操作，都是通过算法来完成。算法设计过程不仅和数据模型的选择有关，而且与算法正确性(有效性)证明紧密相关。因为在设计算法时，最重要的问题莫过于算法的正确性。算法的正确性决定了解决问题的成败，如果算法正确，它可能不是最优的，但它也是有意义的。这是因为它可以完成解决问题的目标或完成所要完成的功能，达到了最基本的要求，坚守了作为一个算法的底线。正确性是算法的理论证明中最重要的一关，算法的正确性保证不了，算法其他方面的讨论将会毫无意义。

正确性证明和非算法的理论命题证明一样使用理论证明方法。就一般情况而言，算法的理论正确性证明显得比理论命题的理论证明要简单一些。这是因为任何一个较为复杂的算法形成之前，都有一些为算法的形成提供的理论命题，而这些命题都已经被证明是正确的定理，从这个角度看，算法的理论正确性证明要比理论命题的证明简单一些。但是，因为算法又具有应用理论的特征，除了理论证明外，还必须进行实验或实践检验，所以它又比理论命题证明要复杂一些。

算法正确性证明：算法正确性(有效性)证明可能出现两种情况：一种是算法是正确的，证明结束；另一种是算法无效。对于后者，必须分别进行如下检验和解析。

(1) 检验和解析为算法思想形成提供的已经被证明是正确的理论命题的有效性。

(2) 检验和解析描述算法过程是否准确无误。

(3) 检验和解析问题分解成的子过程是否合理。

(4) 检验和解析各子过程的衔接是否正确。

无论哪一方面出现了错误，针对错误点进行合理且正确的修正，重新进行理论命题有效性证明。第二次证明又可能出现两种情况：一种是算法是正确的，证明结束；另一种是算法仍然是无效的。再继续第三次上述过程……再进行第 n 次上述检验和分析，无论哪一方面出现了错误，针对错误点进行合理且正确的修正，再重新进行理论命题有效性证明。证明最终可能出现两种情况：一种是算法是正确的，证明结束；另一种是算法仍然是无效的，说明该算法错误，终止证明。其详细推理证明过程如图 3.13 所示。

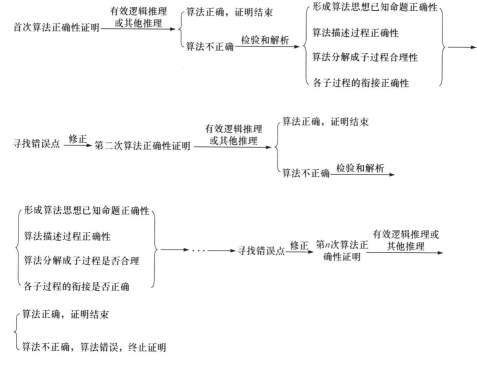

图 3.13　算法正确性推理证明过程图

2. 算法可终止性证明方法解析

在证明算法是正确的前提下，证明算法的可终止性是要过的第二关。这一关是通过有效逻辑推理或其他推理证明算法是否可终止。算法的可终止性也直接关系到解决问题的成败，只有算法的正确性证明是不够的，如果算法进入死循环，说明算法不能在有限时间内执行，这样尽管已经证明了算法的正确性(有效性)，也无法实现问题的解决。出现死循环，表明算法错误，其错误是算法描述错误。在这种情况下，必须对算法过程确定性进行认真检查，所使用具体算法语言的：

(1) 每条语句的每一步必须是精确定义的、无二义性的。

(2) 下一步应执行的步骤必须明确，选择语句是任何算法描述语言的组成部分，它允许对下一步执行步骤进行选择，但是选择过程必须确定。

是否准确无误地描述了它所描述的功能，一旦发现了错误，即对它进行修正，直到不能进入死循环，正确为止。算法可终止性详细推理证明过程如图 3.14 所示。

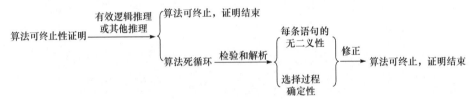

图 3.14　算法可终止性推理证明过程图

3. 复杂性分析方法解析

在完成了正确性证明、可终止性证明的前提下，进行算法的复杂性分析是要过的第三关。算法的复杂性分析包括两个部分：时间复杂性分析、空间复杂性分析。空间复杂性分析方法与时间复杂性分析方法基本相同，故这里只对时间复杂性分析方法进行讨论。

一个算法复杂性的优劣直接关系到解决问题的成败，一个算法只具有正确性证明、可终止性证明还是不够的，如果算法复杂性是较优的算法，才能称之为一种解决问题的好算法。

无论算法还是构成算法的算法段(子算法)，在更准确地进行复杂性分析之前，必须对如下问题进行深入分析，因为它们是复杂性分析的基础。

(1) 无论是算法综合解决问题，还是命题需要完成同一个功能时，总是要考虑算法性能优化，为此来确定选择合适的数据模型(数据结构、数据操作、数据约束)。数据模型选择的好坏直接影响算法的正确性和复杂性。数据模型的基础是数据结构(数组、字符串、顺序表、散列表、链表、栈、图、有向图、Voronoi 图(图的变种)、各种树、矩阵等)，不同的数据结构，其上的数据操作可能不同，所设计出来的算法的时间和空间复杂度可能差别很大。这些数据结构对研究数据库理论及应用理论的人员来说是常识，不清楚或不太了解的人员可参考任何一本数据结构或算法设计方面的书。

在算法设计中选择好数据结构是非常重要的，选择好数据结构，算法才能随之确定。计算机算法与数据结构密切相关，算法的设计要以具体的数据结构为基础，数据结构直接关系到算法的选择和效率。运算是由计算机来完成，这就要设计相应的插入、删除和修改的算法，这些数据类型的各种运算算法都要由数据结构来定义。因为不同的数据结构模型，可能使算法的复杂度不同。

(2) 必须明确算法思想中所需要且已被证明为正确的相应结构模型的相关理论，如公理、规则、定理、引理、推论、性质和子算法等。因为它们不仅对算法思想和正确性提供支持，还对复杂性分析提供支持和帮助。

(3) 在对算法复杂度分析之前必须掌握以下几点。

① 根据算法解决问题本身的特定要求确定使用 O 表示法(上限)或 Ω 表示法(下限)或 Θ 表示法(平均)中的哪一种或哪几种。

② 对求解问题的某一实例所需要的时间，用算法在执行过程中总共所需要的初等运算(算术运算、比较、循环和转移等最基本的操作)步数来表示。

③ 时间复杂度的简化规则如下。

(a) 简单 for(n)循环时间消耗为 $\Theta(n)$。

(b) 含有多个 for 循环过程：

T:=0;
    for i:=1   **to** n **do**
        for j:=1   **to** i **do**
            T:=T+1;
    for k:=1   **to** n **do**
        $A(k)$:=$k-1$;

总的时间消耗为 $\Theta(c_1+c_2n+c_3n^2)$，可简化为 $\Theta(n^2)$。

(c) 比较下面两个过程段的时间复杂度。

T_1:=0;
    for i:=1   **to** n **do**
        for j:=1   **to** n **do**
      T_1:=T_1+1;
T_2:=0;
    for i:=1   **to** n **do**
        for j:=1   **to** i **do**
      T_2:=T_2+1;

在第一个双重循环中，内层循环 for 执行 n 次。因为外层循环 for 执行 n 次，故 $T_1{:=}T_1{+}1$ 显然执行 n^2 次。而第二个 for 循环时间消耗为 $\sum\limits_{1 \leqslant i \leqslant n} j = n(n+1)/2 = \Theta(n^2)$。因此，两个二重循环的时间复杂度都为 $\Theta(n^2)$，只不过第二个过程段的运行时间消耗约为第一个过程段的一半。

因为大多数算法的时间复杂性，往往取决于循环或多重循环的时间消耗。这是一般在描述算法中最常用的方法之一。

(4) 常用的预排序算法复杂度参照法，因为在任何一个算法中都要使用预排序算法进行优化，这种优化算法的时间复杂度也是算法时间复杂度的一部分，尽管它可能不是决定性的。

(5) 比较两个函数阶的方法，包括利用反证法、利用极限法、利用洛必达法则，详细讨论可参见《数据库理论研究方法解析》一书。

(6) 常用的和式估计上界法，包括：

① 和式估计放大法。

(a) $\sum\limits_{k=1}^{n} a_k \leqslant na_{\max}$。

(b) $\dfrac{a_{k+1}}{a_k} \leqslant r$，对于一切 $k \geqslant 0, r < 1$ 的常数，则有

$$\sum_{k=0}^{n} a_k \leqslant \sum_{k=0}^{\infty} a_0 r^k = a_0 \sum_{k=0}^{\infty} r^k = \frac{a_0}{1-r}$$

② 和式估计积分法。

(a) 如果函数 $f(n)$ 是单调递减的，则有

$$\int_{m}^{n+1} f(x)\mathrm{d}x \leqslant \sum_{m \leqslant i \leqslant n} f(i) \leqslant \int_{m-1}^{n} f(x)\mathrm{d}x$$

(b) 如果函数 $f(n)$ 是单调递增的，则有

$$\int_{m-1}^{n} f(x)\mathrm{d}x \leqslant \sum_{m \leqslant i \leqslant n} f(i) \leqslant \int_{m}^{n+1} f(x)\mathrm{d}x$$

(7) 用递归设计方法描述算法，因为用这种方法描述算法结构清晰，对算法过程进行复杂性分析时要比用其他方法更易于分析。

递归算法的复杂度分析技术包括代换法、迭代法和套用公式法，详细讨论可参见《数据库理论研究方法解析》一书。

(8) 除了用递归设计方法描述算法外，算法设计还使用了以下哪些方法：穷举法、贪心法、分治法、减治法、变治法、时空权衡法、动态规划、回溯法和分枝限界法，这些不同方法都是针对不同问题给出的解决相应问题的方法，如果算法设计和描述中使用了它们，就直接决定了算法设计思想，某种程度上决定了算

法的正确性和复杂性。作者在《数据库理论研究方法解析》一书中，分别详细讨论了各方法的一般模式和适用范围，本书不再赘述。

当算法复杂性分析完成后，将所得的结果根据以下两个参照标准做出决断，判断是否为多项式时间算法。

(9) 如果对某算法分析所得到的结果复杂性为 $O(n)$、$O(10^6 n^3)$、$O(5n^8)$ 等，则算法均为多项式时间算法。如果分析所得到的结果复杂性为 $O(1) < O(\log n) < O(n) < O(n\log n) < O(n^2) < O(n^3)$ 等，则是可以接受的。

(10) 如果对某算法分析所得到的结果复杂性为 $O(2^n) < O(n!) < O(n^n) < O(2^{n^2}) < O(n^{\log n}) < O(n^{n^n})$ 等，则算法均为指数时间算法。

以上两种标准，是初步判定一个算法是否是多项式级或指数级的参照标准。

3.5.3　算法模拟实验检验法

算法的正确性证明不仅要进行理论证明，而且在对算法理论性证明之后必须进行算法模拟实验，算法模拟实验是算法证明必需的两种证明方法之一。模拟实验的目的如下。

(1) 证明依据算法使用具体的算法语言或其他程序语言书写的程序的可终止性，程序执行中是否出现死循环。出现死循环，表明程序错误。其错误有两种：一种是源头理论上证明错误，理论上正确性证明有误、可终止性证明有误；另一种是程序书写错误。无论哪一种错误，必须检查寻找错误点并加以修正，重新上机实验，直到程序正确为止。

(2) 通过算法模拟实验对解决同一种问题的两个或几个算法的比较，确定新算法和已有的较新算法的时间、空间复杂性，确定新算法是否是较优的、有价值的。

(3) 对于原始创新性算法(前人没有提出过的新观点而形成的算法)模拟实验，实验结果是在有限的可允许时间范围内得到所要的结果(完成模拟实验被证明是可行的)，对这种算法的证明，其目的在于探索算法的正确性。

双重证明正确后，证明结束。

必须指出以下两点。

(1) 源头上即算法思想及其相关联的理论命题部分是错误的，这种算法不可能完成设计时的功能，另外也极大地消耗了研究者的时间，源头错就彻底错。

(2) 源头上正确，但按算法思想写算法时出错，也不可能完成设计时的功能，同样消耗了研究者的时间。

3.6　本章小结

本章深入研究了命题证明方法解析。深入研究了分析与综合在命题证明中的作用；深入研究了证明和推理的联系(任何证明都是一个推理的过程，推理是证明的工具；证明方法和推理形式都是命题(判断)之间的逻辑推导过程；证明的结构与推理形式的组成部分之间具有相关性)。

深入研究了证明和推理的区别(目的要求不同：证明是先有命题结论后找命题条件，推理是先有命题前提后得命题结论；认识过程不同：证明要求命题条件正确，推理形式并不要求命题前提正确；逻辑结构不同：证明通常比推理复杂)。

深入研究了命题证明的结构：确定理论命题讨论的环境(根据命题的语义或形式化描述，确定讨论命题的环境是什么样的)、确定命题前提条件和结论、浅析命题前提条件和结论间关联关系和确定证明方法。

深入研究了逻辑演绎证明模式和对命题证明的适用范围、综合证明模式和对命题证明的适用范围、分析证明模式和对命题证明的适用范围、数学归纳证明模式和对命题证明的适用范围、不完全数学归纳证明模式和对命题证明的适用范围、条件关系证明模式和对命题证明的适用范围、反证法证明模式和对命题证明的适用范围(归谬法证明模式和对命题证明的适用范围、穷举法证明模式和对命题证明的适用范围)、同一法证明模式和对命题证明的适用范围、构造法证明模式和对命题证明的适用范围、存在性证明模式和对命题证明的适用范围。

深入研究了理论命题推理证明法选择的层次问题，详细研究了层次选择过程。

深入讨论了算法证明前证明方法和复杂度分析法的解析：总算法和子算法的关系、算法正确性证明原则和解析、算法可终止性证明原则和解析、算法复杂性分析原则和解析。

最后讨论了算法模拟实验检验法。

第4章 证明前命题解析

命题的正确性(有效性)有两种可能：一种是通过推理证明正确；另一种是通过推理证明为假。任何一个命题的正确性证明都是由命题前提条件、命题结论和证明三个要素构成的。前三章已经较为详细地讨论了理论命题产生及确定的思维、推理、阅读文献(学术论文和专著)方式，详细地讨论了证明方法、证明模式和适用范围解析。在此基础上，为了能够科学地证明出命题(结论)的正确性，必须对证明前的命题进行解析，以便使证明命题找出适用于证明命题的证明方法进行准确的"对接"。下面讨论证明前的命题解析。

解析的对象是命题。按照证明前命题确定和进行证明的科研人员的关系可将命题分为两类。

(1) 一类是由科研人员通过一定的思维、推理、阅读文献(学术论文和专著)方式或其他方法直接确定的，并且由本人进行证明的，称为自确定的命题(简称为自确定命题)。

(2) 另一类不是由科研人员通过一定的思维、推理、阅读文献(学术论文和专著)方式或其他方法直接确定的，而是他人确定并且由本人进行证明的，称为间接确定的命题(简称为间接确定命题)。

对于科研人员进行推理证明的命题，自确定命题和间接确定命题虽然都是同一个命题，但是由于科研人员对命题掌握的深度不同，对自确定命题不仅掌握命题的前提条件和结论，还深入了解产生前提条件和结论的来龙去脉，深入掌握前提条件之间、前提条件和结论之间的关联性，这就决定了对自确定命题所涉及的概念理解、推理证明方法的选择等要比间接确定命题容易得多。既然如此，无论自确定命题还是间接确定命题，都要求科研人员掌握产生命题的方法，为证明前命题解析提供深入分析的基础。

4.1 创新型命题的类型

科技创新的具体形式有多种，按照不同的角度进行分类其结果也不同。有两类分法：第一类是根据创新的知识载体，可以把科技创新分成概念创新、理论创新、发明创新和实验现象创新；第二类是根据创新的程度不同进行分类。因为科学进步的本质在于创新，创新的程度有大有小。

本书根据创新的知识载体和创新的程度不同，针对计算机数据库理论、网络安全理论研究特点综合考虑进行分类。将创新理论分为三类：原始创新型理论、继承发展型理论、继承改进型理论。

无论哪一种创新型理论，都是在其研究环境下的概念、定义基础上，首先从确定命题研究开始，命题是理论推理证明的对象和载体。命题是任何理论最初的最小构成单元，即理论系统中尚未被证明的一个部分，所以命题就具有包含它的创新型理论特征。正是由于这种原因，在下面的讨论中将它和包含它的创新型理论(命题)一起讨论而不把它单列出来。确定命题的正确性是由合适的有效推理方式和证明方法完成的。如果命题或正确性证明是还没有人研究过的命题，并且没有可遵循的方法解决这种命题的正确性问题，就必须以综合创新思维方式从命题构成的结构开始。因为它的解析不仅是一般的深入分析(解析)，而且大多数情况下它必须从源头开始。

4.1.1　原始创新型理论及命题

原始创新型理论通常表现形式为：①开创一个新的学科及其科学理论体系；②一个学科中新的方向(分支)及其科学理论体系。

原始创新理论往往是以多种表现形式综合表现出来的。主要表现在两个方面，一是概念创新，二是理论创新。

1) 概念创新

(1) 开创一个新的学科及其科学理论体系，这种理论创新通常表现形式为这种理论概念是无人提出的，把所感知的事物的共同本质特点抽象、概括形成概念，是概念创新最重要的一种。

(2) 一个学科中新的方向(分支)及其科学理论体系中的概念创新，既包含新的概念的提出，也包含将原有概念用于新的学科中，即将概念内涵深化、外延扩大。例如，适用于 Internet 上的信息表示和数据交换的不完全信息下 XML(可扩展标识语言)强函数依赖推理规则及其新的理论体系，就是在空值(不完全信息)的部分概念、定义(如等价、相容、强闭包)的已有概念或定义和提出的新概念(完全 XML 文档树、不完全 XML 文档树、子树信息相等、子树信息不相等、子树信息等价、子树信息相容)的基础上，利用理论思维方式、推测、演绎、抽象或综合等方法而得出的新的理论体系。具体可参见作者在《不完全信息下 XML 数据库基础》一书中的讨论。

又如，将生物安全中的免疫系统及其概念，如基因、克隆、免疫、免疫识别、免疫记忆、免疫相容、免疫调节、免疫监控等用于计算机网络安全中的人工免疫系统。具体内容可参见《基于人工免疫的网络入侵检测器覆盖及算法研究》等文献。

2) 理论创新

对于(1)，理论创新首先是在概念创新，概念有内涵与外延，定义一个概念也就是规定概念属性，可以通过对内涵的规定(但不必指出所有内涵)，也可以通过对外延的规定。并且在概念、定义创新的基础上确定命题及其命题前提条件和结论开始。一旦有少量且重要的命题被推理证明是正确的，从这些已被证明是正确的命题(定理)出发，利用理论思维方式、推测、演绎、抽象或综合等方法而得出对某一个或某一类对象的本质、作用、原因或规律的表述。

数据库理论中常见的表述(形式)有原理、公理、规则、命题、模型、公式、方程、算法等以及由和它们相关联的概念、定义等形成一个系统化的知识，形成数据库理论系统。

例如，空值数据库中，由于客观世界告诉我们，有些信息暂时未知，有些信息不存在，有些信息连是否存在都不知道。这些在通常的关系数据库中是无法描述的。为了对允许出现空值的数据进行处理，首先要给出相应的概念、定义的描述及空值信息之间的关系描述等，以这些概念和定义为基础，便产生了空值数据库推理规则命题，通过逻辑推理和(或)其他推理证明方式证明了这些推理规则命题的正确性，以此为出发点，引导出一系列的理论创新，带动一批新理论的出现，推动新理论的发展。形成了新的空值理论体系及系统。

对于(2)，并不是每一个理论创新均需要概念创新，也有或部分在现有概念的基础上也可以形成新的理论体系。参见前文对概念创新(2)讨论的第一个例子。

3) 科学假设或数学猜想

这是在科学上尚待证明的科学假设或数学猜想、前人没有提出过的新观点而形成的理论(命题)。对这类理论(命题)的论证，其目的在于探索理论(命题)的正确性。数学猜想是不知其真假的数学叙述，它被暂时认为真，暂时未被证明或反证。例如，费马数猜想、哥德巴赫猜想、黎曼猜想、四色问题等。这些猜想的内容分别为费马数猜想：任何形如 $2^{2^n}+1(n \in N^*)$ 的数都是质数；哥德巴赫猜想：任一大于 2 的偶数都可写成两个质数之和；黎曼猜想：关于黎曼 ζ 函数 $\zeta(s)$ 的零点分布的猜想，即方程 $\zeta(s)=0$ 的所有有意义的解都在一条直线上；四色问题：任何一张平面地图只用四种颜色就能使具有共同边界的国家着上不同的颜色等。

当猜想被证明后，它便会成为定理。猜想一日未被证明就不能成为定理，但是有时数学家也用未被证明的猜想来继续研究相关问题，都要小心在逻辑结构之中使用这些猜想。

猜想主要因类比推理和偶然发现而出现。数学家通常会使用不完全归纳法来测试自己的猜想。例如，费马曾经根据最初的四个费马数是素数，便猜想所有费马数都是素数。但是，此猜想后来被欧拉推翻，详见 3.3.4 节的讨论。某些猜想会称为"假设"，尤其当它是针对某些问题提出的答案时。

从命题的题设(条件)出发，经过逐步推理，来判断命题的结论是否正确的过程，称为证明。

要证明一个命题是真命题，就是证明凡符合题设(条件)的所有情况，都能得出结论。要证明一个命题是假命题，只需举出一个反例说明命题不能成立。

数学猜想是以一定的数学事实为根据，包含着以数学事实作为基础的可贵的想象成分；没有数学事实作根据，随心所欲地胡猜乱想得到的命题不能称为"数学猜想"。数学猜想一般都是经过对大量事实的观察、验证、类比、归纳、概括等而提出来的。这种从特殊到一般，从个性中发现共性的方法是数学研究的重要动力。数学猜想的提出与研究，生动地体现了辩证法(参见《自然辩证法讲义》一书)在数学中的应用，极大地推动了数学方法论的研究与应用。例如，黎曼假设使素数定理得到证明以及椭圆曲线技术应用于加解密、数字签名、密钥交换、大数分解和素数判断等；四色问题通过电子计算机得以解决，从而验证了有些猜想是可以由计算机证明的。

需要指出的是，理论创新往往是以多种表现形式综合体现出来的，即一种理论创新同时具有上述多种表现形式。概念创新往往伴随着理论创新，在新的概念建立的基础上才能建立新的学科和新的科学理论体系。事实上，数据库理论创新是概念、定义创新和理论创新多种表现形式的综合体。

原始创新理论的命题解析是最困难的一种。其优、缺点分别如下。

(1) 优点：提出研究这一理论(命题)，具有领先优势，但如果把握得不好，也会很快失掉这种优势。

(2) 缺点：①难度大。在某种程度上是灵感思维的结果，具有偶然性，运用灵感思维就是要抓住机遇，机遇是可遇不可求的，又是不可创造的。机遇和机会本质上是不同的，机会是可以创造的。②高风险。尽管以原始创新的理论命题为出发点，引发一系列的理论创新研究，带动一批新理论的出现，推动新理论的发展。但是，对于基础不够深厚的研究人员和团队，又是可望而不可即的。③时间长，不确定性大。即使对基础深厚的研究人员和团队来说，成功的不确定性也很大，即使成功了，所需要的时间也很长，必须要有克服艰险的长征精神，不轻言放弃。

4.1.2　继承型创新命题

1) 继承发展型创新理论(命题)

这一类理论(命题)是在继承前人研究的基础上，根据实际应用的需求或用收敛思维、延伸思维和扩展思维方式，借助已有的知识，沿袭前人的思维逻辑去探求未知的知识，将认识向前推移，从而丰富和完善原有知识体系。这在计算机数据库理论命题的研究中是出现比较多的。例如，在第 1 章中讨论的比较阅读和分析确定命题、批判阅读和吸收确定命题、"别人没做什么"确定命题、严肃对待观点相矛盾的学术论文产生命题、逻辑思维产生命题、学术论文和专著评价确定命题、追踪学术前沿确定命题等，这些命题大多属于继承发展型创新命题。

2) 继承改进型创新理论(命题)

这一类命题是继承前人为实现某种功能或目标确定的命题，这一类命题在实现其种功能或目标时不尽如人意，有如下表现。

(1) 已被推理证明命题能够实现某种功能或目标，这是正确的。但是，通过比较、分析、判断和推理得知命题的质量存在问题(并不表明它一定是错误的)，这种命题可能不是最优的，为了克服它的某些或某个方面的不足而需要在继承前人研究的基础上，针对不足使用新方法进行改进确定并证明新命题。证明的新命题对原已被证明的命题一定是较优的，否则将是毫无意义的。

例如，在关系数据库模式分解规范化理论研究中，在函数依赖环境下的 1NF→2NF→3NF→BCNF 就是一个逐次优化的过程。具体可参见作者在《关于标准 FD 集的几个相关问题的讨论》和《关系数据库数据理论新进展》等文献中的讨论。

(2) 已被推理证明算法能够实现某种功能或目标，这是正确的。但是，通过算法分析得知算法复杂度结果不是最优的，为了克服它的某些或某个方面的不足而需要在继承前人研究的基础上，针对不足进行改进确定算法新思想、得到新算法并证明它。证明的新算法比原已被证明的算法一定是较优的，否则将是毫无意义的。

(3) 在计算机所有工程应用中总是寻找最优解决方案也是基于这种思想。

在计算机数据库、网络安全理论和计算机一些其他分支领域算法的研究中，总是不断研究解决某种问题的比已存在算法更优的算法，具体可参见作者在《数据库理论研究方法解析》一书第 10 和 11 章中的讨论。

必须指出的是，和原始创新命题相比，继承发展型创新理论命题和继承改进型创新理论命题的优、缺点分别如下。

(1) 优点：①这两种继承创新难度小。这些理论命题大多是在前人已有的知识基础上，通过质疑思维、克弱思维、联想思维(相近联想、相似联想、相反联想、因果联想、纵向联想和横向联想)、收敛思维、递进思维、延伸思维、扩展思维和综合思维等多种创新思维方式得到的命题，继承性就决定了难度小。②低风险。继承性就决定了低风险。③时间短、不确定性小。继承性就决定了时间短、不确定性小。

(2) 缺点：创新程度小。继承改进型创新理论命题比继承发展型创新理论命题创新程度还小。继承发展型创新理论命题在后续的研究中，可能有一部分理论创新，带动一部分新理论的出现，推动部分新理论的发展。但是，继承改进型理论创新命题的研究，却很少能带动理论有较大创新，几乎是孤立的。不会对学科的发展方向产生重大影响，但是能够推动学科的不断进步。

目前，对理论研究的高校研究生绝大多数属于继承发展型创新理论问题(命题)或继承改进型创新理论问题(命题)的研究。

作者在《数据库理论研究方法解析》一书中，为了讨论类比推理、实验类型和算法类型，曾将命题大体上分成两种类型：原始创新型和继承改进型。当时对继承型命题只是为了区别于原始创新型，没有将继承型命题细分，有利于简化对问题的讨论。但是，如果讨论命题和证明方法合理"对接"，仍然对继承命题不加区分就不妥了。这是因为继承发展型、继承改进型命题为了寻找合适的证明方法进行解析，由于类型的差异引起它们解析有不同之处。

4.2　构成命题的结构

任何一个命题的正确性证明都是由命题前提条件、命题结论和证明三个部分构成的。

一个命题的结构由两部分构成：命题结论和命题前提条件。

1) 命题结论

命题结论是通过证明要确定其正确的命题结论，它所要回答的是"证明什么"的问题。命题结论一般有三类：①原始创新型命题结论；②继承发展型创新命题结论；③继承改进型创新命题结论。

为了最终证明某个被证命题的结论正确，往往会出现一些在证明过程中需要证明正确的过渡性命题，这种命题被证明正确后会成为被证命题的前提条件或前提条件之一。

2) 命题前提条件

命题前提条件也称命题证明或推理的理由或根据，是用来确定被证命题正确性的已知正确的命题(定义、公理、定律、原理、定理(性质)、推论、合理的假设、规则、公式、算法等)作为条件，它成为被证命题正确并使人信服的理由或根据。它所回答的是"用什么来证明"的问题。可作为前提条件的命题一般有两类。

(1) 已被确认的关于事实的命题。可以举出具体的事实，称为事实论据。

(2) 定义、公理、定律、原理、定理(性质)、推论、合理的假设、规则、公式、算法等也称为理论命题证明或推理前提条件。一般情况下，前提条件中的条件是多个具体条件的集合，本书后面的讨论仍称其为前提条件，将不再具体说明是前提条件集合。

必须指出的是，无论属于哪一类型的命题，实现某种功能或目标，都是对命题的基本要求，也是确立命题存在的底线。命题的正确性包括前提条件和结论正确，结论正确性只有在正确的前提条件下，使用合适的推理证明方法通过有效的推理证明才能确定。

有些命题证明过程是需要分层次的,在证明过程中只能有一个被证命题结论,条件集合随着证明层次的增加不断变化,相关内容将在后面详细讨论。在一个证明中，只能有一个被证命题，过渡性命题可以有多个，但必须是有限的，对一个命题的证明可能有几种证明方法，各种证明方法的过渡性命题不一定相同。但是，一旦选择确定某种证明方法就等价于确定了多少个过渡性命题，此时出现的顺序是有序的。这种情况下，被证命题和过渡性命题就形成一个命题逻辑链，而分层次的命题证明过程形成一个证明逻辑链。

4.3 命题解析内容及过程

对部分简单命题浅析可以实现命题和命题证明方法的"对接"，但是，对于相当一部分较为复杂命题浅析和它的证明方法的"对接"几乎是不可能的。为了使对这部分命题和命题证明方法的"对接"成为可能，就必须对它们进行深入分析。

4.3.1 命题解析的几个方面

讨论之前，首先明确命题的前提条件含义：是用来确定证明命题正确性的已知正确的命题(定义、公理、定律、原理、定理(性质)、推论、合理的假设、规则、公式、算法等)作为条件，它所回答的是"用什么来证明"的问题。为了下面的讨论我们给出几个概念。

1) 命题讨论环境

无论什么理论问题，解决的任何一个阶段都涉及有关知识，没有相应的知识不仅难于发现问题，而且缺乏分析理论问题的基础和为解决理论问题提出并确定命题的依据。即使继续研究命题的证明也必须具有相应的知识。命题讨论环境就是为命题提供了它们所必需的一部分知识或解决它们的依据。

命题讨论环境是指理论命题讨论命题的条件是什么样的。例如，函数依赖、多值依赖的讨论环境是在关系数据库理论。又如，NFD：$X \rightarrow Y$ 强保持函数依赖，NFD：$X \rightarrow Y$ 亚强保持函数依赖，NFD：$X \rightarrow Y$ 弱保持函数依赖的讨论环境是在空值数据库理论。

2) 命题相关概念及定义

概念是客观事物的本质属性在人们头脑中的概括反映。人们在感性认识的基础上，从同类事物的许多属性中，概括出其所特有的属性，形成用词或词组表达的概念。概念是反映事物本质属性的理性思维基本形式之一，理论命题都是通过各种概念描述出来的，才有助于更好地进行判断和推理。这是因为概念、判断和推理是理性认识自然界事物的三种思维方式。概念是思维方式最基本的组成单位，是构成命题、推理的要素。定义是对概念本质属性的规定，概念有内涵与外延，定义一个概念也就是规定概念属性，可以通过对内涵的规定(但不必指出所有内涵)，也可以通过对外延的规定。当使用语言或文字为某个概念确定了内涵和外延时，就说这个概念被定义了。一个没有被定义的名词，不能称其为概念，也不可能靠它来确定命题和推理。

在逻辑学里，定义就是明确概念内涵的逻辑方法，而划分是明确概念外延的逻辑方法。

命题相关定义是指命题相关客观语义、形式化联系的描述中所涉及的定义及在命题解析、推理证明中可能所涉及的定义。

3) 条件间的关联性

条件间的关联性是指不同条件间的相互关系。例如，函数依赖、多值依赖是某命题的两个不同条件，多值依赖是函数依赖的扩展，而函数依赖是多值依赖的特例。这就是它们之间的关联性关系。

4) 条件和命题结论间的关联性

条件和命题结论间的关联性是指命题条件和命题结论间的相互关系。如果某命题的条件和命题结论间不存在关联性，命题条件就毫无存在的意义，在这样的条件下也不可能推理证明命题结论的正确性。

5) 命题结论间的关联性

命题结论间的关联性是指理论命题在相同条件下，可能得到两个或多个另外的结论，它们之间的关联性是指它们之间是否具有等价性或可互相推导关系。

由于命题的结构分为两个部分：命题前提条件、命题结论，命题解析就是将研究命题的两个部分分别地加以深入分析考察，离析出它们的本质及其内在联系。

4.3.2　证明前命题解析过程

证明前命题解析也就是确定理论命题讨论环境、命题相关概念及定义解析，确定命题前提条件和结论，对命题的前提条件之间、前提条件和结论之间、结论和结论(个别时候在相同条件下，可能得到两个或多个结论)之间的关联性进行深入分析。作者对数据库理论的四十年的研究经验表明,对任意一个命题证明,如果要想进行得比较顺利,就必须在实施证明之前对命题深入了解和解析,特别对于比较复杂的命题是必需的。

证明前命题解析的意义在于准确地寻找能够证明命题的思路,并按此思路证明命题。

本章将分别深入地讨论多种环境下产生的理论命题在证明之前的解析问题。无论在什么环境下产生的理论命题,只要是原始创新命题(还没有人研究过的命题),如果没有可遵循的方法解决这种命题的正确性问题,就必须从命题构成的结构开始。因为它的解析不仅是一般的深入分析(解析),而且大多数情况下它必须从源头,即从建立概念、定义、确定命题前提条件和结论开始。原始创新命题和有些概念、定义与已经存在的继承发展型创新命题及继承改进型创新命题有很大不同。原始创新命题是从建立概念、定义开始的,少有继承性。所以,原始创新命题的命题解析是最困难的一种。

在 4.1 节给出了创新型命题类型中的原始创新型、继承发展型和继承改进型三种创新类型命题;还给出了由命题结论和命题前提条件构成的命题的结构。这些知识不仅是讨论命题证明前寻找证明方法的基础,还是命题深入分析的对象。

命题证明前命题解析的部分和过程如下。

1. 确定理论命题讨论环境解析

(1) 对原始创新命题的讨论环境,一般是根据产生命题的客观对象或理论研究对象所处的环境和概念、定义所提供的理论研究环境来确定的,如图 4.1(a)所示。

(2) 对继承发展型和继承改进型创新命题的讨论环境,是根据命题语义描述或形式化描述的前提条件或命题的结论确定的,如图 4.1(b)所示。

原始创新命题(确定概念)证明前解析 ——命题、概念、定义产生的环境—→ 确定命题讨论环境

原始创新命题(部分继承现有概念)证明前解析 ——命题、概念、定义产生的环境—→ 确定命题讨论环境

科学假设或数学猜想命题证明前解析 ——命题、概念、定义产生的环境—→ 确定命题讨论环境

(a) 确定原始创新命题的讨论环境示意图

继承型命题证明前的解析 ——命题语义或形式化的描述比较、解析—→ 确定命题讨论环境

(b) 确定继承型创新命题的讨论环境示意图

命题相关定义解析 $\xrightarrow{\text{各元素客观语义联系}}$ 确定元素具有的性质
的描述比较、解析

继续命题相关定义解析 $\xrightarrow{\text{命题中定义客观语义联系}}$ 确定检验相关定义的标准
的描述比较、解析

继续命题相关定义解析 $\xrightarrow{\text{命题中定义形式化联系}}$ 确定检验实例相关定义的客观语义联系标准
的描述比较、解析

继续命题相关定义解析 $\xrightarrow{\text{命题相关定义关联性}}$ 确定各定义之间的差异、扩展性
的描述比较、解析

(c) 命题相关概念及定义解析示意图

确定命题前提条件和结论解析：概念及定义客观语义 $\xrightarrow{\text{综合目标功能}}$ 确定命题前提条件和结论：

一个前提条件和一个结论

一个前提条件和几个结论

不同前提条件对应不同的结论

(d) 确定命题前提条件和结论示意图

命题前提条件及 $\xrightarrow[\text{联系的描述比较、解析}]{\text{命题客观语义、形式化}}$
之间关联性解析

确定每个前提条件元素间关联性
确定命题(显式)前提条件关联性和命题结论关联性
确定命题(隐式)为定理、推论前提条件关联性和命题结论关联性
规则、公式和算法关联性和命题结论关联性
对命题每个前提条件之间的关联性进行解析
对每个表达前提条件的元素间关联性进行解析

(e) 命题前提条件之间关联性解析示意图

命题的前提条件和结论间关联性解析 $\xrightarrow[\text{联系的描述比较、解析}]{\text{命题客观语义、形式化}}$ 确定前提条件和结论之间的关系 s

继续命题的前提条件和结论间关联性解析 $\xrightarrow[\text{联系的描述比较、解析}]{\text{命题客观语义、形式化}}$ 确定命题特性 g

(f) 命题的前提条件和结论间关联性解析示意图

根据证明方法模式适用范围和对前提条件和结论
之间的关系 s 或命题特性 g 综合确定证明方法 $\rightarrow$ 确定证明方法 $\xrightarrow[\text{综合有效推理}]{\text{前提条件集充分}}$ 证明命题真假性

一个或几个命题结论成立 $\xrightarrow{\text{分析各结论}}$ 等价性或可互相推导

(g) 命题结论之间关联性解析示意图

图 4.1　命题各部分关联性解析过程示意图

　　无论原始创新命题还是其他两类继承型命题, 这一点对命题的正确性证明都很重要, 这是因为一旦确定了讨论命题的环境:

　　(1) 凡是属于这个环境中的已知的概念、定义、公理、定律、原理、定理(性质)、推论、合理的假设、规则、公式、算法等均可作为它的证明的前提条件。这些前提条件往往是以隐式的方式出现在命题的前提条件中, 即使出现, 也是少量的。如果不知道讨论命题的环境是什么样的, 可能有些可以用的前提条件就无法在证明推理过程中得到应用, 必然要造成不必要的困难。甚至对命题的正确性证明无法得到正确性的结果。例如, 作者在《空值环境下数据库理论基础》一书和《空值环境下关系数据库查询处理方法》等文献讨论的空值数据库理论中, 命题 B_1 自反规则中的前提条件之一是:"若 NFD: $X \rightarrow Y$ 强保持成立", 根据"若 NFD······强保持"解析表明: 讨论命题的环境是空值环境。凡属于已知空值环境下的命题的定义、性质等都可以用于对命题的证明。如果不确定命题 B_1 的讨论环境是空值环境, 就无法确定要用什么样的前提条件进行推理。

　　(2) 如果命题的推理证明使用反证法、归谬法或有限穷举法, 就为命题的推理证明提供了举出反例的环境。例如, 已经确定了讨论命题的环境是关系数据库理论环境, 如果又选择了使用反证法、归谬法或有限穷举法推理证明它, 所举出的反例一定是在关系数据库理论环境中的具体实例。

　　(3) 如果命题确认是关于事实的命题, 可以举出具体的事实(论据)进行验证或论证。

　　2. 命题相关概念及定义解析

　　1) 要讨论为什么对命题相关概念及定义解析

　　概念是反映对象特有属性或本质属性的思维形式, 从产生命题的环境中科学抽象出与命题相关的概念; 概念是反映事物本质属性的思维形式, 在科学抽象中, 只有形成科学概念才能把握和确定事物的本质和规律。科学研究成果及命题都是通过各种概念描述出来的, 只有形成科学的概念, 才有助于更好地进行判断和推理。这是因为概念、判断和推理是理性认识自然界事物的三种思维形式。每一门自然科学都有它自己的一系列科学概念。

　　(1) 根据概念的外延(具有概念所反映的特有属性或本质属性的概括思维对象数量或者范围)之间有无重合的部分, 把两个概念具有的关系分为全同关系、真包含关系、真包含于关系、相交关系、全异关系。

　　(2) 根据概念的内涵(反映在概念中概括的思维对象的特有属性或本质属性的总和)与概念的外延按照定义"对于一种对象或事物的本质特征或一个概念的内涵和外延, 使用判断或命题的语言所作的确切而简要的表述", 精炼出对某些特定概念升华的定义。

定义必定是真命题，是一类特殊的真命题。一般情况下，定义是不加证明的。

(3) 概念和定义必须十分准确、无二义性，因为概念是反映对象特有属性或本质属性的思维形式。

概念与词语之间的联系：概念是词语的思想内容，概念的存在需要依赖于词语，词语是概念的表现形式。同一个概念可以用不同的词语表达，但必须是反映同一个对象特有属性或本质属性。又因为定义是某些特定概念升华，所以若概念和定义不太准确、有二义性，将在命题正确性思维和推理证明过程中，违反同一律、矛盾律、排中律和充足理由律。

① 同一律要求：概念、定义不允许存在二义性；命题在推理、证明过程都必须专一，不能更改、偷换命题。

② 矛盾律要求：概念不能同时既反映这个事物的某种属性，又不反映这个事物的某种属性；两个互相相反或互相矛盾的命题不能同时都加以肯定，自相矛盾。

③ 排中律要求：两个具有矛盾关系的概念或相反关系的命题不能同时进行否定，犯模棱两可的错误。

矛盾律保证思维的无矛盾性，排中律保证思维的明确性。违反这三条推理规则就无法借助于概念、判断、推理等思维方式能动地推理证明命题。

④ 充足理由律要求：推理证明命题过程中，确定任何一个判断是正确的，都必须有充足的理由。对推理证明中每一步都必须是正确无误的，只有这样才能在满足前三个定律的前提下，最终保证命题的结论是正确的。这是我们在命题解析中必须对概念及定义解析的原因。

2) 要讨论对命题相关概念及定义怎样解析

(1) 根据属于某一集合的不同元素客观语义联系的描述，确定该元素具有该集合的性质。例如，有两个元素 $m, n \in N^*$，就表明 m、n 具有正整数的性质。

又如，有两个属性集 $A, B \subseteq W$。要确定出 A 和 B 之间究竟是全同关系、真包含关系、真包含于关系、相交关系、全异关系中的哪一种。

(2) 根据对命题相关概念及定义客观语义联系的描述，确定检验是否符合相关定义的标准。

例如，设 X、Y 是两个属性集，若对属性集 X 的每一个具体的值都有 Y 的唯一具体值与之对应，称 X 函数决定 Y 或称 Y 函数依赖于 X。函数依赖是属性间客观语义联系的描述，是否满足这种语义上的约束是检验数据正确的一个标准。

(3) 根据对命题相关定义形式化联系的描述，确定检验实例是否满足相关定义的客观语义联系的标准。

例如，设 $R(U)$ 是一个关系模式，U 是属性集，r 是 $R(U)$ 的任意一个关系，属性集 $X, Y \subseteq U$。对于任意两个元组 $t_1, t_2 \in r$，当 $t_1[X] = t_2[X]$ 时，$t_1[Y] = t_2[Y]$，则称"Y

函数依赖于 X "或" X 函数决定 Y ",简记作 FD: $X \rightarrow Y$。这就是函数依赖的形式化定义。函数依赖的形式化定义为我们检验一个实例是否满足客观语义联系提供了手段和方法。

(4) 对命题相关定义之间解析,深入分析各定义之间的关联性。对于比较复杂的命题可能涉及的定义有多个,因为每个定义都不能具有二义性。因此,需要分析各定义间的差异性、前后定义关联性即后面的定义是否是前一个定义的扩展。例如,不存在型空值定义和存在型空值定义之间有差异性(互不相干的两个定义),而占位型空值在有的情况下既可能有不存在型空值定义又可能有存在型空值定义的特征,这就是说它和其他两类空值定义既有差异性又有关联性。

命题相关概念及定义解析如图 4.1(c)所示。

3. 确定命题前提条件和结论

在命题相关概念及定义的基础上,准确地给出命题的客观语义或(和)形式化描述,明确认定命题前提条件和结论是什么,因为命题前提条件和结论是任何一个理论命题推理证明的主体。按照前提条件和结论间的对应关系有以下几种可能。

(1) 命题有一个前提条件和一个结论。例如,第 6 章命题 6.1:离散生成点 p 的最近邻在 p 的邻接离散生成点之中。

根据命题 6.1 的语义描述"离散生成点 p 的最近邻在 p 的邻接离散生成点之中",可以确定"离散生成点 p 的最近邻"是该命题的前提条件;"在 p 的邻接离散生成点之中"是该命题的结论。显然,解析表明:这个命题是一个前提条件和一个结论。

(2) 命题有一个前提条件和几个结论,列出几个子命题,对每一个子命题正确性都分别需要证明。

例如,在关系数据库理论中,为了研究模式分解的无损连接性,给出如下概念:设 $\rho = \{R_1, R_2, \cdots, R_k\}$ 是关系模式 $R(W, F)$ 的一个分解,如果对于 $R(W, F)$ 上任一关系 $r \in \mathrm{SAT}(F)$,都有表达式 $r = \bowtie_{i1}^{k} \pi R_i(r)$($\bowtie$ 为自然连接符),则称 ρ 是 $R(W, F)$ 相对于 F 的一个具有无损连接性的分解。其中表达式称为 r 的一个投影连接映射,记为 $m_\rho(r)$。在一般情况下,r 和 $m_\rho(r)$ 不一定是相等的,但它们之间的关系满足如下命题。

命题 4.1 设 $\rho = \{R_1, R_2, \cdots, R_k\}$ 是关系模式 $R(W, F)$ 的一个分解,对于 $r \in R(W, F)$ 和 $m_\rho(r)$ 满足如下关系:

① $r \subseteq m_\rho(r)$;

② 如果 $s = m_\rho(r)$,则 $\pi R_i(s) = r_i$;

③ $m_\rho((m_\rho r)) = m_\rho(r)$。

根据"设 $\rho=\{R_1,R_2,\cdots,R_k\}$ 是关系模式 $R(W,F)$ 的一个分解"是该命题的一个前提条件，命题结论分别为三个不同子命题结论。解析表明：该命题是一个前提条件和三个不同结论(见上述①～③)。因此，对每一个子命题正确性都分别需要证明。

对确定命题前提条件和结论作如下解析：根据语义和形式化描述知该命题是在关系数据库环境下的命题，即在关系数据库环境下的已知正确的命题(定义、公理、定律、原理、定理(性质)、推论、合理的假设、规则、公式等)和算法均可作为它的证明的前提条件。

该命题中"设 $\rho=\{R_1,R_2,\cdots,R_k\}$ 是关系模式 $R(W,F)$ 的一个分解"，是该命题的一个前提条件。对于 $r\in R(W,F)$ 和 $m_\rho(r)$，其中，r 为属于 $R(W,F)$ 的任意一个实例，$m_\rho(r)$ 为 r 的一个投影连接映射。

下面给出命题 4.1 的证明。

证明①：任取元组 $t\in r$，在 $\pi R_i(r)$ 中，必定有 $t[R_i]\in\pi R_i(r)(i=1,\cdots,n)$。由自然连接定义可知，$t$ 必定在 $\pi R_i(r)$ 的投影连接映射中，即 $t\in m_\rho(r)$，这是因为对于 $i=1,\cdots,k$，t 与 t_i 在 R_i 中的属性上有相同的值。因此，$r\subseteq m_\rho(r)$。

证明②：由①的 $r\subseteq m_\rho(r)$ 知 $r\subseteq s$，则在两边同时投影可得 $\pi R_i(r)\subseteq\pi R_i(s)$，即 $r_i\subseteq\pi R_i(s)$。为了证明 $r_i=\pi R_i(s)$，只要证明 $\pi R_i(s)\subseteq r_i$ 即可。假设对某个 i，$t_i\in\pi R_i(s)$，则必定存在某个元组 $t\in s$，使 $t[R_i]=t_i$。由于 $s=\bowtie_{i1}^k\pi r_i$，所以对于每个 $j=1,\cdots,k$，一定有 $t[R_i]\in r_i$，特别地对于 $j=i$，有 $t[R_i]\in r_i$，即对于任意一个 $t_i\in\pi R_i(s)$，必定有 $t_i\in r_i$，故 $\pi R_i(s)\subseteq r_i$。

证明③：由② $s=m_\rho(r)$，$\pi R_i(s)=ri$，故 $m_\rho(s)=\bowtie_{i1}^k\pi R_i(s)=\bowtie_{i1}^k r_i=m_\rho(r)$。

证毕。

(3) 命题有几种不同前提条件，一一对应不同的结论，列出几个子命题，对每一个子命题正确性都分别需要证明。例如，B_1 自反规则命题：

① 若 NFD：$X\to Y$ 强保持成立，则自反律不成立；

② 若 NFD：$X\to Y$ 亚强保持成立，则自反律成立；

③ 若 NFD：$X\to Y$ 弱保持成立，则自反律成立。

解析表明：命题有三个不同前提条件，一一对应不同的三个结论，列出三个子命题，对每一个子命题正确性都分别需要证明。

确定命题前提条件和结论，如图 4.1(d)所示。

4. 命题的前提条件之间关联性解析

命题的前提条件按表现形式分两大类：显式前提条件和隐式前提条件。

显式前提条件是能够直接在命题中列出的前提条件。

隐式前提条件是在确定理论命题讨论的环境下，该环境中针对命题的讨论有效的、可选择的已经(隐式)存在为定理(引理)、推论(不加证明)、规则、公式、算法(子算法)的有几个，分别是什么并列出，确定它们之间的关联性。

对于比较简单的命题，可能只涉及显式前提条件。确定命题显式前提条件的有几个，分别是什么并列出。分析确定它们之间的关联性、它们和待证命题结论的关系；对每个表达前提条件的元素间的关联性进行解析。

对于比较复杂的命题，不仅涉及显式前提条件，而且可能涉及隐式前提条件的定理(引理)、推论(不加证明)、规则、公式、算法(子算法)的有几个，因为每个都是被证正确的命题或算法的前提条件。分析它们和待证命题结论的关系。

(1) 确定命题显式前提条件的有几个，分别是什么并列出。分析确定它们之间的关联性、它们和待证命题结论的关系。

(2) 确定命题隐式前提条件为定理(引理)、推论的有几个，分别是什么并列出。分析确定它们之间的关联性、它们和待证命题结论的关系。

(3) 确定命题隐式前提条件为规则的有几个，分别是什么并列出。分析确定它们之间的关联性、它们和待证命题结论的关系。

(4) 确定命题隐式条件为公式的有几个，分别是什么并列出。分析确定它们之间的关联性、它们和待证命题结论的关系。

(5) 确定命题隐式前提条件为子算法的有几个，分别是什么并列出。分析确定它们之间的关联性、它们和待证命题结论的关系。

(6) 对命题每个前提条件之间的关联性进行解析。

(7) 对每个表达前提条件的元素间的关联性进行解析。例如，在某个命题中的前提条件之一是："$X, Y \subseteq U, X \rightarrow Y \in F$"。解析表明：$X$、$Y$ 属性包含于属性集 U；X、Y 间 $X \rightarrow Y$ 是属于函数依赖集 F 的一个函数依赖。

命题的前提条件之间的关联性解析如图 4.1(e)所示。

5. 命题前提条件和结论之间关联性解析

对命题前提条件和结论之间的关联性进行解析，就是在确定理论命题讨论的环境解析、命题相关概念及定义解析，确定命题前提条件和结论、对命题的前提条件之间关联性解析的基础上，通过：

(1) 详细分析前提条件和结论之间究竟是以下关系：由因到果关系、充分关系或(和)必要关系、逻辑演绎关系、公理演绎关系、假设演绎关系、正整数相关联关系等的哪一种或哪几种。

(2) 详细分析前提条件和结论构成的命题是否具有以下特性：已知条件导出结论是困难的、已知条件导出唯一性的结论、"至多"或"至少"性命题、否定性或肯定性命题、符合同一原理的命题、具有图的几何命题、不能用逻辑演绎证明但结论里有特定性质的命题及存在性命题之一。为了图式说明的便利，不妨设 S 为各种关系的集合($s \in S$)，G 为命题特性集($g \in G$)，如图 4.1(f)所示。经过命题前提条件和结论间关联性解析，初步确定了前提条件和结论之间的关系 s 和命题的特性 g，再综合各种证明方法模式及其适用范围解析，便可形成命题和合适的证明方法"对接"。利用合适的证明方法对命题的正确性进行证明。

6. 命题结论之间关联性解析

对几个子命题结论之间的关联性进行解析，就是深入分析几个子命题结论之间是否具有等价性或可互相推导关系，如图 4.1(g)所示。

例如，命题 4.1 三个不同子命题结论：$r \subseteq m_\rho(r)$；如果 $s = m_\rho(r)$，则 $\pi R_i(s) = r_i$；$m_\rho((m_\rho r)) = m_\rho(r)$。通过关联性分析可以看出它们每个结论中几乎都含有元素 r、$m_\rho(r)$，解析表明它们之间可能有某些关系，在没进行推理证明前很难确定是何种关系。通过推理证明过程可知：

①↔②，即①→②，②→①；

①↔③，即①→③，③→①。

前提条件和结论间关联性解析最后要达到如下目标。

(1) 确定命题前提条件对应的结论是什么并列出。

(2) 确定推理证明命题结论正确的检验标准是什么并列出。

(3) 根据命题前提条件的充分性，综合有效推理出结论。但推出的结论有时是一个或多个，对于计算命题其结论必须是唯一的；对于个别理论命题在相同条件下可能得到两个或多个另外的结论时，要对它们之间的关联性进行深入分析，它们之间是否具有等价性或可互相推导。例如，定理 6.4 就是如此；各命题在同样条件下的扩展推理结果而得到的推论也是如此。

特别值得注意的是，如果命题前提条件是以"高度概括"描述的，由于这种"高度概括"的隐蔽性，要将这种前提条件以"显式"细化为不同的子条件，每一个子条件可能对应不同的命题结论，形成几个不同的子命题。针对这些子命题，分别按上述几个方面关联性进行解析，直到对命题的解析完成为止。例如，在空值数据中有这样一个的语义描述的命题："若一个不完全关系 R '满足 NFD 保持条件'，则对它的任何一个满足语义的非空化结果关系中的数据依赖可能是 FD"，这是以"高度概括"描述的，为了对这个命题能够更明确地确定出它所含有的子命题，便于更好地分析它们的命题条件和结论的关联性和证明，就应当将前提条件细化为不同的子条件，进而形成子命题的结论。因此，就形成了命题 4.2：若一个不完全关系 R 满足 NFD 强保持条件，则对它的任何一个满足语义的非空化结果关系中的数据依赖是 FD；若满足 NFD 亚强保持或弱保持条件，则部分满足语义的非空化结果关系中，其数据依赖是 FD；若不满足弱保持条件，该关系的任何一个满足语义的非空化结果关系中，其数据依赖都不可能是 FD。

如果命题前提条件是以"高度概括"描述的，对每一个子命题均按上述过程解析其关联性，给出每个子命题的有效推理证明，并且最终给出总命题结论的有效推理证明。

在寻求较小的问题中的进一步深化研究中的命题的选择与确定、命题的条件设定和命题结论的确定、命题的证明思路及过程、算法设计思想和公式的推导等都要使用系统思维、综合创新收敛思维和综合创新思维方式。

4.4　证明前对不同方式产生的命题解析

4.4.1　确定命题产生方式

对命题解析，首先要弄清命题是由以下粗分的 14 种方式中的哪一种产生及确定的。

(1) 客观世界需求产生命题。

(2) 逻辑思维方式产生及确定命题：逻辑演绎增强(削弱)条件限制确定命题。

(3) 归纳推理方法产生及确定命题：①完全归纳推理方法产生命题；②不完全归纳推理方法产生命题。

(4) 类比推理方法产生及确定命题：①功能相似类比方法产生及确定命题；②降维相似类比推理确定低维的命题；③同相似的简单命题的类比确定的命题。

(5) 创新思维产生及确定命题：①理论思维产生及确定命题；②逆向思维产生及确定命题；③侧向思维产生及确定命题，其中包括侧向移入产生及确定命题、侧向移出产生及确定命题、侧向转换产生及确定命题；④分合思维产生及确定命题；⑤质疑思维产生及确定命题；⑥克弱思维产生及确定命题。

(6) 联想思维产生及确定命题：①相近联想产生及确定命题；②相似联想产生及确定命题；③相反联想产生及确定命题；④因果联想产生及确定命题；⑤纵向联想产生及确定命题；⑥横向联想产生及确定命题。

(7) 收敛思维产生及确定命题。

(8) 相向交叉思维产生及确定命题。

(9) 递进思维产生及确定命题。

(10) 转化思维产生及确定命题。

(11) 延伸思维产生及确定命题。

(12) 扩展思维产生及确定命题。

(13) 综合思维产生及确定命题。

(14) 阅读方式产生及确定命题：①批判阅读和吸收产生及确定命题；②比

较阅读产生及确定命题；③阅文评价产生及确定命题；④专著阅读产生及确定命题。

4.4.2　证明前对不同方式确定的命题解析

不同方式确定的命题解析也不完全相同，下面就重要方式确定的命题分别加以讨论。

1. 客观世界需求方式确定的命题解析

如果确定命题是客观世界需求方式产生及确定命题，则必须清楚：分析和综合过程、比较和概括过程、具体和抽象过程、判断和推理过程、文字命题的符号化过程和命题的符号表示什么事实或含义。

(1) 作为对自确定命题的证明人员，要对确定理论命题讨论的环境、命题相关概念及定义进行分析；确定命题前提条件和结论；对命题前提条件和结论之间关联性、命题的前提条件之间关联性、命题结论之间关联性进行解析；根据对命题解析的结果和证明方法的适用范围解析，使待证命题和适用证明方法"对接"，确定推理证明方法；再对这个命题结论进行严格无误的证明。对自确定命题的证明人员这是很容易做到的。

(2) 对非自确定命题的证明人员，对复杂性命题在大多数情况下必须从头做起。

另外，必须指出对于直接由客观世界需求方式产生及确定命题，多数情况下还可以利用间接证明方法(归谬法或穷举法)或其他证明方法进行推理证明。

2. 逻辑思维方式确定的命题解析

如果确定命题是逻辑思维方式产生及确定命题，则必须清楚是由演绎中增强条件限制产生及确定的命题，还是由演绎中削弱条件限制产生及确定的命题。对前者，要掌握增加一个或几个(猜测)条件都是什么，在增加新的条件下看原命题结论是否成立的方法；对后者，要掌握削弱一个或几个(猜测)条件都是什么，在削弱的条件下看原命题结论是否成立的方法。

(1) 作为对自确定命题的证明人员，要对确定理论命题讨论的环境、命题相关概念及定义进行分析；确定命题前提条件和结论；对命题前提条件和结论之间关联性、命题的前提条件之间关联性、命题结论之间关联性进行解析；根据对命题解析的结果和证明方法的适用范围解析，使待证命题和适用证明方法"对接"，确定推理证明方法；再对这个命题结论进行严格无误的证明。对自确定命题的证明人员这是很容易做到的。

(2) 对非自确定命题的证明人员，对复杂性命题在大多数情况下必须从头做起。

逻辑思维方式产生及确定命题是根据"对接"的结果：

(1) 如果可以使用综合和分析法直接推理证明的命题，使用直接推理证明。

(2) 如果可以使用条件推理证明的条件命题，使用充分性证明方法或必要性证明方法或充分且必要性证明方法。

(3) 如果条件与结论之间以正整数有相关联的命题，使用数学归纳法证明。

(4) 如果难于直接使用条件演绎推理出结论的命题，如

① 条件推理出的结论为唯一性的命题；

② 结论为"至多"或"至少"性命题；

③ 结论为否定性或肯定性命题。

必然要考虑使用间接推理方法中的反证法等。

使用逻辑演绎确定命题，对这样命题推理证明，多数情况下使用逻辑演绎方法。

3. 归纳推理方式确定的命题解析

如果确定命题是归纳推理方式产生及确定命题，则必须清楚待证命题是由完全归纳推理产生及确定的命题，还是由不完全归纳推理产生及确定的命题。对前者，产生及确定的命题是必然性的，用简单的归纳推理或穷举法推出命题成立。对后者，要掌握不完全归纳推理的命题结论一般具有或然性，用在对命题的猜测(猜想)和确定上。

(1) 作为对自确定命题的证明人员，必须清楚命题条件和命题结论产生的过程，即抽象上升到具体的方法，设计出各类例子，通过这些设计出的例子，进一步修正这些命题，直到最后证明相应的命题是正确时为止。要对确定理论命题讨论的环境、命题相关概念及定义进行分析；确定命题前提条件和结论；对命题前提条件和结论之间关联性、命题的前提条件之间关联性、命题结论之间关联性进行解析，如果解析中和整数 n 有关，根据这种关联性使待证命题与相应的数学归纳证明方法"对接"。如果解析中和整数 n 没有关系，在关联性解析结果基础上和证明方法的适用范围解析相综合，使待证命题和适用证明方法"对接"，确定推理证明方法；再对这个命题结论进行严格无误的证明。对自确定命题的证明人员这是很容易做到的。

(2) 对非自确定命题的证明人员，对复杂性命题在大多数情况下必须从头做起。

4. 类比推理方法确定的命题解析

如果确定命题是类比推理方法产生及确定命题，因为类比推理中又包含 3 种不同的推理方式，需再确定是 3 种不同的推理方式中的哪一种产生及确定命题。要掌握类比推理方法产生及确定命题结论一般具有或然性，用在对命题的猜测(猜想)和确定上。

作为对自确定命题的证明人员，必须清楚命题的条件和命题结论产生的过程。

要对确定理论命题讨论的环境、命题相关概念及定义进行分析；确定命题前提条件和结论；对命题前提条件和结论之间关联性、命题的前提条件之间关联性、命题结论之间关联性进行解析；根据对命题解析的结果和证明方法的适用范围解析相综合，使待证命题和适用证明方法"对接"，确定推理证明方法；再对这个命题结论进行严格无误的证明。

对非自确定命题的证明人员，对复杂性问题在大多数情况下必须从头做起。

(1) 如果确定命题是功能相似类比方法产生及确定命题。作为对自确定命题的证明人员，必须清楚功能相似类比方法产生及确定命题的过程，对比源功能命题与待证命题的相似性和不同点。分析确定待证命题和源功能命题的关联性，必须清楚待证命题的条件和命题结论产生的过程。要对确定待证命题讨论的环境、待证命题相关概念及定义进行分析；确定待证命题前提条件和结论；对待证命题前提条件和结论之间关联性、待证命题的前提条件之间关联性、待证命题结论之间关联性进行解析；根据对待证命题解析的结果和证明方法的适用范围解析，使待证命题和适用证明方法"对接"，确定推理证明方法；再对这个待证命题结论进行严格无误的证明。对自确定命题的证明人员这是很容易做到的。对非自确定命题的证明人员，对复杂性命题在大多数情况下必须从头做起。例如，在 4.6 节中以功能相似类比方法产生及确定的空值数据库理论相关概念及命题为例将进行详细解析。

(2) 如果确定命题是降维确定的低维命题。作为对自确定命题的证明人员，必须清楚降维确定低维命题的过程，使用何种降维方法，对比高维命题与低维命题的相似性和不同点。分析确定低维命题和高维命题的关联性，必须清楚低维命题的条件和命题结论产生的过程。要对确定低维命题讨论的环境、低维命题相关概念及定义进行分析；确定低维命题前提条件和结论；对低维命题前提条件和结论之间关联性、低维命题的前提条件之间关联性、低维命题结论之间关联性进行解析；根据对低维命题解析的结果和证明方法的适用范围解析，使待证低维命题和适用证明方法"对接"，确定推理证明方法；再对这个低维命题结论进行严格无误的证明。对自确定命题的证明人员这是很容易做到的。对非自确定命题的证明人员，对复杂性命题在大多数情况下必须从头做起。

(3) 如果确定同相似的简单命题的类比命题。作为对自确定命题的证明人员，必须清楚同相似的简单命题的类比确定命题的过程。要对原命题同相似简单命题的命题之间、相关概念及定义之间，原命题同相似简单命题的讨论环境、前提条件之间、前提条件和结论、结论之间的关联性进行解析；根据对原命题同相似简单命题的类比解析的结果和证明方法的适用范围解析，使待证命题和适用证明方法"对接"，确定推理证明方法；再对这个低维命题结论进行严格无误的证明。对自确定命题的证明人员这是很容易做到的。对非自确定命题的证明人员，对复杂性命题在大多数情况下必须从头做起。

5. 创新思维产生及确定的命题解析

如果确定命题是创新思维方式产生及确定命题，要掌握创新思维产生及确定命题结论一般具有或然性，用在对命题的猜测(猜想)和确定上。

作为对自确定命题的证明人员，必须清楚待证命题是由上面讨论给出的 6 种方式中的哪一种方式确定的。无论哪一种方式确定的命题，都必须清楚命题的条件和命题结论产生的过程。要对确定理论命题讨论的环境、命题相关概念及定义进行分析；确定命题前提条件和结论；对命题前提条件和结论之间关联性、命题的前提条件之间关联性、命题结论之间关联性进行解析。

对非自确定命题的证明人员，对复杂性命题在大多数情况下必须从头做起。

(1) 如果确定命题是理论思维产生及确定命题。作为对自确定命题的证明人员，将课题视为一个系统，一个或多个命题将成为系统的一个部分。理论思维是学术研究的一种基本思维方式。在关联性解析结果基础上和证明方法的适用范围解析，使待证命题和适用证明方法"对接"，确定推理证明方法；再对这个命题结论进行严格无误的证明。对非自确定命题的证明人员，对复杂性命题在大多数情况下必须从头做起。

(2) 如果确定命题是逆向思维产生及确定命题。作为对自确定命题的证明人员，命题和逆命题依存于一个统一体命题中。在关联性解析结果基础上和证明方法的适用范围解析，使待证命题和适用证明方法"对接"，确定推理证明方法；再对这个命题结论进行严格无误的证明。对非自确定命题的证明人员，对复杂性命题在大多数情况下必须从头做起。

(3) 如果确定命题是侧向思维产生及确定命题。作为对自确定命题的证明人员，必须清楚是侧向移入、侧向移出还是侧向转换产生及确定命题。在关联性解析结果基础上和证明方法的适用范围解析，使待证命题和适用证明方法"对接"，确定推理证明方法；再对这个命题结论进行严格无误的证明。对非自确定命题的证明人员，对复杂性命题在大多数情况下必须从头做起。

(4) 如果确定命题是分合思维产生及确定命题。作为对自确定命题的证明人员，必须清楚分解思维法把哪些无用的因素分离出去，把有用的因素提取出来。组合思维组成的命题条件和结论是什么。在关联性解析结果基础上和证明方法的适用范围解析，使待证命题和适用证明方法"对接"，确定推理证明方法；再对这个命题结论进行严格无误的证明。对非自确定命题的证明人员，对复杂性命题在大多数情况下必须从头做起。

(5) 如果确定命题是质疑思维产生及确定命题。作为对自确定命题的证明人员，必须清楚提出质疑的命题是什么、修正缺点或纠正错误是什么、修正缺点或纠正错误是怎样的过程。在关联性解析结果基础上和证明方法的适用范围解析，使待证命题和适用证明方法"对接"，确定推理证明方法；再对这个命题结论进行严格无误的证明。对非自确定命题的证明人员，对复杂性命题在大多数情况下必须从头做起。

(6) 如果确定命题是克弱思维产生及确定命题。作为对自确定命题的证明人员，必须清楚命题的缺点，针对发现的缺点进行改进的过程。在关联性解析结果基础上和证明方法的适用范围解析，使待证命题和适用证明方法"对接"，确定推理证明方法；再对这个命题结论进行严格无误的证明。对非自确定命题的证明人员，对复杂性命题在大多数情况下必须从头做起。

6. 联想思维产生及确定的命题解析

如果确定命题是联想思维方式产生及确定命题，要掌握联想思维产生及确定命题结论一般具有或然性，用在对命题的猜测(猜想)和确定上。

作为对自确定命题的证明人员，必须清楚待证命题是由上面讨论给出的 6 种方式中的哪一种方式确定的。无论哪一种方式确定的命题，都必须清楚命题的条件和命题结论产生的过程。要对确定理论命题讨论的环境、命题相关概念及定义进行分析；确定命题前提条件和结论；对命题前提条件和结论之间关联性、命题的前提条件之间关联性、命题结论之间关联性进行解析。

对非自确定命题的证明人员，对复杂性命题在大多数情况下必须从头做起。

(1) 如果确定命题是相近联想产生及确定命题，作为对自确定命题的证明人员，必须清楚是和哪一个命题相近联想的，它有什么样的特性或性质。在关联性解析结果基础上和证明方法的适用范围解析，使待证命题和适用证明方法"对接"，确定推理证明方法；再对这个命题结论进行严格无误的证明。对非自确定命题的证明人员，对复杂性命题在大多数情况下必须从头做起。

(2) 如果确定命题是相似联想产生及确定命题、侧向思维和联想思维共同产生及确定命题。作为对自确定命题的证明人员，必须清楚两个事物或现象的功能和原理等方面的相似之处。在关联性解析结果基础上和证明方法的适用范围解析，使待证命题和适用证明方法"对接"，确定推理证明方法；再对这个命题结论进行严格无误的证明。对非自确定命题的证明人员，对复杂性命题在大多数情况下必须从头做起。

(3) 如果确定命题是相反联想产生及确定命题。作为对自确定命题的证明人员，必须清楚反向查询命题的产生及确定是由相反联想，并进行逆向思维共同产生的。在关联性解析结果基础上和证明方法的适用范围解析，使待证命题和适用证明方法"对接"，确定推理证明方法；再对这个命题结论进行严格无误的证明。对非自确定命题的证明人员，对复杂性命题在大多数情况下必须从头做起。

(4) 如果确定命题是因果联想产生及确定命题。作为对自确定命题的证明人员,必须清楚待证命题是由已知具有因果关系的原因的内容联想到其结果的内容,如一个条件产生及确定多种结论的命题、多个条件产生及确定一个结论的命题。在关联性解析结果基础上和证明方法的适用范围解析,使待证命题和适用证明方法"对接",确定推理证明方法;再对这个命题结论进行严格无误的证明。对非自确定命题的证明人员,对复杂性命题在大多数情况下必须从头做起。

(5) 如果确定命题是纵向联想产生及确定命题。作为对自确定命题的证明人员,必须清楚待证命题纵向联想可以产生及确定命题,甚至产生及确定命题链。其实是侧向思维和联想思维共同产生的,是由纵向联想,并进行延伸思维共同产生的;还必须清楚待证命题纵向联想源是什么。在关联性解析结果基础上和证明方法的适用范围解析,使待证命题和适用证明方法"对接",确定推理证明方法;再对这个命题结论进行严格无误的证明。对非自确定命题的证明人员,对复杂性命题在大多数情况下必须从头做起。

(6) 如果确定命题是横向联想产生及确定命题。作为对自确定命题的证明人员,必须清楚待证命题横向联想源是什么。在关联性解析结果基础上和证明方法的适用范围解析,使待证命题和适用证明方法"对接",确定推理证明方法;再对这个命题结论进行严格无误的证明。对非自确定命题的证明人员,对复杂性命题在大多数情况下必须从头做起。

7. 收敛思维产生及确定的命题解析

如果确定命题是收敛思维产生及确定命题。作为对自确定命题的证明人员,必须清楚待证命题是以下 3 种情况中的哪一种:寻求较小的了课题中的进一步深化研究中的命题的产生及确定;命题的条件设定和命题结论的确定;命题的证明过程、思路的确定。无论是哪一种,作为对自确定命题的证明人员,必须在关联性解析结果基础上和证明方法的适用范围解析,使待证命题和适用证明方法"对接",确定推理证明方法;再对这个命题结论进行严格无误的证明。对非自确定命题的证明人员,对复杂性命题在大多数情况下必须从头做起。

8. 相向交叉思维产生及确定的命题解析

如果确定命题是相向交叉思维产生及确定命题。作为对自确定命题的证明人员,必须清楚待证命题是所用的"前后夹击"方法前与后的夹击过程和"对接"点的状态。在关联性解析结果基础上和证明方法的适用范围解析,使待证命题和适用证明方法"对接",确定推理证明方法;再对这个命题结论进行严格无误的证明。对非自确定命题的证明人员,对复杂性命题在大多数情况下必须从头做起。

9. 递进思维产生及确定的命题解析

如果确定命题是递进思维产生及确定命题。作为对自确定命题的证明人员，必须清楚待证命题为实现选题的某一个目标或功能，通过递进思维产生及确定命题链。实际上，命题链的产生及确定是通过纵向联想并使用递进思维完成的。在关联性解析结果基础上和证明方法的适用范围解析，使待证命题和适用证明方法"对接"，确定推理证明方法；再对这个命题结论进行严格无误的证明。对非自确定命题的证明人员，对复杂性命题在大多数情况下必须从头做起。

10. 转化思维产生及确定的命题解析

如果确定命题是递进思维产生及确定命题。作为对自确定命题的证明人员，必须清楚待证命题在证明过程中遇到的障碍是什么。在关联性解析结果基础上和证明方法的适用范围解析，使待证命题和适用证明方法"对接"，确定推理证明方法。把证明方法由一种形式转换成另一种研究或证明方法，使问题变得更简单、清晰。再对这个命题结论进行严格无误的证明。对非自确定命题的证明人员，对复杂性命题在大多数情况下必须从头做起。

11. 延伸思维产生及确定的命题解析

如果确定命题是延伸思维产生及确定命题。作为对自确定命题的证明人员，必须清楚待证命题是怎样通过延伸思维的方式继承借助已有的知识、前人的思维逻辑将认识向前推移，丰富和完善"原有知识体系"的。命题或命题链是通过纵向联想并使用延伸思维产生及确定的。在关联性解析结果基础上和证明方法的适用范围解析，使待证命题和适用证明方法"对接"，确定推理证明方法；再对这个命题结论进行严格无误的证明。对非自确定命题的证明人员，对复杂性命题在大多数情况下必须从头做起。

12. 扩展思维产生及确定的命题解析

如果确定命题是扩展思维产生及确定的命题。作为对自确定命题的证明人员，必须清楚待证命题是将研究命题的范围(环境)加以拓广而确定的新命题。例如，关系数据库中的多值依赖的许多命题就是在函数依赖的相应命题的基础上运用扩展思维产生及确定的；空值数据库中的多值依赖的许多命题就是在空值数据库函数依赖的相应命题的基础上运用扩展思维产生及确定的。必须清楚"环境"的变化、待证命题和"源"命题的不同点。在关联性解析结果基础上和证明方法的适用范围解析，使待证命题和适用证明方法"对接"，确定推理证明方法；再对这个命题结论进行严格无误的证明。对非自确定命题的证明人员，对复杂性命题在大多数情况下必须从头做起。

13. 综合思维产生及确定的命题解析

如果确定命题是综合思维产生及确定的命题。作为对自确定命题的证明人员，必须清楚待证命题是由哪几种思维产生及确定的命题，掌握所涉及思维内涵及确定命题的过程。在关联性解析结果基础上和证明方法的适用范围解析，使待证命题和适用证明方法"对接"，确定推理证明方法；再对这个命题结论进行严格无误的证明。对非自确定命题的证明人员，对复杂性命题在大多数情况下必须从头做起。

思维方式是多种多样的，只有真正理解、掌握思维的多样性，在实践中灵活运用思维、创新思维的多种方式，才能获取创新的丰硕成果。

14. 阅读方式产生及确定的命题解析

如果确定命题是阅读方式产生及确定的命题，由于阅读方式有 4 种，作为对自确定命题的证明人员，必须清楚待证命题是由哪种阅读方式产生及确定的命题，掌握所涉及阅读方式采用的是前 12 种确定命题方式中的哪一种或哪几种确定的待证命题及过程。参照继承它们的证明方法确定待证命题的证明方法。如果无法证明待证命题的有效性，则必须在关联性解析结果基础上和证明方法的适用范围解析，使待证命题和适用证明方法"对接"，确定推理证明方法；再对这个命题结论进行严格无误的证明。对非自确定命题的证明人员，对复杂性命题在大多数情况下必须从头做起。

值得注意的是，一个命题得到确定和解决并不等于所有问题都得到解决，可能确定和解决一个命题仅仅是解决所有问题的一个突破口。科研人员要使用创新思维中的延伸、扩展方式根据解决所有问题的需求，根据归纳分析、类比推理和科学思维等方式和方法，设计出理论研究的大致过程和路线。对问题来说是由面到点，对命题而言是由线到点，这个点就是突破口。要通过相应的定义、公理、定理、引理证明、公式和算法推出相应的命题结论的正确性，以求得到初步的结果。

综上可知，如果是系统思维产生命题，大多情况下是使用逻辑思维方式，因为"系统"是逻辑思维的对象，所以其是一个整体思维。其中，对各个命题的讨论环境就是一个大"系统"。逻辑思维方法是一个整体，它是由一系列既相区别又相联系的方法所组成的，主要包括归纳和演绎的方法、分析和综合的方法、从具体到抽象和从抽象上升到具体的方法。它和逻辑演绎推理证明方法的"对接"讨论类似。

4.4.3　原始创新问题中的命题解析

本章已经讨论了多种环境下产生命题的方法，并且分别深入讨论了它们的理论命题在证明之前的解析问题。无论使用哪种思维方式、推理形式或无论在什么环境下产生的理论命题，只要是原始创新命题，为了解决这种命题的正确性问题，如果没有可遵循的方法，就要从命题构成的结构开始。我们特别强调，现在讨论的是原始创新的问题解析，和前面讨论的命题解析不同之处就是从无到有、从源头开始。前面已经讨论的大部分是可以使用的，这里不再进行详细讨论。下面只讨论命题解析不同之处。

确定原始创新命题必须从源头开始，深刻理解产生命题的环境，为了达到客观需求或理论研究需求的目标和实现其功能，必须从建立概念、定义开始。这是因为概念是反映对象特有属性或本质属性的思维形式，根据产生命题的客观需求或理论研究需求的目标和实现其功能抽象出与命题相关的概念；然后根据概念是反映对象特有属性或本质属性的思维形式，根据概念的内涵(反映在概念中概括的思维对象的特有属性或本质属性的总和)与概念的外延(具有概念所反映的特有属性或本质属性的概括思维对象数量或者范围)，按照定义(对于一种对象或事物的本质特征或一个概念的内涵和外延，使用判断或命题的语言所做的确切而简要的表述)，精炼出对某些特定概念升华的定义。原始创新命题环境就是客观对象或理论研究对象所处的环境和概念、定义所提供的理论研究环境。概念、定义所提供的理论研究环境，是为了解决客观对象或理论研究对象的问题作为基础通过使用抽象思维、收敛思维、综合思维或理论思维而产生的，明确了这些就可以容易确定所讨论的命题环境。

对原始创新命题的讨论环境，一般是根据产生命题的客观对象或理论研究对象所处的环境和概念、定义所提供的理论研究环境来确定它的讨论环境，详细解析参见 4.1.2 节。

4.5　证明前间接确定命题浅析

前面几节讨论了科研人员自确定命题过程的解析，如果要证明的命题不是研究人员自己确定的，证明起来就不像证明自确定命题那样轻松。这是因为证明自确定命题的研究人员对命题的确定过程(来龙去脉)掌握得"彻底"，他掌握命题选择确定所使用的科学思维和创新思维方式、推理形式(方法)，还深知命题的结论是什么、为了使结论正确是使用什么方法确定前提条件、前提条件和结论之间的关联性等。综合起来，对这样的科研人员很容易实现命题和命题证明方法的"对接"。

　　对科研人员证明前的命题不是研究人员自己确定的，而是间接确定的，他对命题的确定过程(来龙去脉)掌握得"不彻底"(粗糙)，甚至一无所知。他不(不太)掌握命题选择确定所使用客观世界需求产生命题、科学思维和创新思维方式及推理形式(方法)。尽管他能够通过对命题结构分析知道命题的前提条件和结论是什么，但是，对为使结论正确是使用什么方法确定前提条件、前提条件和结论之间的关联性等所知甚少。为了实现命题和命题证明方法的"对接"，就要求这样的科研人员严格按照以下原则去实现对命题的解析，否则，对命题的证明是困难的。

　　浅析就是对一个问题(命题)，只分析个大概，不用很深入地进行分析。对命题进行浅析的目的就是科研人员对证明前间接确定的某一个命题进行分析，解决命题和命题证明方法的"对接"。为此，科研人员对证明前间接确定的某一个命题必须按如下步骤进行分析。

　　(1) 认真理解证明前间接确定的某一个命题的整体含义，在理解、认知的基础上确定命题的前提条件、结论。

　　(2) 认真分析命题前提条件和结论之间的联结词的语义。

　　① 若是条件(假言)命题。

　　如果前提条件…，"当且仅当"结论…。

　　如果前提条件…，"充分且必要条件是"结论…。

　　如果前提条件…，"必须且只需"结论…。

　　如果前提条件…，"等价于"结论…。

　　前提条件…是结论…，"反过来也成立"。

　　前提条件…是结论…的充分条件。

　　如果前提条件…，则结论…，表示充分条件命题。

　　若是前提条件…，就结论…，表示充分条件命题。

　　倘若前提条件…，则结论…，表示充分条件命题。

　　只要前提条件…，就结论…，表示充分条件命题。

　　如果前提条件…，就结论…，表示充分条件命题。

　　如果有前提条件…，就有结论…，表示充分条件命题。

　　前提条件…是结论…的必要条件，表示必要条件命题。

　　如果前提条件…，那么结论…，表示必要条件命题。

　　只有前提条件…，才有结论…，表示必要条件命题。

　　没有前提条件…，就没有结论…，表示必要条件命题。

　　逆否命题间接证明原命题的条件…和结论…之间存在的充要条件。

　　选择使用条件关系证明方法。

　　② 理论命题前提条件与结论之间以正整数有相关联的命题，选择使用数学

归纳法证明方法。

③ 前提条件…导出唯一结论…的命题或性质命题，选择使用反证法。

(a) 难于直接使用已知条件导出结论的命题和性质；

(b) "至多"或"至少"性命题和性质命题；

(c) 否定性或肯定性命题和性质命题；

(d) 某些命题结论的反面比结论具体、明确或结论的反面容易证明，对于这种情况不需要考虑其他证明方法；

(e) 命题结论的否定只有一种情况，选择使用归谬法；

(f) 命题结论的否定不止一种情况，但否定的情况数一定是有限正整数，选择使用穷举证明方法；

(g) 命题结论求最值问题，选择使用穷举法。

④ 前提条件…求算法复杂性问题，选择使用存在性证明法。

⑤ 几何命题具有几何图形的证明中，选择使用同一法证明。

为了实现命题和命题证明方法的"对接"，科研人员要掌握针对不同方法产生的命题解析。

4.6　空值数据库理论相关概念和命题解析

下面对以功能相似类比方法产生及确定的空值数据库理论相关概念及命题为例进行解析，实现命题和证明方法"对接"，确定证明方法，并实施证明。

空值的引入增加了关系数据库模型的表达能力，但是也不可避免地导致关系数据库理论做重大的改变，甚至要做决定性的改变，以致引起部分理论的崩溃，所以作者在《数据库理论研究方法解析》一书中有"面目全非"之说。引起这种崩溃的决定性因素是空值(不完全信息)的引入，空值的语义要比常规数据(已知信息)复杂得多。

总体上说，空值是动态的，具有三类空值，而关系数据库的值只有实值。在一个关系中引入空值后，将其称为允许含有空值的关系或称为不完全关系；不完全关系所表达的信息，称为不完全信息。在这样的关系模式上，对关系数据库理论进行新的研究，它所提供的环境便是空值环境。

由于空值的出现，关系数据库中的完全关系(不含有空值)的函数依赖就不一定再保持函数依赖了。

定义 4.1 (NFD 弱保持条件)　在含有空值的关系模式 $R(U,F)$ 中，U 是属性集，F 是函数依赖集。$X, Y \subseteq U$，$X \rightarrow Y \in F$。R 是该关系模式的任何一个不完全关系，若对任意的元组 $t, s \in R$，有 $s[X] \doteq t[X] \Rightarrow s[Y] \doteq t[Y]$ ($\Rightarrow$ 表示逻辑蕴涵)，则称 NFD：

$X{\rightarrow}Y$ 满足弱保持条件或简称弱保持。

对该定义解析如下。

(1) $X{\rightarrow}Y{\in}F$ 是属性 X、Y 间客观语义联系的描述，是否满足这种语义上的约束是检验它是函数依赖的标准。

(2) R 是该关系模式的任何一个不完全关系，表明它是允许含有空值的关系，表明它的实施环境是空值环境 NFD：$X{\rightarrow}Y$。

(3) 在空值环境下，若对任意的元组 $t,s{\in}R$，有 $s[X]\doteq t[X]\Rightarrow s[Y]\doteq t[Y]$，表明当 $s[X]\doteq t[X]$ 逻辑蕴涵 $s[Y]\doteq t[Y]$ 时，对任意的元组 t、s 的约束。

(1)、(2)、(3)是命题(定义)的条件。其结论为 NFD：$X{\rightarrow}Y$ 满足弱保持条件。为检验一个 NFD：$X{\rightarrow}Y$ 满足弱保持条件提供了一个标准。类似地可以分析定义 4.2(NFD 亚强保持条件)和定义 4.3(NFD 强保持条件)。

定义 4.2 (NFD 亚强保持条件)　在含有空值的关系模式 $R(U,F)$中，U 是属性集，F 是函数依赖集。$X,Y{\subseteq}U$，$X{\rightarrow}Y{\in}F$。R 是该关系模式的任何一个不完全关系。若对任意的元组 $t,s{\in}R$，有 $s[X]\doteq t[X]\Rightarrow s[Y]\doteq t[Y]$，则称 NFD：$X{\rightarrow}Y$ 满足亚强保持条件或简称亚强保持。

定义 4.3 (NFD 强保持条件)　在含有空值的关系模式 $R(U,F)$中，U 是属性集，F 是函数依赖集。$X,Y{\subseteq}U$，$X{\rightarrow}Y{\in}F$。R 是该关系模式的任何一个不完全关系。若对任意的元组 $t,s{\in}R$，有 $s[X]\doteq t[X]\Rightarrow s[Y]\doteq t[Y]$，则称 NFD：$X{\rightarrow}Y$ 满足强保持条件或简称强保持。

NFD 强保持、亚强保持和弱保持之间具有如下性质。

以下性质命题已证明正确，故也可以称其为定理。

命题 4.2　若一个不完全关系 R 满足 NFD 强保持条件，则对它的任何一个满足语义的非空化结果关系中的数据依赖是 FD；若满足 NFD 亚强保持或弱保持条件，则部分满足语义的非空化结果关系中，其数据依赖是 FD；若不满足弱保持条件，则该关系的任何一个满足语义的非空化结果关系中，其数据依赖都不可能是 FD。

命题 4.2 的证明解析如下。

(1) 该命题描述的对象是"一个不完全关系 R"(允许含有空值的关系)，表明讨论命题的环境是空值环境。

(2) 根据命题的前提条件是"NFD 保持依赖"，而 NFD 保持依赖根据其类型不同分三种情况给出，故该命题包含三个相应的子命题。

(3) 该命题前提条件分别如下。

① 一个不完全关系 R 满足 NFD 强保持条件。

② 满足 NFD 亚强保持或弱保持条件。

③ 一个不完全关系 R 不满足 NFD 弱保持条件。

该命题自然对应的结论也是三个。

① 任何一个满足语义的非空化结果关系中的数据依赖是 FD。

② 部分满足语义的非空化结果关系中，其数据依赖是 FD。

③ 该关系的任何一个满足语义的非空化结果关系中，其数据依赖都不可能是 FD。

(4) 该命题的推理证明也应分三种情况。

(5) 推理证明三个子命题结论正确的检验标准是任何一个满足语义的非空化结果关系中的数据依赖是否是 FD。

证明：(1) 若一个不完全关系 R 满足 NFD 强保持条件，对于任意元组 $s, t \in R$，当 $s[X] \doteq t[X] \Rightarrow s[Y] \doteq t[Y]$ 时，有如下几种可能。

① $s[X] \doteq t[X] \Rightarrow s[Y] \doteq t[Y]$，由等价定义知，它们的任意一个满足语义的非空化结果元组均有 $s_i[X]=t_i[X] \Rightarrow s_i[Y]=t_i[Y](1 \leqslant i \leqslant m)$，$m$ 为可能代换的值的个数，则 R_i 的 $X \rightarrow Y$ 是 FD(关系数据库环境下的函数依赖)。

② $s[X] \not\doteq t[X]$，但 $s[X] \doteq t[X] \Rightarrow s[Y] \doteq t[Y]$ 时，它们至少有一种非空化结果 $s_i[X] \neq t_i[X] \Rightarrow s_i[Y]=t_i[Y]$。在 $s_i[X] \neq t_i[X]$ 时，无论 $s_i[Y]$、$t_i[Y]$ 是否相等，在 R_i 中的 $X \rightarrow Y$ 均是 FD。

另外，若 $s[X]$、$t[X]$ 互不相容，自然也满足函数依赖的 NFD 强保持条件。此时，R 的任意一个满足语义的非空化结果 R_i 中均有 $s_i[X] \neq t_i[X]$，无论 $s_i[Y]$、$t_i[Y]$ 为何值，均有 $X \rightarrow Y$ 是 FD。

(2) 若一个不完全关系 R 满足 NFD 亚强保持条件，对于任意元组 $s, t \in R$，当 $s[X] \doteq t[X] \Rightarrow s[Y] \doteq t[Y]$ 时，有如下几种可能。

① 若 $s[X] \doteq t[X] \Rightarrow s[Y] \doteq t[Y]$，即满足强保持条件。这在上面已经证明了该关系的任意满足语义的非空化结果关系 R_i 中的数据依赖均是 FD。

② 若 $s[X] \doteq t[X] \Rightarrow s[Y] \neq t[Y]$，但 $s[Y] \doteq t[Y]$。此时，它又有如下几种可能。

(a) $s[X] \doteq t[X] \Rightarrow s[Y] \neq t[Y]$，其满足语义的非空化结果关系 R_i 中一定有 $s_i[X]=t_i[X] \Rightarrow s_i[Y] \neq t_i[Y]$，表明其满足语义的非空化结果关系 R_i 中的数据依赖不是 FD。

(b) $s[X] \not\doteq t[X] \Rightarrow s[Y] \not\doteq t[Y]$，显然，表明其任意满足语义的非空化结果关系 R_i 中的数据依赖是 FD。

另外，若 $s[X]$、$t[X]$ 互不相容，由上面的讨论结果可知，对它们的任意一个满足语义的非空化结果关系 R_i 中的数据依赖均是 FD。

这就证明了 NFD 满足亚强保持条件的不完全关系 R，它们的满足语义的非空化结果关系 R_i 中仅有一部分数据依赖是 FD。

(3) 若一个不完全关系 R 满足 NFD 弱保持条件，对于任意元组 $s, t \in R$，当 $s[X] \doteq t[X] \Rightarrow s[Y] \doteq t[Y]$ 时，有如下两种可能。

① $s[X] \doteq t[X] \Rightarrow s[Y] \doteq t[Y]$，显然，它们的满足语义的非空化结果关系 R_i 中数据依赖是 FD。

② $s[X] \doteq t[X] \Rightarrow s[Y] \not\doteq t[Y]$，显然，它们的满足语义的非空化结果关系 R_i 中数据依赖不是 FD。

这就证明了 NFD 满足弱保持条件的不完全关系 R，它们的满足语义的非空化结果关系 R_i 中仅有一部分数据依赖是 FD。

(4) 若不完全关系的数据依赖不满足弱保持条件，则存在这样的元组 $s, t \in R$，使 $s[X] \doteq t[X] \Rightarrow s[X] \not\doteq t[X]$，故对 R 的任意一个该关系的满足语义的非空化结果关系都有 $s_i[X] \neq t_i[X]$，表明 $X \rightarrow Y$ 不是 FD。

证毕。

命题 4.3　若一个不完全关系 R 满足 NFD 强保持条件，则它一定满足亚强保持条件；同样，若其满足亚强保持条件，则它一定满足弱保持条件。反之，不成立。

命题 4.3 的证明解析如下。

(1) 该命题描述的对象是"一个不完全关系 R"(允许含有空值的关系)，表明讨论命题的环境是空值环境。

(2) 根据命题的语义可知包含四个子命题。若一个不完全关系 R：

① 满足 NFD 强保持条件(前提条件)，则它一定满足亚强保持(结论)。

② 满足亚强保持条件(前提条件)，则它一定满足弱保持(结论)。

根据命题的语义"反之，不成立"。有：

③ 若其满足 NFD 亚强保持条件(前提条件)，则它不满足强保持(结论)。

④ 若其满足弱保持条件(前提条件)，则它不满足亚强保持(结论)。

(3) 该命题的推理证明也应分四种情况。

(4) 推理证明四个子命题结论正确的检验标准分别是三种不同的 NFD 强保持条件定义、亚强保持条件和弱保持条件定义。

证明：(1) 若一个不完全关系 R 满足 NFD 强保持条件，对于任意元组 $s, t \in R$，若 $s[X] \doteq t[X] \Rightarrow s[Y] \doteq t[Y]$，由于 $s[Y] \doteq t[Y]$，则一定有 $s[Y] \doteq t[Y]$。于是，若 $s[X] \doteq t[X] \Rightarrow s[Y] \doteq t[Y]$，则 $X \rightarrow Y$ 满足 NFD 亚强保持。

(2) 若一个不完全关系 R 满足 NFD 亚强保持条件，对于任意元组 $s, t \in R$，若 $s[X] \doteq t[X] \Rightarrow s[Y] \doteq t[Y]$，则有如下几种可能。

① $s[X] \doteq t[X] \Rightarrow s[Y] \doteq t[Y]$，表明满足 NFD 弱保持。

② $s[X] \not\doteq t[X]$，但 $s[X] \doteq t[X] \Rightarrow s[Y] \doteq t[Y]$。由于 $s[X] \not\doteq t[X]$，无论 $s[Y]$ 和 $t[Y]$ 是否相容，均满足 NFD 弱保持。

证明"反之，不成立"。

(3) 若一个不完全关系 R 满足 NFD 亚强保持条件，对于任意元组 $s, t \in R$，若 $s[X] \doteq t[X] \Rightarrow s[Y] \doteq t[Y]$，则其有如下两种可能。

① $s[X] \doteq t[X] \Rightarrow s[Y] \doteq t[Y]$，表明其满足 NFD 强保持。

② $s[X] \doteq t[X] \Rightarrow s[Y] \not\doteq t[Y]$，但 $s[Y] \doteq t[Y]$，表明其不满足 NFD 强保持。

(4) 若一个不完全关系 R 满足 NFD 弱保持条件，对于任意元组 $s, t \in R$，若 $s[X] \doteq t[X] \Rightarrow s[Y] \doteq t[Y]$，而 $s[X] \doteq t[X]$，但 $s[X] \not\doteq t[X] \Rightarrow s[Y] \not\doteq t[Y]$，则这种情况满足 NFD 弱保持，因为弱保持对不等价不作约束，所以其不满足 NFD 亚强保持。

证毕。

由于空值数据库理论推理规则性命题是命题的另一种形式。下面对这一类命题解析。

1) B_1 自反推理规则解析

命题 4.4　B_1 自反规则：

(1) 若 NFD：$X \rightarrow Y$ 强保持成立，则自反律不成立；

(2) 若 NFD：$X \rightarrow Y$ 亚强保持成立，则自反律成立；

(3) 若 NFD：$X \rightarrow Y$ 弱保持成立，则自反律成立。

命题 4.4 的证明解析如下。

在该命题中，含有三个命题(子命题)。

对于(1)，命题的推理前提条件是"NFD：$X \rightarrow Y$ 强保持成立"，进一步根据满足强保持条件的语义或形式化定义 4.3(NFD 强保持条件)下命题结论成立；命题结论是"自反律不成立"，即若 $Y \subseteq X \subseteq U$，则 $X \rightarrow Y$ 不能被 F 逻辑蕴涵。

对于(2)，命题的推理前提条件是"NFD：$X \rightarrow Y$ 亚强保持成立"，进一步根据满足亚强保持条件的语义或形式化定义 4.2(NFD 亚强保持条件)下命题结论成立；命题结论是"自反律成立"，即若 $Y \subseteq X \subseteq U$，则 $X \rightarrow Y$ 被 F 逻辑蕴涵。

对于(3)，命题的推理前提条件是"NFD：$X \rightarrow Y$ 弱保持成立"，进一步根据满足弱保持条件的语义或形式化定义 4.1(NFD 弱保持条件)下命题结论成立；命题结论是"自反律成立"，即若 $Y \subseteq X \subseteq U$，则 $X \rightarrow Y$ 被 F 逻辑蕴涵。

根据对每个命题(子命题)的前提条件和命题结论间的关联性，可判断出这三个命题结论的正确性证明至少可用两种方法(既有综合法和逻辑演绎法证明的特征，又有用反证法证明的特征)。用综合法和逻辑演绎法证明如下。

证明：(1) 若 F 是 U 上的 NFD：$X \rightarrow Y$ 满足强保持条件的 NFD 集，$X, Y \subseteq U$ 且 $Y \subseteq X$，又设 $W \subseteq U$ 且 $WY = X$。对于不完全关系 $R \in R(U, F)$ 的任意两个元组 s、t 有如下可能。

① $s[X] \not\doteq t[X]$(不存在使元组 s、t 相容的 X 值)，此时无论 $s[Y]$、$t[Y]$ 是否等价，均有 NFD：$X \rightarrow Y$ 强保持条件成立。

② $s[X] \doteq t[X]$，此时有

(a) $s[W] \doteq t[W] \Rightarrow s[Y] \doteq t[Y]$，于是 $s[X] \doteq t[X] \Rightarrow s[Y] \doteq t[Y]$，说明 NFD：$X \rightarrow Y$ 满足强保持条件成立。

(b) $s[W] \doteq t[W] \Rightarrow s[Y] \doteq t[Y]$，但 $s[Y] \not\doteq t[Y]$，此时 $s[X] \doteq t[X] \Rightarrow s[Y] \not\doteq t[Y]$，说明 NFD：$X \rightarrow Y$ 不满足 NFD 强保持条件。

由上面的讨论可知，如果 F 是 U 上的 NFD：$X \rightarrow Y$ 强保持依赖集，则自反规则不成立。

(2) 若 F 是 U 上的 NFD：$X \rightarrow Y$ 满足亚强保持条件的 NFD 集，则对于不完全关系 $R \in R(U, F)$ 的任意两个元组 s、t，有如下可能。

① $s[X] \not\doteq t[X]$(不存在使元组 s、t 相容的 X 值)，此时无论 $s[Y]$、$t[Y]$ 是否相容，NFD：$X \rightarrow Y$ 满足亚强保持条件均成立。

② $s[X] \doteq t[X]$，因为 $Y \subseteq X \subseteq U$，所以有 $s[Y] \doteq t[Y]$，说明 NFD：$X \rightarrow Y$ 亚强保持条件成立。

由上面的讨论可知，如果 F 是 U 上的 NFD：$X \rightarrow Y$ 亚强保持依赖集，则自反规则成立。

(3) 若 F 是 U 上的 NFD：$X \rightarrow Y$ 满足弱保持条件的 NFD 集，则对于不完全关系 $R \in R(U, F)$ 的任意两个元组 s、t，有 $s[X] \doteq t[X]$。因为 $W \subseteq X$、$Y \subseteq X$，所以有 $s[W] \doteq t[W]$、$s[Y] \doteq t[Y]$。由于 $s[Y] \doteq t[Y] \Rightarrow s[Y] \doteq t[Y]$，即若 $s[X] \doteq t[X] \Rightarrow s[Y] \doteq t[Y]$，则 NFD：$X \rightarrow Y$ 弱保持条件成立。

由此得出，若 F 是 NFD 弱保持依赖集，则自反规则成立。

证毕。

2) B$_2$ 增广推理规则解析

命题 4.5 B$_2$ 增广规则：

(1) 若 NFD：$X \rightarrow Y$ 强保持成立，则 NFD：$XZ \rightarrow YZ$ 强保持不成立；

(2) 若 NFD：$X \rightarrow Y$ 亚强保持成立，则 NFD：$XZ \rightarrow YZ$ 亚强保持成立；

(3) 若 NFD：$X \rightarrow Y$ 弱保持成立，则 NFD：$XZ \rightarrow YZ$ 弱保持成立。

命题 4.5 的证明解析如下。

在该命题中，也含有三个命题(子命题)。

对于(1)，命题的推理前提条件是"NFD：$X \rightarrow Y$ 强保持成立"，进一步根据满足强保持条件的语义或形式化定义 4.3(NFD 强保持条件)下命题结论成立；命题结论是"NFD：$XZ \rightarrow YZ$ 强保持不成立"，即"若 NFD：$X \rightarrow Y$ 且 $Z \subseteq U$，则 NFD：$XZ \rightarrow YZ$ 强保持不成立"。

对于(2)，命题的推理前提条件是"NFD：$X \rightarrow Y$ 亚强保持成立"，进一步根据满足亚强保持条件的语义或形式化定义 4.2(NFD 亚强保持条件)下命题结论成立；命题结论是"NFD：$XZ \rightarrow YZ$ 亚强保持成立"，即"若 NFD：$X \rightarrow Y$ 且 $Z \subseteq U$，则 NFD：$XZ \rightarrow YZ$ 亚强保持成立"。

对于(3)，命题的推理前提条件是"NFD：$X \rightarrow Y$ 弱保持成立"，进一步根据满足弱保持条件的语义或形式化定义 4.1(NFD 弱保持条件)下命题结

论是 "NFD: $XZ \rightarrow YZ$ 弱保持成立", 即 "若 NFD: $X \rightarrow Y$ 且 $Z \subseteq U$, 则 NFD: $XZ \rightarrow YZ$ 弱保持成立"。

根据对每个命题(子命题)的前提条件和间的关联性, 可判断出这三个命题结论的正确性证明至少可用两种方法(既有综合法和逻辑演绎法证明的特征, 又有用反证法证明的特征; 由 "增广" 的特征决定了还要用构造方法)。用综合法和逻辑演绎法证明如下。

证明: (1)设 $X, Y, Z \subseteq U$, 若 F 是 U 上的 NFD: $X \rightarrow Y$ 满足强保持条件的 NFD 集, 对于不完全关系 $R \in R(U, F)$ 的任意两个元组 s、t, 有 $s[X] \doteq t[X] \Rightarrow s[Y] \doteq t[Y]$。利用构造法构造属性集 XZ 和 YZ, 且 $XZ \subseteq U$, $YZ \subseteq U$。在这些属性集上, 对于元组 s、t 有如下可能。

① $s[Z] \not\doteq t[Z]$(不存在使元组 s、t 相容的 Z 值), 可有 $s[YZ] \not\doteq t[YZ]$, 此时无论 $s[YZ]$、$t[YZ]$ 是否相容, 当 $s[XZ] \not\doteq t[XZ]$ 时, NFD: $XZ \rightarrow YZ$ 满足强保持成立。

② $s[Z] \doteq t[Z]$, 但 $s[Z] \not\doteq t[Z]$, 此时有 $s[XZ] \doteq t[XZ]$, 但 $s[YZ] \not\doteq t[YZ]$, 说明 NFD: $XZ \rightarrow YZ$ 不满足强保持条件。

由上面的讨论可知, 如果 F 是 U 上的 NFD: $X \rightarrow Y$ 强保持依赖集, 则增广规则不成立。

对于(2)、(3)的证明可类似应用(1)中的证明推理、构造思路证明结论是正确的。详细证明可参见《空值环境下数据库理论基础》一书。证毕。

由于 $B_3 \sim B_6$ 推理规则的解析方法类似, 不再做详细讨论。

由于空值数据库理论推理规则的完备性是空值数据库理论命题推理的基础和保证, 下面对空值数据库理论推理规则的完备性进行解析。

定义 4.4 (逻辑蕴涵 NFD 强保持) 设 $R(U, F)$ 为一个允许含有空值的关系模式, U 为属性集, F 是该模式定义于 U 上的 NFD 集(包含三类保持依赖条件)。若对任何一个不完全关系 $R \in R(U, F)$ 都满足 NFD: $X \rightarrow Y$ 强保持, 则称 F 逻辑蕴涵 $X \rightarrow Y$ 强保持, 或称 NFD: $X \rightarrow Y$ 强保持可由 F 推出。

类似地, 可以给出 NFD: $X \rightarrow Y$ 亚强保持、弱保持的逻辑蕴涵定义。

可以看出, 由 F 所逻辑蕴涵的 NFD: $X \rightarrow Y$ 强保持, 对关系 R 的任何一个非空化结果关系均满足 FD: $X \rightarrow Y$; 根据等价命题和逆否命题的等价性, 可以得出: 不被 F 所逻辑蕴涵的 NFD: $X \rightarrow Y$ 强保持, 对关系 R 的任何一个非空化结果关系均不能满足 FD: $X \rightarrow Y$。

定义 4.5 (强闭包) 设 $R(U, F)$ 为一个允许含有空值的关系模式, U 为属性集, 把所有为 F 所逻辑蕴涵的满足强保持的 NFD 集, 称为 F 的满足强保持依赖条件的传递闭包, 简称为强闭包, 记为 F_s^+。

类似地, 可以定义满足亚强保持条件和弱保持条件的传递闭包, 分别记为 F_m^+、

F_w^+。显然，F 的传递闭包 $F^+=F_s^+ \cup F_m^+ \cup F_w^+$。

下面的讨论中如不加声明，F 的传递闭包均指 F^+。

定义 4.6　设 $R(U, F)$ 为一个允许含有空值的关系模式，U 为属性集，F 是该模式定义于 U 上的 NFD 集(可包含三类保持依赖条件)，属性集 $X \subseteq U$。定义属性集 X 关于 NFD 集 F 的亚强保持属性集为 $X_{F_m^+} = \{A \mid X \to A$ 亚强保持能由 F 根据推理规则推出$\}$。

类似地，可以定义属性集 X 关于 NFD 集 F 的弱保持属性集闭包 $X_{F_w^+}$。

但是，在空值环境下，函数依赖强保持依赖的自反规则不成立，即若 $X \subseteq X$，$X \nrightarrow X$ 强保持。因此，X 不一定在 $X_{F_s^+}$ 中，故定义属性 X 关于函数依赖集 F 的强保持属性集闭包 $X_{F_s^+} = \{A \mid X \to A$ 强保持不能由 F 根据推理规则推出$\}$。

这足以表明在空值环境下，并不是用类似于关系数据库的函数依赖推理规则的完备性证明，可以推导出空值数据库的函数依赖推理规则的完备性的。

命题 4.6　设 $R(U, F)$ 为一个允许含有空值的关系模式，U 为属性集，F 是该模式定义于 U 上的 NFD 集，$X, Y \subseteq U$。NFD：$X \to Y$ 强保持能由推理规则导出的充分且必要条件是 $Y \subseteq X_{F_s^+}$。

命题 4.6 的证明解析如下。

(1) 该命题描述的对象是一个不完全关系 R(允许含有空值的关系)，表明讨论命题的环境是空值环境。

(2) 根据该命题的语义描述 "NFD：$X \to Y$ 强保持能由推理规则导出的充分且必要条件是 $Y \subseteq X_{F_s^+}$" 可知，命题的前提条件是 "$Y \subseteq X_{F_s^+}$"，而命题结论是 "NFD：$X \to Y$ 强保持能由推理规则导出"。

(3) 根据该命题的语义描述 "NFD：$X \to Y$ 强保持能由推理规则导出的充分且必要条件是 $Y \subseteq X_{F_s^+}$" 可知，命题结论和命题条件之间的联结词是 "充分且必要条件"，是一个条件关系命题联结词，故该命题是一个条件关系命题。因此，要用条件关系推理证明方法证明命题的正确性，又根据 "充分且必要" 可知，该命题的推理证明应分两个部分，这是一个既证明其充分性又证明其必要性的命题。证明充分性即要从命题条件导出命题结论；证明必要性即要从命题结论导出命题条件。

证明：(充分性) 设 $Y \subseteq X_{F_s^+}$，$Y = A_1 A_2 \cdots A_n$。由 $X_{F_s^+}$ 的定义可知，对于所有的 $A_i (1 \leqslant i \leqslant n)$，都有 NFD：$X \to A_i$ 强保持可由 F 根据推理规则推出，则根据并规则有 $X \to A_1 A_2 \cdots A_n$ 强保持可由 F 根据推理规则推出，即 $X \to Y$ 强保持可由 F 根据推理规则推出。

(必要性) NFD：$X \to Y$ 强保持能由 F 推理规则推出，则根据分解规则有 NFD：

$X{\rightarrow}A_i(1{\leqslant}i{\leqslant}n)$强保持能由 F 推理规则推出。因此，$Y{\subseteq}X_{F_s^*}$ 成立。

证毕。

根据上面的讨论，判定一个 NFD：$X{\rightarrow}Y$ 能否由 F 根据规则系统推出的问题便转化为求出相应的保持条件的准闭包或闭包 $X_{F_s^*}$ $(1{\leqslant}i{\leqslant}3)$，判定 Y 是否是 $X_{F_s^*}$ 的子集问题。

4.7　本 章 小 结

任何一个命题的正确性证明都是由命题前提条件、命题结论和证明三个要素构成的。前三章已经较为详细地讨论了理论命题产生及确定的思维、推理、阅读文献(学术论文和专著)方式，详细地讨论了证明方法、证明模式和适用范围解析。在此基础上，为了能够科学地证明出命题(结论)的正确性，必须对证明前的命题进行解析，以便找出适用于证明命题的证明方法进行准确的"对接"。

对于理论创新命题，本章讨论了证明前的命题解析。对于科研人员进行推理证明的命题，自确定命题和间接确定命题虽然都是同一个命题，但由于科研人员对命题掌握深度不同，对自确定命题不仅掌握命题的前提条件和结论，还深入了解产生前提条件和结论的来龙去脉，深入掌握前提条件之间、前提条件和结论之间的关联性，这就决定了对自确定命题所涉及的概念理解、推理证明方法的选择等要比间接确定命题容易得多。既然如此，无论自确定命题还是间接确定命题，都要求科研人员掌握产生命题的方法，为证明前命题解析提供深入分析的基础。

本章深入研究了由于理论及命题创新性不同，对其解析深度和方法是有差别的。作者在《数据库理论研究方法解析》一书中将其分为三大类：①原始创新型理论及命题(开创一个新的学科及其科学理论体系或一个学科中新的方向(分支)及其科学理论体系)，原始创新型理论主要表现在两个方面，一是概念创新，二是理论创新；②继承发展型创新理论及命题；③继承改进型创新理论及命题。

深入研究了构成命题的结构是命题结论和命题前提条件。命题结论一般有三类：原始创新型命题结论、继承发展型创新命题结论和继承改进型创新命题结论。命题前提条件是表述科学原理的判断和已被证明正确的命题。

深入研究了命题解析的几个方面：命题讨论环境、命题相关概念及定义、条件间的关联性、条件和命题结论间的关联性和命题结论间的关联性。

深入研究了证明前命题的解析过程：确定命题产生方式；证明前对不同方式确定的命题解析，包括客观世界需求方式确定的命题解析、逻辑思维方式确定的命题解析、归纳推理方式确定的命题解析、类比推理方法确定的命题解析(功能相似类比方法产生及确定命题、降维确定的低维命题、同相似的简单命题的类比命题)、创新思维产生及确定的命题解析、联想思维产生及确定的命题解析、收敛思维产生及确定的命题解析、相向交叉思维产生及确定的命题解析、递进思维产生及确定的命题解析、转化思维产生及确定的命题解析、延伸思维产生及确定的命题解析、扩展思维产生及确定的命题解析、综合思维产生及确定的命题解析、阅读方式产生及确定的命题解析。

深入研究了原始创新问题中的命题解析。

深入研究了证明前间接确定命题浅析。

最后深入研究了原始创新的空值数据库理论相关概念和对命题具体进行解析。

第 5 章　图和有向图与数据库理论间的关系

5.1　数学理论和数据库理论间的关系

数学是以现实世界中的数量关系和空间形式为研究对象的。它是从现实世界中的数量关系和空间形式抽象概括出数量和图形的概念开始，进而探讨全部数量之间的关系、图形之间的关系以及数量和图形之间的关系。

下面就数学的知识应用到计算机数据库、网络安全理论研究各个过程中的原因进行分析。

迁移是思维过程中的特有现象，是人的思维发生空间的转移。人们对一些问题的解决经过迁移往往可以促使另一些问题的解决，如掌握了数学的基本原理，有助于了解众多普通科学技术规律。例如，计算机数据库、网络安全理论和自然科学各门独立学科理论研究就是掌握了数学的基本原理最大的受益者。

(1) 对数学而言，其特性有三个：抽象性、严谨性(逻辑严密性)、应用广泛性(但数学中的抽象，有它独具的一些特色)。其中，抽象性是最基本的。抽象性决定了严谨性(逻辑严密性)和应用广泛性，这也是数学结论的正确性必须由逻辑证明来保证的原因之一。而计算机数据库、网络安全理论也有这些特性，都是一个概念体系，而概念是抽象的。因此，这些学科的理论也都具有抽象性。它们和数学的这些特性是"相通的"。这一点对研究人员来说是特别重要的，对计算机数据库、网络安全理论研究到一定高度时几乎变成了对数学理论研究，反过来数学理论研究的结果也几乎能够应用或指导计算机数据库、网络安全理论研究。这也是数学理论的抽象性、严谨性(逻辑严密性)、应用广泛性的具体体现之一。

(2) 计算机运算的基础是二进制数：0、1。计算机技术的发展与数学的发展密不可分，计算机的出现是数学计算的产物。

(3) 计算机数据库、网络安全理论研究等领域中都是和离散数学、组合数学、概率与数理统计、模糊数学等密不可分的。反过来，计算机技术的发展又拓宽了数学的应用领域，并为数学提供了新的研究工具和研究方法。

(4) 计算机数据库、网络安全理论研究等领域中，问题陈述的过程也是确定命题的过程。之后需要选择适合描述问题的数学模型和数据模型非常重要。常用的数据模型中的数据结构模型有：数组、字符串、顺序表、散列表、链表、栈、图、有向图、Voronoi 图(图的变种)、各种树、矩阵等。所有这些都是在数学知识的基础上提供的或稍作改造而提供的。

(5) 计算机数据库、网络安全理论研究等领域中，大多数(尽管不是全部)命题正确性证明过程所使用的推理形式和证明方法也是使用数学中的推理形式和证明方法。

(6) 计算机数据库、网络安全理论研究等领域中，大多数算法设计思想、方法都是利用数学递归技术、穷举法、贪心法、分治法、减治法、变治法、时空权衡、动态规划、回溯法和分枝限界法；对于所有的算法证明和分析都是利用数学中的推理形式和证明方法。

(7) 自然科学的任何一门科学，只有在成功地运用了数学之后，才能逐步达到不断完善和更高境地。数学理论研究是逻辑推理、演绎性质的科学，而计算机数据库、网络安全理论研究中有相当大一部分也是通过逻辑推理、演绎推理得到的。

在命题逻辑中，所有已经证明正确命题的命题都称为定理。

(1) 对一个具体命题在对命题和证明解析时不能判断出该命题的正确性，不能称该命题为定理。

(2) 虽然已经对命题和证明进行了解析，通过两个方面综合分析知道了证明该命题使用的推理和证明方法，但未实施推理和证明方法去实践其证明过程，因为在理论研究中证明过程就是一种实践过程，实践是检验命题正确的唯一标准，所以在命题未经证明之前不能判断出该命题的正确性，因此不能称该命题为定理。

(3) 对该命题进行了证明，如果已经证明是正确的命题就称为定理，对所有的命题都不例外。

本书对命题都严守这一规定。因为本书已经证明的命题都被严格判断为正确命题，所以在描述时均以定理形式出现。

但是，作为读者要特别注意，在命题未证明之前和在对命题的证明解析中，其对象都是命题，而不是定理。本书在描述时均以命题形式出现，是为了不至于对一个具体实例中的同一个未经证明的命题和已经证明是正确命题的定理出现蹩脚的情形，要有所区别。过程如下：

未经证明称为命题→对命题的证明解析(对象是命题)→已经证明是正确的命题→定理形式描述。

5.2　图与解决实际问题的关系

5.2.1　图与解决实际问题的关联性

1. 图或有向图与组合优化问题的关系

作者在《数据库理论研究方法解析》一书中所讨论的贪心法，在对问题进行求解时，总是做出在"当前"看来是最好的选择。也就是说，不从整体最优上加以考虑，它省去了为找到全局最优解要穷尽可能而必须消耗大量时间，每做一次贪心选择就将所求问题简化成一个规模更小的子问题，做出的仅是在某种意义上的局部最优解，达到自身的局部"利益"最大化。贪心法算法不是对所有问题都能得到整体最优解，但对范围相当广泛的许多问题能产生整体最优解或者整体最优解的近似解。

爬山算法就是一种简单的贪心搜索算法，该算法每次从当前解的邻近解空间中选择一个最优解作为当前解，直到达到一个局部最优解。

爬山算法实现很简单，其主要缺点是会陷入局部最优解，而不一定能搜索到全局最优解。如图 5.1 所示，假设 C 点为当前解，爬山算法搜索到 A 点这个局部最优解就会停止搜索，因为在 A 点无论向哪个方向小幅度移动都不能得到更优的解。

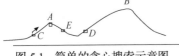

图 5.1　简单的贪心搜索示意图

为解决客观世界实际需求问题而进行的数据库应用理论研究中的许多问题，都属于组合优化问题。组合优化问题是优化问题的一类。优化问题分成两类。

(1) 连续变量的问题，一般是求一组实数，或者一个函数。

(2) 离散变量的问题，具有离散变量的问题称其为组合。在组合问题中，是从一个无限集或者可数无限集里寻找一个对象。典型的是一个整数、一个集合、一个排列或者一个图。一般地，这两类问题有不同的特点，并且求解它们的方法也不同。

组合优化问题的目标是从组合问题的可行解集中求出最优解，主要是对一些问题实例进行最大化或最小化。这里的问题是指一般意义下需要解决的问题，通常这些问题是指一些数值未定的参数和变量。而这里的实例是指一个带有确定参数值的问题。例如，旅行商问题(TSP)就是一个在带权图上寻找最小成本的哈密顿回路的一般性问题，而一个特定的 TSP 实例就是一个带有确定点的个数和边的权值的问题。

优化问题有三个基本要素：变量、约束和目标函数。在求解过程中选定的基本参数称为变量，对变量取值的各种限制称为约束，表示可行方案衡量标准的函数称为目标函数。

利用形式化描述组合优化问题的实例是一个三元组(S, f, C)，其中，S 是候选解的集合，f 是目标函数，C 是约束条件的集合。对每一个候选解 $s \in S$，都对应一个目标函数值 $f(s)$，集合 $S'(S' \subseteq S)$ 中满足约束条件 C 的解称为可行解。优化的目标就是找出一个全局最优的可行解 s^*。求最小值问题，也是最小化问题，就是要找出一个具有最小成本代价的解 $s^* \in S'$，即一个对于所有 $s \in S'$ 都有 $f(s^*) \leqslant f(s)$ 的解；相反，求最大值的问题，也是最大化问题，就是要找出一个具有最大目标值的解，即一个对于所有 $s \in S'$ 都有 $f(s^*) \geqslant f(s)$ 的解。

值得注意的是，组合优化问题的实例一般并不是通过显式地穷举所有集合 S 中的候选解和对应的成本代价值来表示，而是用一种更为简明的数学形式来表示。例如，数据库中求解最短路径问题就被定义成带权图(有向图或无向图)的形式来表示。

2. 图或有向图与解决实际问题的关系

图或有向图不是通常意义下的几何图形或物体的形状图，也不是工程设计图中的"图"，是以一种抽象的形式来表达一些确定的对象，以及这些对象之间具有或不具有某种特定关系的一个数学系统。也就是说，几何图形是表述物体的形状和结构，图论中的"图"则描述一些特定的事物和这些事物之间的联系。它是数学中经常采用的抽象直观思维方法的典型代表。

在图或有向图 $G = (V, E)$ 中，其中，有向图 G 是一个有序对 (V, E)，V 是一个有限集 $(v_0, v_1, \cdots, v_k)$，它的元素 $v_i (0 \leqslant i \leqslant k)$ 称为顶点，E 是 V 中不同元素 v_i、$v_j (0 \leqslant i, j \leqslant k, i \neq j)$ 所组成的有序对的集合 $(e_1, e_2, \cdots, e_m)$，E 的元素 $e_l (1 \leqslant l \leqslant m)$ 称为边。对于 E 中的边 $(v, w)(v, w \in (v_0, v_1, \cdots, v_k))$，$v$ 是它的尾，w 是它的头。图与有向图的定义就意味着不能有一条边连接一个点到它自身的边，并且不能在图中一对顶点之间有两条边，也不能在有向图中一对顶点之间有相同方向的两条边。在某些应用中，这些限制是可以去掉的。例如，设 R 是有限集 S 上的一个二元关系，并设 $V = S$。我们希望对于 S 中每一对 x 和 y，使 $x \mathrm{R} y$(甚至 $x = y$)有一条边 (x, y)。如果在某个应用中图与有向图的定义修改为允许有这样的边。那么，一定要小心，必须使图与有向图所用到的任何定理和算法仍然是正确的。

讨论图或有向图与解决实际问题的关系，就是要回答为什么用计算机解决实际问题时要用图或有向图。为了回答这个问题，就必须搞清楚图与有向图实际上是对各种不同对象之间关系的一种抽象。这些对象既包括具体对象和它们的分布，如由空中航线、高速公路或铁路线所连接的城市；又包括抽象的事物，如二元关系和一个算法或程序的控制结构。这些例子还使人联想迁移到某些我们可能想要解决的关于所述对象的问题,这些问题将用图与有向图的语义重述,而且能用这些结构上操作的算法来解决。例如,作者在《时空数据库查询与推理》、《时空数据库新理论》、《空间数据库理论基础》和《移动对象数据库理论基础》等文献中各种实例的各类查询问题的解决,大多数都是根据上述方法进行转化而最终在计算机上处理得到解决。现在讨论在计算机中用来表示图和有向图的数据结构。上面讨论中许多陈述和概念、定义可以同时适用于计算机中。

一个图或有向图 $G=(V, E)$ 的一个子图是一个图或有向图 $G'=(V', E')$ 使 $V' \subseteq V$, $E' \subseteq E$。一个完全图是每对顶点之间有一条边的图。顶点 v 和 w 称为关联于边(v, w);反之,边(v, w) 称为关联于顶点 v 和 w。

图或有向图 $G=(V, E)$ 的边引导出一个在顶点集合上的关系 A,称为邻接关系。设 $v, w \in V$,那么 wAv(读作 "w 邻接于 v")当且仅当$(v, w) \in E$。换句话说,wAv 之语义是沿着 G 的一条边能从 v 到达 w。如果 G 是一个图,那么关系 A 是对称的。许多实际应用中,路的概念是非常有用的。在某些应用包括设置人行道、电话通信线路、汽车运输线和地下管道等,而在另外一些应用中,如假设一个有向图表示一个二元关系 R,描述 G 上的条件,使得这个条件成立当且仅当 R 是传递的。确切地说,在图或有向图 $G=(V, E)$ 中,从 v 到 w 的一条路是边(v_0, v_1), (v_1, v_2), $\cdots$, (v_{i-1}, v_i), (v_i, v_{i+1}), (v_{k-1}, v_k)的一个序列,使得 $v_0=v$, $v_k=w$,且 $v_0, v_1, \cdots, v_k$ 是都不相同的。这条路的长度是 k,单独一个顶点 v 被认为是从 v 到自身长度为 0 的路。如果对于图中每对顶点 v 和 w,从 v 到 w 有一条路,则称这个图是连通的。对于有向图的连通性,有下列定义:对有向图 $G=(V, E)$,如果对于每对顶点 v 和 w,有一个顶点序列 $v_0, v_1, \cdots, v_k$ 使 $v_0=v$, $v_k=w$,并且对于 $i=0, 1, \cdots, k$ 或者$(v_i, v_{i+1}) \in E$ 或者$(v_{i+1}, v_i) \in E$,则称图 G 是弱连通的。如果对于每对顶点 v 和 w,有一条从 v 到 w 的路,则称图 G 是强连通的。

在图中如果没有回路,则它们就是无回路的。树可以定义为一个连通的无回路的图。有根树是选取一个顶点作为根的一棵树。一旦确定了根后,就可以确定出父亲、儿子和兄弟之间的关系。

在数据库查询使用图或有向图的应用中,图或有向图有时需要给每一条边赋予一个数,这是必需的。这些数表示以某种方式使用这条边所消耗的代价或得到的利益。这种图称为一个带权图或带权有向图,这种图是一个三元组(V, E, W),其中(V, E) 是一个图 G,且 W 是从 E 到 Z^+(正整数集)的一个函数。如果 $e \in E$,称 $W(e)$ 为边 e 的权。在某些应用中权将对应于该边的代价,而在其他的问题中权对应于该边的容量或它的物理量;又有时希望允许负的或非整数的权,但是由于某些算法的正确性取决于限制权为非负整数,所以在选择算法的权时要格外小心。

5.2.2 图和有向图的计算机表示

为了在计算机上实现算法，必须掌握图和有向图如何在计算机上表示。

上面讨论的在纸上表示方法有两种：一是画一个图形，用点表示顶点，用线表示边；二是列出顶点和边的集合。

图和有向图在计算机上有多种表示方法，邻接矩阵表示是其中一种。对图的算法来说，邻接矩阵表示法是方便的。因为这类算法常常需要知道某条边 (v_i, v_j) 是否存在。在邻接矩阵表示下，判定一条边是否存在所需的时间是不依赖于 $|V|$ 或 $|E|$ 的常数。

1) 邻接矩阵

设 $G=(V, E)$ 是一个图或有向图，$|V|=n$，$|E|=m$，且 $V=\{v_1, v_2, \cdots, v_n\}$。

用一个 $n \times n$ 矩阵 $A=(a_{ij})$ 来表示 G，称 A 为 G 的邻接矩阵。A 定义为

$$a_{ij} = \begin{cases} 1, & v_i v_j \in E \\ 0, & 其他 \end{cases} \quad (1 \leqslant i, j \leqslant n)$$

一个图的邻接矩阵是对称的，因此只需要把它的一半元素存放起来。邻接矩阵表示法的主要缺点是要占用 $O(|V|^2)$ 的空间，哪怕这个图中只有 $O(|V|)$ 条边也是这样。用直接方式将邻接矩阵初始化就需要 $O(|V|^2)$ 的空间，这就不可能再改进算法的时间复杂性和空间复杂性的量级。

如果 $G=(V, E, W)$ 是一个带权图或带权有向图，那么权也能存放在邻接矩阵中，只要修改邻接矩阵的定义如下：

$$a_{ij} = \begin{cases} W(v_i v_j), & v_i v_j \in E \\ c, & 其他 \end{cases} \quad (1 \leqslant i, j \leqslant n)$$

其中，c 是一个常数，它的值取决于权的意义和所要解决的问题。如果权是代价，那么可以选取 c 为 ∞ 或某个非常大的值，这是因为通过一条不存在的代价是非常高的；如果权是容量或其他物理量，那么选取 $c=0$ 通常是比较合适的，因为没有什么能沿一条不存在的边移动。

为了解决图或有向图上某些问题的算法，需要以某种方式对每个点和每条边至少检查和处理一次。

如果使用邻接矩阵表示方法，那么由于算法可能需要检查矩阵中的每个元素以决定哪些边是确实存在的，所以尽管某些边的权是 0 或 ∞，仍然要把一个图或有向图看成所有不同顶点之间都有边。由于图中的边数是 $n(n-1)/2$ 或者有向图中的边数是 $n(n-1)$，因而这一算法的时间复杂度至少是 $\Theta(n)$。

2) 邻接表

设 $G=(V, E)$ 是一个图或有向图，对 $V=\{v_1, v_2, \cdots, v_n\}$ 中的每一个顶点

$v_i \in V(1 \leqslant i \leqslant n)$，包括一个链表，链表中的结点表示哪些顶点是邻接于 v_i 的。在邻接表中的数据将随问题的不同而变化，但是有一个对于许多算法有用的基本结构。如果对顶点标号，可得到 $V=\{1, 2, \cdots, n\}$。用一个包含 n 个表头的数组 $ADJLIST$，其中一个表头对应一个顶点的邻接表。在链表中的结点格式如图 5.2(a)所示。其中，VTX 是一个顶点标号 $i \in \{1, 2, \cdots, n\}$，$LINK$ 是一个指针域。这样的一个结点表示一个图或有向图 G 中的一条边。对于一个图 G_1 数据结构可用图 5.2(b)表示，图 G_1 邻接表可用图 5.2(c)表示。

VTX	LINK

(a) 链表中的结点格式

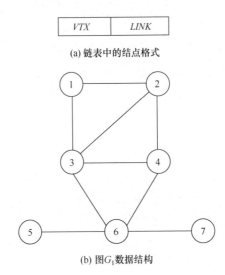

(b) 图G_1数据结构

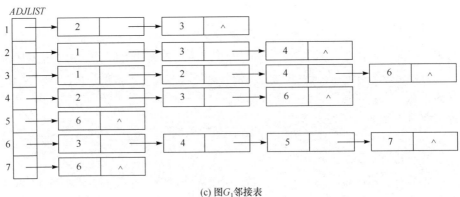

(c) 图G_1邻接表

图 5.2　一个图的邻接表结构示意图

当链表中的结点为 | 2 | $LINK$ | 、在以 7 为表头的邻接表上时，它表示边(7, 2)。对于一个图的这种数据结构可用图 5.2 中的例子加以说明。每一条边

被表示了两次，即如果(v, u)∈E，则在 v 的邻接表上存在着对应于 u 的一个结点，反之在 u 的邻接表上存在着对应于 v 的一个结点。因此，有 $2m$ 个链表结点和 n 个表头。但是对于有向图，每一条边却被表示了一次(这里要特别注意)。

如果图或有向图是带权的，那么在每个结点上包含一个权域。一个带权有向图结点格式如图 5.3(a)所示。其中，VTX 是一个顶点标号 i∈{1, 2, ···, n}，W 是一个权值，$LINK$ 是一个指针域。带权有向图的数据结构如图 5.3(b)所示，该带权有向图邻接表结构如图 5.3(c)所示。

VTX	W	LINK

(a) 带权有向图结点格式示意图

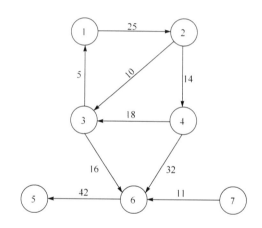

(b) 带权有向图的数据结构示意图

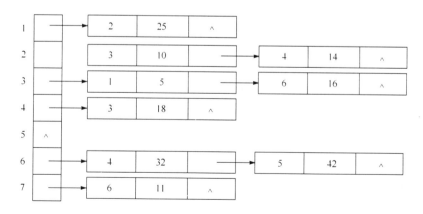

(c) 带权有向图邻接表结构示意图

图 5.3　一个带权有向图的数据结构和邻接表结构示意图

　　如果使用邻接表表示方法，根据所研究的问题具体实例所用算法的需要，可以把附加的权域加到表头上或加到链表中的结点上。值得注意的是，如果邻接表内的结点以不同的次序出现，那么这个结构仍表示同一个图或有向图，但是使用这个表的算法将以不同次序遇到这些结点，并且算法执行过程也不同。对一个算法来说，不应假定执行任何特定次序。

　　一个图的邻接表表示所需要的存储空间正比于$|V|+|E|$，它一般都小于邻接矩阵表示所需的空间。特别当$|E| \ll |V|^2$时，从空间使用情况看，邻接表表示法要比邻接矩阵表示法好。对于图的这两种表示，通常邻接表适于描述$|E| \ll |V|^2$的稀疏图，而邻接矩阵则适于描述那些$|E|$很接近于$|V|^2$的稠密图。

　　3) 邻接向量

　　可以把邻接表改为对应于每个顶点的邻接向量，来表示一个图中顶点与边的关系。顶点i的邻接向量V_i是这样一个向量：它的各分量是与顶点i邻接的各顶点的编号。例如，图 5.4 是一个有向图的数据结构示意图。图中的五个顶点对应的邻接向量可以表示如下：

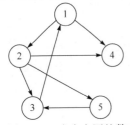

图 5.4　一个有向图的数据结构示意图

$V_1=\{2,4,0\}, \quad V_2=\{3,4,5\}, \quad V_3=\{1,0,0\}$
$V_4=\{0,0,0\}, \quad V_5=\{3,0,0\}$

　　如果各顶点的邻接向量中只以与它邻接的顶点编号为分量，由于各顶点的出度可能不相等，各邻接向量的长度可能会参差不齐。只要取向量的维数为最大者(如k)，把邻接点数小于k的向量的后段各分量置"0"，就可以取得向量长度的统一。自然这样做会浪费一些空间，但对边搜索次数不大的算法中，邻接向量是一种较好的表示方式。

　　4) 关联矩阵

　　图中的任何一条边$e=(v,u)$只与它所连接的那两个顶点v、u相关联。图中的任何一个顶点只与它连接到边相关联。

　　如果一个无向图$G=(V, E)$有m个顶点$v_1, v_2, \cdots, v_m$和n条边$e_1, e_2, \cdots, e_n$，其中，$m \geqslant 1, n \geqslant 0$，则$G$的关联矩阵$I(G)$定义如下：

$$I(G)=[b_{ij}]\,(i=1,2,\cdots,m;\,j=1,2,\cdots,n), \quad b_{ij}=\begin{cases}1, & v_i \text{和} e_j \text{相关联} \\ 0, & \text{其他}\end{cases}$$

　　类似地，可以定义一个有向图的关联矩阵。不过在有向图的关联矩阵中，为了区别一条边(v,w)所关联的两个顶点v和w哪一个是头、哪一个是尾，b_{ij}的定义要用两个不同的值，如头为+1，尾为–1。图 5.5(a)和(b)分别示出了一个无向图G_1和它的关联矩阵$I(G_1)$。图 5.5(c)和(d)分别示出了一个有向图G_2和它的关联矩阵$I(G_2)$。

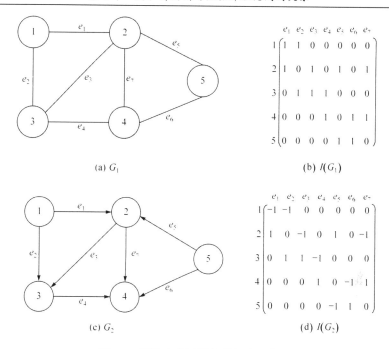

图 5.5　图和有向图的关联矩阵示意图

关联矩阵表示法有其明显的优点。它不仅能迅速指出与某一顶点 v 相邻的是哪条边,而且可以指出与某边 e 相邻的是哪两个顶点。在有向图中还能区分出一个顶点的入度和出度。但是它所占用的空间总数是 $O(|V|×|E|)$,且其中大部分是无效的零元。一个关联矩阵中的零元总数是 $(|V|-2)×|E|$,其空间利用率始终只是 $2/|V|$,空间的浪费很大。当空间不紧张时,这种表示法还是可取的。因为它可以获得时间高效的算法,空间的损失也许可以从时间上得到好的时间复杂度来补偿。

邻接矩阵、邻接表、邻接向量和关联矩阵是图在计算机中的几种表示法。实际应用中,有时不仅要考虑两顶点间有无"路",还要进一步考虑其长度或在这条道路上遍历的消耗。而这种消耗反映在一个图中,就是每条边上带有一个甚至几个意义不同的代价函数。如果一个图的各顶点表示某些城市,则一条边上的代价函数可以是两个城市之间的距离或者这两个城市之间的火车票价、飞机票价等。边上有代价函数的图的表示,只与上面几种表示法略有不同。

5.3　广度优先搜索和深度优先搜索

作者在《数据库理论研究方法解析》、《时空数据库查询与推理》、《时空数据库新理论》、《移动对象数据库理论基础》和《空间数据库理论基础》各书中，讨论了查询算法的实现中经常有些算法分别需要使用图或树两种数据结构及其上的广度优先搜索(简记为 BFS)和深度优先搜索(简记为 DFS)。下面以图为例分别讨论这两种搜索方法。

与图有关的实际应用问题是路径问题。就其最简单应用实例的形式是要求确定在一个给定的图 $G=(V, E)$ 中是否存在一条起自结点(顶点) v 而终于结点 u 的路径。一种更一般的形式是确定与某已知起始点(顶点) $v \in V$ 有路相通的所有结点(顶点)。后面这个问题可以从结点(顶点) v 开始，通过有次序地检索这个图 G 上由 v 可以到达的结点(顶点)而得到解决。

上面已经说明，为了解决图或有向图上某些问题的算法，需要以某种方式对每个结点(顶点)和每条边至少检查和处理一次。

在图或有向图中，最常用的有两种搜索方法：广度优先搜索和深度优先搜索，无论使用哪种搜索方法，被考虑的结点(顶点)和边的次序是求解问题所用的方法的一个基本部分。某些其他处理结点(顶点)和边的技巧或次序对解决某些问题提供了很有效的搜索方法。广度优先搜索和深度优先搜索就是这样的搜索方法，这两种方法对图和有向图都适用。

为了较为深入地弄清一些问题，首先分别讨论它们各自的搜索思想。

5.3.1　广度优先搜索

广度优先搜索就是首先搜索图或有向图中与源结点(顶点)距离为 k 的所有结点(顶点)，再去搜索那些与源结点(顶点)距离为 $k+1$ 的所有结点(顶点)。

1) 广度优先搜索思想

在广度优先搜索中，无论使用哪种(邻接矩阵或邻接表)表示方法，其思想解析如下。

(1) 根据问题确定或任意选择一个结点(顶点) v 开始，给 v 做已访问的标记。当算法访问了邻接于某结点(顶点)的所有结点(顶点)时，就称某结点(顶点)已由该算法检测。

(2) 访问邻接于 v 的所有未被访问的结点(顶点)，这些结点(顶点)是新的未被算法检测的结点(顶点)，而结点(顶点)由(1)知已被检测过。由于这些新的已访问的结点(顶点)还没有检测，于是将它们放入未检测结点(顶点)表的末端。这个未检测结点(顶点)表上的第一个结点(顶点)是下一个要检测的结点(顶点)，这个未检测结点(顶点)表是一个可以用任何标准队列表示的。

(3) 在广度优先搜索中需要调用两个子过程 DELETEQ(v, Q)和 ADDQ(v, Q)。子过程 DELETEQ(v, Q)从队列 Q 中删掉一个结点(顶点)并带着这个被删掉的结点(顶点)返回。子过程 ADDQ(v, Q)将结点(顶点) v 加入队列 Q 的尾部。

2) 广度优先搜索一般算法描述

对于无向图上实现这个算法，如果这个图用邻接表来表示和有向图用邻接表来表示搜索访问的次序是不同的。

根据广度优先搜索思想解析的假定和讨论给出广度优先搜索一般算法。

算法 5.1　广度优先搜索算法/*访问由 v 可到达的所有结点(顶点)*/

　　　输入：全程变量 $G=(V, E)$，$v \in V$，n，S；

　　　　　　数组 $S(1..n):=0$; /*S 记录结点(顶点)访问顺序，访问前置 0*/

　　　输出：BFS(V)；

　　　procedure BFS(G)

　　　begin

　　　　　　$S(v):=1$;

　　　　　　$u:=v$;

　　　　　　$Q(1..n):= \varnothing$; /*Q 记录未检测结点(顶点)的队列*/

　　　　　　loop

　　　　　　　　for 邻接于 u 的每个结点(顶点)t　**do**

　　　　　　　　if　$S(t)=0$　**then**　/*w 未检测到*/

　　　　　　　　　　call　　ADDQ(t, Q);

　　　　　　　　　　$S(t):=1$;

　　　　　　　　repeat

　　　　　　　　if　$Q=\varnothing$　**then**

　　　　　　　　　　return

　　　　　　　　　　call　　DELETEQ(u, Q); /*从队中取一个未检测结点*/

　　　　　　repeat

　　　end.

命题 5.1　算法 BFS(G)是正确的、可终止的，其时间复杂度在使用邻接表时为 $\Theta(n+e)$，使用邻接矩阵时为 $\Theta(n^2)$；无论使用哪种表示法，空间复杂度均为 $\Theta(n)$。其中，n 为图 $G=(V, E)$ 结点(顶点)个数，e 为边数。

证明：(正确性) 要证明算法的正确性，就是要证明该算法访问了图 $G=(V, E)$ 的所有结点。设 $G=(V, E)$ 是一个图或有向图，并且 $v \in V$。令 $d(v, t)$ 表示由 v 到所有可到达的结点(顶点) t 的最短路径的长度(边数)，正确性就是要证明该算法访问了图 $G=(V, E)$ 的由 v 所有可达结点(顶点)，不可到达的结点(顶点)除外。由此表明，该算法的正确性证明和边数有关，通常的一个图或有向图边数一定是一个有限的正整数。根据对证明方法解析可知，数学归纳法是适合于本算法的正确性证明方法。再根据数学归纳法的证明模式便可得到归纳法证明。

(1) 显然，$d(v, t) \leqslant 1$ 的所有结点(顶点) w 都要被访问。现在假定所有 $d(v, t) \leqslant r$ 的结点(顶点)都能被访问，进而证明 $d(v, t) \leqslant r+1$ 的所有结点(顶点)都要被访问。

(2) 设 t 是 V 的一个 $d(v, t)=r+1$ 的结点(顶点)，又设 u 是一个在 v 到 t 的最短路径上紧挨 t 的前一个结点(顶点)，于是 $d(v, u)=r$，因此 u 通过 BFS 被访问。假定 $u \neq v$ 且 $r \geqslant 1$，于是 u 在被访问之前必被放入未检测结点(顶点)队列 Q 上，而重复上述过程直到 $Q=\varnothing$(变成空)时才能终止，因而 u 必定在某个时间点从 Q 中移出，而且所有邻接于 u 的未被访问的结点(顶点)陆续循环被访问，所以 t 也被访问。

(可终止性) 对于算法 BFS(G)要用队列 Q 记录未检测结点(顶点)，而要处理的结点(顶点)个数最多为 n，并且边数为 e，它们都是有限正整数，对于 for 循环处理时不可能出现死循环的情况，故算法是可终止的。

(时间复杂度和空间复杂度分析) ①时间复杂度分析。如果使用邻接表，那么对邻接于 u 的所有结点(顶点)，若 G 是无向图，则 $d(u)$ 是 u 的度数；若 G 是有向图，则 $d(u)$ 是 u 的出度。于是，当结点 u 被循环检测时的时间复杂度是 $\Theta(d(u))$。由于 G 中的每个结点(顶点)最多可以被检测一次，于是总的循环时间是 $O(\sum d(u))=O(e)$，$S(i)(1 \leqslant i \leqslant n)$ 初始化为 0 要耗费的时间为 $O(n)$。因此，总的时间为 $O(n+e)$。

(a) 如果使用邻接矩阵，那么判断所有邻接于 u 的结点要耗费 $\Theta(n)$ 的时间，故总的时间就变成 $O(n^2)$。

(b) 如果 G 是一个由 v 可到达所有结点(顶点)的图，就要检测所有的结点(顶点)，因此总的耗费时间最少分别是 $O(n+e)$ 和 $O(n^2)$。

② 空间复杂度分析。当结点 t 有 $S(t)=0$ 时可以加入队列 Q 上，然后把 $S(t)$ 置成 1。因此，每个结点(顶点)都至多只有一次加入队列 Q。结点 v 不会加入队列 Q，所以最多做 $n-1$ 次加入队列的操作，需要的队列空间最多是 $n-1$。其余的变量所用的空间为 $O(1)$。于是，空间复杂度为 $O(n)$。如果 G 是一个具有 v 与其余的 $n-1$ 个结点(顶点)相连通的图，那么邻接于 v 的全部 $n-1$ 个结点都将在同一时间被加入队列 Q 上。另外，数组 S 需要 $\Theta(n)$ 的空间。因此，空间复杂度为 $\Theta(n)$。上述讨论已经说明这一结果与使用的是邻接矩阵还是邻接表无关。

证毕。

由该算法证明过程可知，空间复杂度分析和时间复杂度分析方法相同。

3) 广度优先遍历算法

如果一个无向图 G 是连通的，算法 BFS(G)对 G 中的所有结点(顶点)都要被访问，则称该图被遍历。

如果一个无向图 G 是非连通的，则 G 中最少有一个结点(顶点)没有被访问。通过每一次用一个新的未访问的起始结点(顶点)来反复调用算法 BFS(G)，就可以做出对这个图的一次完全遍历。所给出的这个算法称为非连通广度优先遍历算法，记为 BFT。

算法 5.2　广度优先遍历算法

　　　输入：全程变量 $G=(V, E)$，$v \in V$，n，S;

　　输出：BFT(V);

　　procedure BFT(G, n)

　　begin

　　　　$S(i):=0$; /*S 记录结点(顶点)未访问*/

　　　　for　$i:=1$　**to**　n　**do**

　　　　　if　$S(i) =0$　**then**　　　/*反复调用 BFS */

　　　　　　　call　BFS(i);

　　　　repeat

　　end.

命题 5.2　算法 BFT(G) 是正确的、可终止的，其时间复杂度和空间复杂度在使用邻接表时为 $\Theta(n+e)$，使用邻接矩阵时为 $\Theta(n^2)$；无论使用哪种表示法，空间复杂度均为 $\Theta(n)$。其中，n 为图 $G=(V, E)$ 结点(顶点)个数，e 为边数。

　　证明：(正确性) 如果 G 是一个连通无向图，则在第一次调用 BFS 时就可以访问 G 的所有结点(顶点)。如果 G 是非连通的，则最少需要调用 BFS 两次。因此，BFS 可以用来判断 G 是否连通。而且，在 BFT 对 BFS 的一次调用时，最近访问的所有结点(顶点)表明这些结点(顶点)在 G 的一个连通图中，所以一个图的连通分图可以由 BFT 得到。将最近访问的所有结点(顶点)都放在一个表中，于是由这个表中的结点(顶点)所构成的子图和这些结点(顶点)的邻接表合在一起便构成了一个连通分图。反复这样做，便可得到广度优先遍历图 G。

　　可终止性、时间复杂度和空间复杂度分析与上述算法证明和分析类似，故略去。证毕。

　　例 5.1　作为 BFT 的一种应用，可以用 BFT 来构造得到一个无向图 G 的自反传递闭包矩阵。

　　假设 A^* 是自反传递闭包矩阵，当且仅当 $i=j$ 或者 $i \neq j$，且 i 和 j 在同一个连通分图中时，$A^*(i, j)=1$。为了判断在 $i \neq j$ 的情况下 $A^*(i, j)$ 是 1 还是 0，就要构造一个数组 $C(1..n)$，数组的一个元素 $C(i)$ 表示结点(顶点) i 所在的那个连通分图的标记数，当 $C(i)=C(j)$ 时，$A^*(i, j)=1$，否则为 0。这个 C 数组可以在耗费 $O(n)$ 时间内构造出来。因此，有 n 个结点(顶点)和 e 条边的无向图 G 的自反传递闭包矩阵，无论使用邻接表还是邻接矩阵，在 A^* 建造过程所耗费的时间为 $\Theta(n^2)$；对于空间的耗费，在不包括 A^* 本身所需要的空间情况下都可以在 $\Theta(n)$ 内完成。

　　例 5.2　作为 BFT 的一种应用，可以用 BFS 来得到一个无向图 G 的生成树。当且仅当图 G 连通时，它有一棵生成树。因此，它很容易判断生成树的存在。

把算法 BFS 中到达那些未访问的结点(顶点) w 所使用的边(u, w)的集合称为前向边。设 T 表示前向边的集合，如果 G 是连通的，则 T 是 G 的一棵生成树。使用广度优先搜索所得到的生成树称为广度优先生成树。

算法 5.3　修改后广度优先搜索算法 /*访问由 v 可到达的所有结点(顶点)*/

　　输入：全程变量 $G=(V, E)$，$v{\in}V$，n，S;

　　　　　　数组 $S(1..n)$:=0; /*S 记录结点(顶点)访问顺序，访问前置 0*/

　　输出：T;

procedure BFS*(G)

begin

　　$S(v)$:=1;

　　u:=v;

　　T:= $\varnothing$;

　　$Q(1..n)$:= $\varnothing$; /*Q 记录未检测结点(顶点)的队列*/

　　loop

　　　　for 邻接于 u 的每个结点(顶点)t　**do**

　　　　　if　$S(w)$=0　**then**　　/* t 未检测到*/

　　　　　　　call　ADDQ(t, Q);

　　　　　　　$S(t)$:=1;

　　　　　　　T:=$T{\cup}\{(u, t)\}$

　　　　repeat

　　　　　if　Q=$\varnothing$　**then**

　　　　　　　call　DELETEQ(u, Q);

　　repeat

　　return(T);

　　end.

命题 5.3　算法 BFS*(G) 是正确的。即在 $v{\in}V$ 是连通无向图的情况下调用 BFS*(G)，当算法终止时，T 中的边组成 G 的一棵树。

证明：如果 G 是 n 个结点(顶点)的连通图，则这 n 个结点(顶点)都要被访问。而且除了起始结点(顶点) v 外，所有其他的结点(顶点)都要放到队列 Q 上一次，则 T 将正好包含 $n-1$ 条边。同时，这些边又是不同的。因此，T 中的这 $n-1$ 条边将定义一个关于这 n 个结点(顶点)的无向图。由于这个图包含由起始结点(顶点) v 到所有其他结点(顶点)的路径，则在每个结点(顶点)对之间存在一条路径，所以这个图是连通的。利用两个结点(顶点)只能连一条边和树的定义，用归纳法显然可以证明对于有 n 个结点(顶点)且恰好有 $n-1$ 条边的连通图是一棵树。因此，T 是 G

的一棵树。

时间和空间复杂度可类似于上面算法，故不赘述。证毕。

广度优先搜索在数据库理论研究中有广泛的应用，最短路径问题是图论中的一个基本问题，也是实际应用中的基本应用。在数据库理论研究中用图作搜索对象的各种最短路径查询问题如下。

① 单元结点(顶点)最短路径问题(参见《数据库理论研究方法解析》一书)。

② 两个结点(顶点)最短路径问题(给定两个结点(顶点 v 和 u)查询它们之间的最短路径问题)。

③ 所有结点(顶点)查询它们之间的最短路径问题、k 最近邻查询(给出一个查询结点(顶点) v 和一个结点(顶点)集 V'，在结点(顶点)集 V' 中，找出距离查询结点(顶点) v 最近的 k 个结点(顶点))。

④ 组最近邻查询(给出两个结点(顶点)集 V_1 和 V_2，找到 V_1 中一点 v，使点 v 与 V_2 中的所有结点(顶点)具有最小的距离和)。

⑤ 约束最近邻查询(给出一个查询结点(顶点) v 和一个结点(顶点)集 V，在结点(顶点)集 V 中，找出距离查询结点(顶点) v 最近且满足一定限制条件的最近邻)。

⑥ 最近对查询(给出两个结点(顶点)集 V_1 和 V_2，从 V_1 和 V_2 中的所有结点(顶点)中，找到 V_1 中一结点(顶点)与 V_2 中一结点(顶点)，使它们之间的距离最短；如果在 V_1 中和 V_2 中找出 k 个距离最近的结点(顶点)，则称之为 k 近对查询)。

⑦ 范围最近邻查询(给定一个范围 R 和一个结点(顶点)集 V，要求为范围 R 中的所有点，在结点(顶点)集 V 中找出最近邻等)。

空间点与点的最近邻查询除了上述所列的种类外，与具体应用有关的也不少，不再一一列举，都可以利用广度优先搜索实现。凡在空间、时空和移动数据库中的各种最短路径问题大多数可以作为上述问题的特例或扩展，几乎都可以利用广度优先搜索实现。

最短路径问题不仅仅指一般地理意义上的距离最短路径，还可以引申到其他的度量，如时间、费用、线路容量等。

另外，解决最优化问题的一种重要的分枝限界法就是在广度优先搜索基础上建立的。

5.3.2　深度优先搜索

深度优先搜索就是尽可能"深"地搜索图或有向图。在深度优先搜索中，对于最近发现的结点(顶点)，如果它还有以其为起始点而未检测的边，就沿着这条边继续搜索下去。当结点 v 的所有结点(顶点)都被检测过后，搜索将回溯到发现结点(顶点) v 的那条边的起始结点(顶点)，这一个过程进行到从源结点(顶点)可达的所有结点(顶点)为止。

1) 深度优先搜索思想解析

在深度优先搜索中，无论使用哪种(邻接矩阵或邻接表)表示方法，其思想如下。

(1) 开始根据问题确定或任意选择一个结点(顶点) v 沿边选择最近发现的结点(顶点)搜索；如果它(最近发现的结点(顶点))还有以其为起始结点(顶点)而未搜索的边，就沿这条边继续搜索，直到使邻接于它的所有结点(顶点)都被访问过，得到一条通路并沿着这条通路返回到 v。

(2) 在搜索和访问过程中，一个新结点(顶点) u 找到时就暂时停止对原来结点(顶点) v 的检测，并开始对新结点(顶点) u 的检测。当 u 被检测后，再恢复对 v 的检测。当所有可能邻接于它的结点(顶点)全部被检测完毕时，就结束这一检索过程。

(3) 由 v 结点(顶点)向与其他邻接于它的分支搜索下去，直到搜索过所有的结点(顶点)。

在下面给出的两个算法中，为了防止重复操作，当第一次检查结点(顶点)时，对结点(顶点)作标记(使用一个标记域)。指令"访问 u"是指明这时对结点(顶点)u进行所要求的处理。

特别需要指出的是，因为深度优先搜索只有在结点(顶点) u 引出的每条边都被访问到，才会从结点(顶点) u 返回，所以有一个非常简单的递归描述。

2) 深度优先搜索一般算法

根据深度优先搜索思想解析的假定和讨论，用递归方式给出深度优先搜索一般算法。

算法 5.4　深度优先递归搜索一般模式算法

　　　输入：全程变量 $G=(V, E)$, $v \in V$, n, S;

　　　　　　　数组 $S(1..n):=0$; /*S 记录结点访问顺序，访问前置 0*/

　　　输出：输出各结点有序数组;

procedure DFS(G)

begin

　　　$S(v):=1$;

　　　for 　邻接于 v 的每个结点 w 　**do**

　　　if 　$S(w)=0$ 　**then**

　　　　　call 　DFS(w);

　　　repeat

end.

命题 5.4　算法 DFS(G)是正确的、可终止的，其时间复杂度和空间复杂度在使用邻接表时为 $\Theta(n+e)$，使用邻接矩阵时为 $\Theta(n^2)$。

证明：(正确性) 要证明算法的正确性，就是要证明该算法访问了图 $G=(V, E)$ 的所有结点。算法的循环语句对每一个新的未被访问过的起始结点来反复调用 DFS，这就保证了该算法访问了图 $G=(V, E)$ 的所有结点。

(可终止性) 对于算法 DFS(G)的非递归算法要用栈来保存已检测的结点，而结点数最多为 n，并且边数为 e，它们都是有限正整数，对于 for 循环处理时不可能出现死循环的情况，故算法是可终止的。

(时间复杂度和空间复杂度分析) ①邻接表表示图时，循环总的时间为所有结点出度之和，其时间复杂度为 $\Theta(e)$，每个结点 $v, w \in V$ 访问一次，其时间复杂度为 $\Theta(n)$，故总的时间复杂度为 $\Theta(n+e)$；②邻接矩阵表示图时，搜索每个结点时间复杂度为 $\Theta(n)$，每个起始结点深度优先访问时间复杂度为 $\Theta(n)$，故总的时间复杂度为 $\Theta(n^2)$。同理，可证其空间复杂度在使用邻接表时为 $\Theta(n+e)$，使用邻接矩阵时为 $\Theta(n^2)$。其中，n 为图 $G=(V, E)$结点个数，e 为边数。

证毕。

根据深度优先搜索一般模式给出较为具体的算法。

符号说明：V 为图的结点(顶点)集合，E 为图的边集合，v 为始结点(顶点)，n 为结点(顶点)个数，S 为数组，t 为记录链单元。

算法 5.5　深度优先递归搜索算法

　　输入：全程变量 $G=(V, E)$，$v \in V$，n，S;

　　输出：输出各结点有序数组(dfs(V));

procedure DFS(G)

begin

　　for　$i:=0$　**to**　$n-1$　**do**

　　　　$Visited(i):=0$;　　　　　　/* $Visited$ 临时单元记录访问顺序*/

　　　　$m:=0$;

　　for　$i:=0$　**to**　$n-1$　**do**

　　　　if　$Visited(i):=0$　**then**

　　　　　　call　dfs(v);　　　　　　/*调用 dfs 子过程*/

end

procedure dfs(V) /*深度优先搜索遍历邻接表*/

　　　　输入：结点 v 的邻接表，t;

　　　　输出：输出各结点有序数组;

　　　　begin

$m:=m+1; /*m$ 为计数单元*/

$Visited(V):=m;$ 　　　　　/*Visited 临时单元记录访问顺序*/

$t:=v.link;$

while $t \neq \varnothing$ **do**

　　if $Visited(t.v) \neq 0$ **then**

　　　　call dfs(v);

end.

3) DFS 搜索算法和 BFS 搜索算法的异同点

(1) 如果有两个结点(顶点)都邻接于 v，那么首先要访问哪一个？这个问题要根据具体要处理的问题的需求和使用算法执行细节去考量，如依赖于在 G 的表示中对结点(顶点)编号或排列的方式来决定。

(2) 这两种搜索思想中，任何一种的有效执行都必须将已访问过的但其邻接结点(顶点)尚未完全被访问过的结点(顶点)列出一个表保存起来。

(3) 在深度优先搜索从末结点(顶点)返回时，沿着已经访问过的结点(顶点)的一条路径走回去之前，应当假定先从最新访问过的结点(顶点)的支路走出去。因此，尚待搜索的某些路径上的结点(顶点)列成的表必定使用栈数据结构。

(4) 在广度优先搜索中，为了保证先访问接近于 v 的那些结点(顶点)，再访问距离 v 较远的那些结点(顶点)，这些结点(顶点)列成的表必定使用队列数据结构。

(5) 两种搜索中，搜索访问和检测次序不同。

(6) 深度优先搜索算法和广度优先搜索算法使用邻接表或邻接矩阵时，它们的算法复杂性相同，分别为 $\Theta(n^2)$、$\Theta(n+e)$。

(7) 深度优先搜索算法常用来判断图是否有环、判断图是否连通和求关键点。

(8) 广度优先搜索算法常用来判断图是否有环、判断图是否连通和求最短路径。

4) 深度优先搜索算法 DFS(G)采用算法和子算法递归调用的方式

相关内容可参见《基于 Δ-tree 的递归深度优先 kNN 查询算法》等文献。

5.3.3 两点之间的最短路径

最短路径问题是图论中的一个基本问题，也是实际两点之间的最短路径，一般是指 $G=(V, E)$ 为连通图，图中各边 $v_i v_j$ 有权 l_{ij}，v_s 和 v_t 为图中任意两点，求一条路径 u_s 使得它在从 v_s 到 v_t 的所有路径中权最小，即 $L(u)=\sum\limits_{v_i v_j \in u} l_{ij}$ 最小。

定义 5.1　若图 $G=G(V, E)$ 中各边 e 都赋有一个实数 $W(e)$，称为边 e 的权，则称这种图为赋权图，记为 $G=G(V, E, W)$。

定义 5.2　若图 $G=G(V, E)$ 是赋权图且 $W(e) \geqslant 0$，$e \in E(G)$，若 u 是 v_i 到 v_j 的路

$W(u)$ 的权，则称 $W(u)$ 为 u 的长，长最小的 v_i 到 v_j 的路 $W(u)$ 称为最短路。

若要找出从 v_i 到 v_n 的通路 u，使全长最短，即 $\min W(u) = \sum\limits_{e_{ij} \in u} W(e)$。

Dijkstra 算法是图论中确定最短路的基本方法，也是其他算法的基础。为了求出赋权图中任意两结点之间的最短路径，通常采用两种方法：一种是每次以一个结点为源点，重复执行 Dijkstra 算法 n 次；另一种是由 Floyd 于 1962 年提出的 Floyd 算法，其时间复杂度为 $O(n^3)$，虽然与重复执行 Dijkstra 算法 n 次的时间复杂度相同，但其形式上略为简单，且实际运算效果要好于前者。

下面给出具体的 Dijkstra 算法框架(注：为了实现上的方便，我们用一个一维数组 $s[1..n]$ 代替集合 S，用来保存已求得最短路径的终点集合，即 $s[j]=0$ 表示顶点 V_j 不在集合中，反之，$s[j]=1$ 表示顶点 V_j 已在集合中)。

算法 5.6　无向有权图单源最短路算法

　　输入：图的邻接矩阵 GA，源点 i;

　　输出：源点 i 至图其他各点的最短路径 $path$ 和长度 $dist$;

procedure Dijkstra(GA, $dist$, $path$, i)

/*表示求 V_i 到图 G 中其余顶点的最短路径，GA 为图 G 的邻接矩阵，$dist$ 和 $path$ 为变量型参数，其中 $path$ 的基类型为集合*/

begin

　　for　$j:=1$　**to**　n　**do**　　　　　　　/*初始化*/

　　　begin

　　　　if　$j \neq i$　**then**

　　　　　$s(j):=0$

　　　　else

　　　　　$s(j):=1$;

　　　　　$dist(j):=GA(i, j)$;

　　　　if　$dist(j) < \text{maxint}$　**then** /*maxint 为假设的一个足够大的数*/

　　　　　$path(j):=(i)+(j)$

　　　　else　$path(j):=()$;

　　　end;

　　for　$k:=1$　**to**　$n-2$　**do**

　　　begin

　　　$w:=\text{maxint}$;　$m:=i$;

　　　for　$j:=1$　**to**　n　**do**　　/*求出第 k 个终点 C_m*/

　　　　if　$(s(j)=0)$ and $(dist(j) < w)$　**then**

```
        begin
          m:=j;
          w:= dist(j);
        end;
      if   m≠i   then
          s(m):=1;
```

else exit; /*若条件成立，则把 C_m 加入 S 中，否则退出循环，因为剩余的终点，其最短路径长度均为 maxint，无需再计算下去*/

```
      for   j:=1   to   n   do       /*对 s[j]=0 的更优元素作必要修改*/
        if   (s(j)=0) and (dist(m)+GA(m,j) < dist(j))   then
          begin
            dist(j):= dist(m)+ GA(m,j);
            path(j):=path(m)+(j);
          end;
      end;
  end.
```

注意，图的邻接矩阵存储中，$GA[I,j]$ 存放边 $\langle I,j\rangle$ 的值，如果边不在图中出现，则赋予 $GA[I,j]$ 一个数值很大的数。这个大数可任选，但需要注意：

(1) 该数值应大于代价矩阵的最大值。

(2) 该数值不应使 $dist[m]+GA[m,j]$ 语句溢出。

下面来分析 Dijkstra 算法的时间复杂度，对于有 n 个顶点的图，其复杂度为 $O(n^2)$。当然如果选择更好的数据结构，如用邻接表存储图结构，在选择 m 结点检查 $dist[m]$ 时采用优先队列，那么时间复杂度可以在 $O(n\log n)$ 时间内。

下面来看一种既可以解决边权为负，且可以同时求得任一对顶点间最短路径的算法。

例 5.3　以例 5.2 图为例，求任意一对顶点之间的最短路径。

这个问题的解法有两种：一是分别以图中的每个顶点为源点共调用 n 次 Dijkstra 算法，这种算法的时间复杂度为 $O(n^3)$；二是 Floyd 算法，它的思路简单，但时间复杂度仍然为 $O(n^3)$，下面介绍 Floyd 算法。

带权图 G 的邻接矩阵用 GA 表示，再设一个与 GA 同类型的表示每对顶点之间最短路径长度的二维数组 D，D 的初值等于 GA。这是因为，如果不允许使用任何中间顶点，C_i 到 C_j 的距离就是 $GA[I,j]$。令 $D^k(I,j)$ 表示从 C_i 到 C_j 的最短路径，路径中的中间顶点编号不大于 k。特别地，D 的初值记为 $D^0(I,j)$。算法从矩阵 D^0 开始，随后一步一步计算 $D^1,D^2,D^3,\cdots,D^n$。如果已经得到了 D^{k-1}，接下来计算 D^k 的方法需要考虑如下两种可能情况。

(1) 对任意一对顶点 C_i、C_j，从 C_i 到 C_j 且中间顶点编号不大于 k 的最短路径，如果中间没有顶点编号为 k 的顶点，那么路径长度就是 $D^{k-1}(I, j)$(当然有可能是无路径的)。

(2) 如果上述那条从 C_i 到 C_j 的最短路径中包括顶点编号为 k 的顶点，那么路径一定是一条从 C_i 到 C_k 的最短路径再接着一条从 C_k 到 C_j 的最短路径，而且这两条子路径中都不含顶点编号大于 $k-1$ 的顶点，因而它们的长度分别是 $D^{k-1}(I, k)$、$D^{k-1}(k, j)$。

公式：$D^k(I, j) = \text{Min}\{D^{k-1}(I, j), \ D^{k-1}(I, k) + D^{k-1}(k, j)\}$，$1 \leqslant k \leqslant n$。

边界条件：$D^0(I, j) = GA(I, j)$(不经过任何一个顶点时的路径长度)。

这是动态规划技术典型的应用之一。

Floyd 算法需要在 D 上进行 n 次运算，每次以 $C_k(1 \leqslant k \leqslant n)$ 作为新考虑的中间点，求出每对顶点之间的当前最短路径长度，依次运算后，D 中的每个元素 $D(I, j)$ 就是图 G 中从顶点 C_i 到顶点 C_j 的最短路径长度。再设一个二维数组 $P(1..n, 1..n)$，记录最短路径，其元素类型为集合类型(注意，有向图中此数组中只记录了包含顶点)。

算法 5.7 求任意一对顶点之间的最短路径算法

输入：图的邻接矩阵 GA，源点 I;

输出：任意顶点间的最短路径 *path* 和长度 *dist*;

procedure Floyd(GA, D, P)

begin

    for $i:=1$ **to** n **do**   /*初始化*/

        for $j:=1$ **to** n **do**

            begin

                $D(i, j):=GA(i, j);$

                if $D(i, j) < \text{maxint}$ **then**

                    $p(i, j):=(i)+(j)$

                  else $p(i, j):=(\ );$

            end;

    for $k:=1$ **to** n **do**   /*穷举 n 个顶点*/

        for $i:=1$ **to** n **do**

            for $j:=1$ **to** n **do**

            begin

                if $(i=k)$ or $(j=k)$ or $(i=j)$ **then**

                  Continue;

/*重复点无需计算，直接进入下一轮循环*/
if　 $D[i, k]+D[k, j]<D(i, j)$ 　 **then**
　　 begin 　 /*更新最短路径长度，并保存*/
　　　　 $D(i, j):=D(i, k)+D(k, j);$
　　　　　 $P(i, j):=P(i, k)+P(k, j);$
　　　 end;
　　 end;
　 end.

5.4　本 章 小 结

本章深入研究了数学理论和数据库理论间的关系。

深入研究了图或有向图与解决实际问题的关系(图或有向图与组合优化问题的关系、图或有向图与解决实际问题的关系)。

深入研究了图和有向图的计算机表示，补充了《数据库理论方法研究解析》一书中多次应用但未做讨论的两个方法：广度优先搜索和深度优先搜索。

前四章已经较为详细地讨论了理论命题产生及确定的思维、推理、阅读文献(学术论文和专著)方式，详细地讨论了证明方法、证明模式和适用范围解析、证明前命题的解析。在此基础上，本章实现了找出适用于证明命题的证明方法进行准确的"对接"，并按找出适用于证明命题的证明方法进行准确的描述，完成了确定命题→命题证明前解析→根据命题解析结果与证明方法"对接"→证明描述。

第 6 章　Voronoi 图和数据库理论研究

数据库理论研究中，特别是在空间数据库中，空间目标之间的邻接关系可以在点、线、面之间的拓扑空间结构中显式表达。但是，一般的拓扑数据结构不适用于处理几何上相邻但不相连接的点群实体间的邻近拓扑关系。点集 Voronoi 图构建了相邻但不相连的点群实体之间的邻近空间拓扑关系。这是本书要讨论点集 Voronoi 图的性质及其相关理论的重要原因之一。另一个原因是除了公共边之外，Voronoi 图中的诸 Voronoi 多边形"互不重叠"，构成二维平面的一个划分，则有离散覆盖(布满)整个二维空间。这种空间离散覆盖(布满)将诸空间对象联系在一起，而在平面坐标系中利用 R-Tree 的最小外包矩形去实现，各最小外包矩形间往往是"重叠"的。还有一个原因是空间数据库中邻近关系研究的需求。

Voronoi 图在图结构中属于另类，不仅是计算几何图中最重要研究内容之一，而且也是数据库理论研究中的最重要工具图之一。离散点集的 Voronoi 图由一组由连接两邻点直线的垂直平分线组成的连续多边形组成，这样的多边形称为 Voronoi 多边形。n 个平面上离散的点，按照最邻近原则划分平面，每个点与它的最近邻区域相关联。

近年来，数据库理论研究人员对 Voronoi 图的概念有了新的延伸，Voronoi 图又被引入空间数据库，用来描述空间邻近关系，按照数据库理论研究中对象集合中元素的最近属性将空间划分成许多单元区域，即下面将要讨论的 Voronoi 区域。实现空间数据库中的空间邻近操作、Buffer 分析、空间内插、数字化过程中的断点捕捉和多边形构造等。利用 Voronoi 图可以解决空间数据库中许多传统方法不能解决或者较难解决的问题，如对象之间侧向邻近关系的判别和空间对象的自动综合，并且在空间对象拓扑关系、空间对象最邻近查询分析、城市规划和机器人学等领域得到了广泛应用。

由于 Voronoi 图在最初定义时就是针对求解点集和研究对象与距离有关的，具有许多有趣而惊人的数学特性，而计算机的出现是数学计算的产物。计算机技术的发展与数学的发展密不可分。因此，在计算机数据库理论研究和解决实际问题(具体实例)中，大多数情况下都要利用具有某些特性的数学工具。

例如，数据库理论研究中的最近邻、扩展后的各种最近邻及最远邻(点或对象)；现实中，由于 Voronoi 图与一些自然结构十分相像，在火灾的火源和火场的图形、水灾的水源和水灾区域的图形、风灾的中心和扫过区域的图形等都可以归结为 Voronoi 图或利用 Voronoi 图求解等。扩展后 Voronoi 图在现实中在气象分析、森林覆盖类型与范围分析、空间插值及专题地图制图等方面都有重要的应用。

6.1　Voronoi　图

为了更好地掌握 Voronoi 图的理论及其实际背景,更好地利用 Voronoi 图解决数据库理论研究中最近邻、扩展后的各种最近邻及最远邻(点或对象)问题,以及在与其相关现实工程中得以应用,必须介绍凸壳的基本概念,这是因为 Voronoi 图的出现和它的理论研究与发展是以凸壳理论为基础,和凸壳理论发展紧密相关的。

由于性质是事物的本质,事物本身所具有的与其他事物不同的特征;而特性是该事物特有的性质,是在特定的条件下才有的。因此,不仅要讨论 Voronoi 图的理论及与其相关的理论,还要讨论这些理论的相关性质和特性。

6.1.1　凸壳的基本概念

设 P 是欧氏平面($\mathbf{R}^2$)中的点集,用 CH(P)表示点集 P 的凸壳,BCH(P)表示 P 的凸壳边界。

定义 6.1　设 P 是平面上的非空点集,p_1、p_2 是 P 中任意两点,如果点 $p=tp_1+(1-t)p_2$ 属于 P,其中 $0 \leqslant t \leqslant 1$,则称 P 是凸集。即如果 P 中任意两点所连线段全部位于 P 中,那么 P 是凸的。显然,带有凹部的任何域不是凸的。

显然,对于平面点集有如下特性。

① 平面点集 P 的凸壳 CH(P)是包含 P 的最小凸集。

② 平面点集 P 的凸壳边界 BCH(P)是一凸多边形,其顶点为 P 中的点。

③ BCH(P)是包围 P 的最小凸多边形 M,即不存在多边形 M',使 $M \supset M' \supset P$ 成立。BCH(P)是具有最小面积且封闭的凸多边形 M,或是有最小周长且封闭的凸多边形 M。

④ 平面点集 P 的凸壳或凸壳边界是一个凸多边形,反之一个凸多边形必定是一个平面点集的凸壳或凸壳边界。

(1) 在数据库理论研究中,利用凸壳和凸壳边界的概念可以简化对许多问题的求解。

① 点 p 到凸点集 P 的距离($=\min\limits_{p_i \in S} d(p, p_i)$) 可以用点 p 到 CH(P)的距离来代替。

② 凸点集 P_1 与 P_2 的距离($=\min\limits_{p_i \in S_1, q_j \in S_2} d(p_i, q_j)$)可以用 CH($P_1$)与 CH($P_2$)的距离来代替。

③ P 中最远两点的距离即 P 的直径以 CH(P)的直径来代替。

④ 凸点集 P_1 与凸点集 P_2 是否相交，可由 CH(P_1) 与 CH(P_2) 是否相交来决定。

(2) 在数据库理论研究中，利用凸壳和凸壳边界的概念，对于凸壳边界 BCH(P) 是一个凸多边形，其顶点数 $m(k)$ 和点集中点的数目 n 有下列关系。

① 当 $n \to \infty$ 时，k 维球体中均匀独立地随机分布 n 个点，其凸壳的顶点数为

$$m(k)=O(n^{(k-1)/(k+1)})$$

当 k=2(平面)时，$m(2)=O(n^{1/3})$。

当 k=3(空间)时，$m(3)=O(n^{1/2})$。

② 当 $n \to \infty$ 时，点集中的点呈现 k 维正态分布，则凸壳的顶点数为

$$m(k)=O((\log n)^{(k-1)/2})$$

③ 当 $n \to \infty$ 时，k 维空间中 n 个点的分量是独立地从任何连续分布的集合中随机选取的，则其凸壳的顶点数为

$$m(k)=O((\log n)^{(k-1)})$$

无论哪种情况，都有 $\log \dfrac{m(k)}{n}=0(n \to \infty)$，这就表明凸壳的顶点数极大地少于点集中的点数。若用凸壳代替点集，不仅使问题的处理变得简单，而且可以使耗费的空间少，也可能耗费的时间也少。

6.1.2　Voronoi 图结构

设 p_1、p_2 是平面($\mathbf{R}^2$)上的两点，L 是线段 p_1p_2 的垂直平分线，L 将平面分成两部分 L_l 和 L_r，位于 L_l 内的点 p_l 具有特性：$d(p_l, p_1)<d(p_l, p_2)$，其中 $d(p_l, p_i)$ 表示 p_l 与 $p_i(i=1, 2)$ 之间的欧氏距离。这就说明位于 L_1 内的点比平面其他点更接近于点 p_1，如图 6.1 所示。如果用 $H(p_1, p_2)$ 表示半平面 L_l，而 $L_r=H(p_2, p_1)$，则有 $VP(p_1)=H(p_1, p_2)$，$VP(p_2)=H(p_2, p_1)$。

给定平面上 n 个点的点集 $P=\{p_1, p_2, \cdots, p_n\}$，定义 $VP(p_i)=\bigcap_{i \neq j} H(p_i, p_j)$，即 $VP(p_i)$ 表示比其他点更接近于 p_i 的点的轨迹是 $n-1$ 个半平面的交，它是一个不多于 $n-1$ 条边的凸多边形域，称为关于 p_i 的 Voronoi 多边形或关于 p_i 的 Voronoi 域。图 6.2 表示关于 p_1 的 Voronoi 多边形，它是一个四边形，而 n=6。

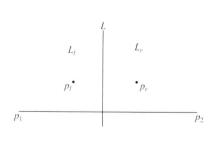

图 6.1　$VP(p_1)$ 和 $VP(p_2)$ 图示

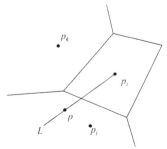

图 6.2　n=6 时的一种 $VP(p_1)$

定义 6.2 给定平面上 n 个点的点集 $P=\{p_1, p_2, \cdots, p_n\}$，对于 P 中的每个点都可以做一个 Voronoi 多边形，这样由 n 个 Voronoi 多边形组成的图称为 Voronoi 图，记为 $VD(P)$，如图 6.3 所示。

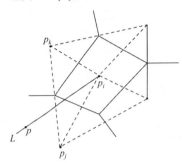

图 6.3 $VD(P)$ 示意图

该图中的顶点和边分别称为 Voronoi 顶点和 Voronoi 边。显然，当 $|P|=n$ 时，$VD(P)$ 图将平面划分成 n 个多边形域，每个多边形域 $V(p_i)$ 包含 P 中的一个点而且只包含 P 中的一个点。$VD(P)$ 的边是 P 中某点对的垂直平分线上的一条线段或者半直线，则为该点对所在的两个多边形域所共有。$VD(P)$ 图中有的多边形域是无界的。

为了讨论 Voronoi 图的直线对偶图，首先假定三点不共线，四点不共圆。

定义 6.3 (直线对偶图) Voronoi 多边形的每条边是 P 中某两点连线的垂直平分线，所有这样的两点连线构成一个图，称为 Voronoi 图的直线对偶图，记为 $TD(P)$，如图 6.3 中虚线所示。对偶图的顶点是 P 中的点，边被 Voronoi 边垂直平分。具体可参见文献《计算几何》一书。

6.1.3 最邻近点一阶 Voronoi 图性质命题及证明

根据上面的讨论，我们给出 Voronoi 图的最近邻点形式化定义。

如果不作特别声明，以下的 Voronoi 图均指 Voronoi 图最近邻点形式化定义。

定义 6.4 (最近邻点意义下的 Voronoi 图) 给定一组离散生成点 $P=\{p_1, \cdots, p_n\} \subset \mathbf{R}^2 (2 < n < \infty)$，且当 $i \ne j$ 时，$p_i \ne p_j$。其中，$i, j \in I_n = \{1, \cdots, n\}$，$I_n$ 为正整数集合。对于任意一点 p_i，定义关联于 p_i 区域 $VP(p_i) = \{p \mid d(p, p_i) \le d(p, p_j)\}$。

其中，$d(p, p_i)$ 为 p 与 p_i 之间的最小距离 (欧氏空间里点 p 和 p_i 之间的直线距离)。由 p_i 所决定的区域 $VP(p_i)$ 称为 Voronoi 多边形，点 p_i 称为该区域的离散生成点。而由 $VD(P)=\{VP(p_1), \cdots, VP(p_n)\}$ 所定义的图形称为 Voronoi 图，也称为一阶 Voronoi 图，图中的顶点称为 Voronoi 顶点，VP 的边界被称为 Voronoi 边 (简记为 VE)。共享相同的棱的 Voronoi 多边形称为邻接多边形，它们的离散生成点称为邻接生成点。图 6.4 给出了部分 Voronoi 图与空间分割区域。

定义 6.5 (Voronoi 区域) 给定一由离散生成点集 $P=\{p_1, \cdots, p_n\} \subset \mathbf{R}^2 (2 < n < \infty)$ 生成的 Voronoi 图 $VD(P)$，且当 $i \ne j$ 时，$p_i \ne p_j$，$i, j \in I_n = \{1, \cdots, n\}$。假设 $Q \subseteq P$，区域 $VR(Q) = \bigcup_{p \in Q} V(p_i)$ 称为点集 Q 对应的 Voronoi 区域。

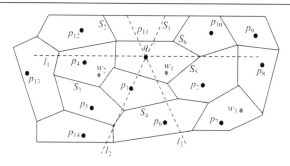

图 6.4　Voronoi 图与空间分割区域

根据 Voronoi 图最近邻点形式化定义 6.4 直接可得如下 Voronoi 图性质命题：性质 6.1、性质 6.2。这两个性质是从 Voronoi 图与空间分割区域直接观察而得到的，无需加以证明。

性质 6.1　Voronoi 图是空间的一个分割，将空间分成互不重叠的 Voronoi 多边形，每个 Voronoi 多边形内的任意一点的最近邻为该 Voronoi 多边形的离散生成点。

性质 6.2　Voronoi 边是邻接的两离散生成点的垂直平分线，或该垂直平分线上的射线或线段。

命题 6.1　离散生成点 p 的最近邻在 p 的邻接离散生成点之中。

在第 4 章中我们讨论了要证明一个具体问题(命题)，必须对具体问题(命题)做以下分析。

命题 6.1 的证明解析如下。

(1) 首先要根据具体问题(命题)的前提条件和结论进行解析。根据命题 6.1 的语义描述"离散生成点 p 的最近邻在 p 的邻接离散生成点之中"，可以确定"离散生成点 p 的最近邻"是该命题的前提条件；"在 p 的邻接离散生成点之中"是该命题的结论。

(2) 要根据具体问题(命题)的前提条件、结论之间关系的语义描述和各种证明方法适用范围综合确定证明方法。证明命题 6.1 正确性时，显然，不能使用直接证明方法证明原命题的正确性。根据命题 6.1 的语义描述"在⋯之中"，不难想到需要假设否定该命题的结论"在 p 的邻接离散生成点之中"，得"p 不在 p 的邻接离散生成点之中"。恰好反证法是否定原命题的结论进行证明的证明方法。

(3) 利用反证法证明，具体是从假设"p 不在 p 的邻接离散生成点之中"，利用演绎推理或其他证明方法证明假设"p 不在 p 的邻接离散生成点之中"与原命题矛盾。之所以如此，是因为演绎推理是由命题的前提(条件)证明命题的结论是否正确的重要推理形式。几乎所有的命题证明过程都离不开演绎推理，即使用其他的推理证明的过程中也要夹杂着演绎推理。演绎推理是逻辑论证的工具，为科学知识的合理性提供逻辑证明；具体的是根据已有的事实、定义、公理、推论、设定的条件和已被证明的命题(定理、引理、性质和公式等)作为推理的前提，按照严格的逻辑推理规则推理得到新结论的推理过程。只有通过这样的推理过程才能得出正确结论。

通过对命题的证明解析可得命题 6.1 的证明过程如下。

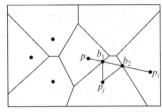

图 6.5　命题 6.1 证明示意图

证明：(反证法) 假设 p 的最近邻 p_i 不在 p 的邻接离散生成点中，那么由 p 到 p_i 的线段必穿过 p 的某邻接离散生成点 p_j 对应的 Voronoi 多边形 $V(p_j)$。因此，线段 qp_i 必与 $V(p_j)$ 的边缘相交于两点，假设这两点分别为 b_1、b_2，如图 6.5 所示。由 Voronoi 图的定义 6.4 知

$$d(p, b_1)=d(b_1, p_j) \tag{6-1}$$

$$d(p_j, b_2)=d(b_2, p_i) \tag{6-2}$$

在 $\triangle b_1 b_2 p_j$ 中，由三角形的性质得

$$d(b_1, b_2)+d(b_2, p_i)>d(b_1, p_j) \tag{6-3}$$

由式(6-2)和式(6-3)可得

$$d(b_1, b_2)+d(b_2, p_i)>d(b_1, p_j) \tag{6-4}$$

在式(6-4)两边同时加上 $d(p, b_1)$ 得

$$d(p, b_1)+d(b_1, b_2)+d(b_2, p_i)>d(p, b_1)+d(b_1, p_j) \tag{6-5}$$

在 $\triangle pb_1 p_j$ 中，由三角形的性质得

$$d(p, b_1)+d(b_1, p_j)>d(p, p_j) \tag{6-6}$$

由式(6-5)和式(6-6)得

$$d(p, b_1)+d(b_1, b_2)+d(b_2, p_i)>d(p, p_j) \tag{6-7}$$

即 $d(p, p_i)>d(p, p_j)$，这与 p_i 为 p 的最近邻矛盾，故假设错误，原命题成立。

证毕。

注意，这一证明中最后得出"假设错误"，是通过演绎推理证明的。

命题 6.2　$V(p_i)$ 是无界的当且仅当 $p_i \in \text{BCH}(P)$。

命题 6.2 的证明解析如下。

(1) 首先要根据具体命题的语义(形式化)描述判断和确定命题的前提条件和结论。根据具体命题 6.2 的语义(形式化)描述 "$V(p_i)$ 是无界的当且仅当 $p_i \in \text{BCH}(P)$"，表明 "$V(p_i)$ 是无界的" 是所要证明的结论，而 "$p_i \in \text{BCH}(P)$" 是前提条件。这是一个条件命题。

(2) 根据命题 6.2，由于已经给出了"当且仅当"这种语义描述和各种证明方法适用范围，证明命题 6.2 正确性时，显然，不能使用直接证明法证明命题的正确性。根据命题 6.2 的语义描述"当且仅当"和各种证明方法适用范围，就可以判

断确定使用条件命题证明方法，即充分条件或必要条件或充分且必要条件关系证明方法。

(3) 确定使用三种条件关系(充分条件、必要条件、充分且必要条件)证明方法中的哪一种条件关系证明方法。

通过对具体命题的判断分清什么情况下是充分条件、什么情况下是必要条件、什么情况下是充分且必要条件。在证明中按不同的条件关系：①在证明充分条件时，要用命题题设条件去证明命题结论；②在证明必要条件时，要用命题结论去证明命题题设条件；③在证明充分且必要条件时，要用题设条件去证明命题结论，还要用命题结论去证明命题题设条件。

(4) 命题 6.2 中 $V(p_i)$ 是无界的，这是所要证明的结论，而 $p_i \in BCH(P)$ 是条件。

证明：(1) 对证明命题的充分性分析：要用题设条件去证明命题结论。即用 $p_i \in BCH(P)$ 证明 $V(p_i)$ 是无界的正确。

(充分性) 假设 $p_i \in BCH(P)$，$p_j, p_k \in BCH(P)$ 并且与 p_i 相邻，$p_i p_k$ 的垂线与 $p_i p_j$ 的垂线之间形成一个扇形无界域 F (图 6.6 中阴影部分)，F 中的每个点距离 p_i 比距离 P 中的任何其他点都近，因此 $V(p_i)$ 是无界的。充分性证毕。

(2) 对证明命题的必要性分析。

① 证明命题"$V(p_i)$ 是无界的当且仅当 $p_i \in BCH(P)$"的必要性时，就是要证明"假设 $V(p_i)$ 是无界的，则 $p_i \in BCH(P)$"。同前面命题 6.1 使用反证法的道理一样，对命题 6.2 也使用反证法证明它的必要性。

② 即从"假设 $V(p_i)$ 是无界的，但 $p_i \notin BCH(P)$"开始，利用演绎推理证明这种假设的命题是错误的或与原命题矛盾。

(必要性) 假设 $V(p_i)$ 是无界的，但 $p_i \notin BCH(P)$。因为 $V(p_i)$ 是一个凸多边形域，过 p_i 作一个无穷射线 L，又因为 $p_i \notin BCH(P)$，所以射线 L 必然和 BCH(P) 某条边相交，如果和边 $p_j p_k$ 相交，如图 6.7 所示，L 上离 p_i 足够远的任何点 p 距离 p_j 或 p_k 比距离 p_i 更近，因此 $V(p_i)$ 是有界的，这与 $V(p_i)$ 无界相矛盾，所以假设不成立。于是，只有 $V(p_i)$ 是无界的，$p_i \in BCH(P)$ 成立。必要性证毕。

命题正确性证毕。

图 6.6　充分性证明(阴影)部分

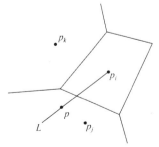

图 6.7　必要性证明部分

根据本命题的分析和证明，对条件命题及其推理可以总结出以下的过程，如图 6.8 所示。

具体问题(命题) ——分析——→ 确定条件和结论 ——再分析——→ 条件和结论关系 ——如为条件命题及其推理特征——→

确定充要条件证明方法 ——条件命题——→ 确定证明充分性或必要性或充要性证明方法 ——演绎推理或反证法——→

条件证结论或结论证条件或充要性都证 ——综合——→ 证毕

图 6.8　条件命题及其推理过程示意图

需要强调的是，该命题必要性推理证明使用反证法的过程中也要(使用)夹杂着演绎推理，否则是无法得出正确结论的。

Voronoi 图是具有 n 个多边形和至少三个结点的平面图。

下面命题 6.3 是后面命题 6.4 证明中用到的一个命题。

命题 6.3　每个 Voronoi 点是三条 Voronoi 边的交点。

命题 6.3 的证明解析如下。

(1) 根据命题 6.3 "每个 Voronoi 点是三条 Voronoi 边的交点" 的语义，它是一个几何图的问题，又是一个存在性问题。"每个 Voronoi 点" 是讨论的前提，命题结论是 "三条 Voronoi 边的交点"。

(2) 根据各种证明方法适用范围确定证明方法。构造法一般用于证明存在性问题。根据直接构造证明法 "具体的是构造一个带有命题(结论)里所要求的特定性质的实例"；根据间接构造证明法 "有些构造证明中并不直接构造满足命题要求的例子，而是构造某些辅助性的工具或对象，许多初等几何证明题中常常用到的添加辅助线或辅助图形的办法"。构造证明法适用于该命题 6.3。

证明：(构造证明法) 设点集 $P=\{p_1, p_2, p_3\}$，依次连接该三点成 $\triangle p_1 p_2 p_3$，作 $\triangle p_1 p_2 p_3$ 三条边的中垂线，它们相交于一点 v_1，根据 Voronoi 图定义，此时的 $VD(P)$ 由三条中垂线及交点 v 组成。当点集 $P=\{p_1, p_2, p_3\}$ 增加一点 p 时，则 p 有两种可能：①p 位于 $p_1 p_3$ 右侧与 $p_2 p_3$ 右侧所围成的区域内，如图 6.9 中的点 p_4；②p 位于 $p_1 p_3$ 左侧与 $p_2 p_3$ 右侧所围成的区域内，如图 6.9 中的点 p_5。对于①对应的 $VD(P)$ 图增加顶点 v_2，它是 $\triangle p_2 p_4 p_3$ 三条边中垂线的交点；对于②对应的 $VD(P)$ 图增加顶点 v_3 与 v_4，它们分别是 $\triangle p_3 p_4 p_5$、$\triangle p_1 p_3 p_5$ 三条边中垂线

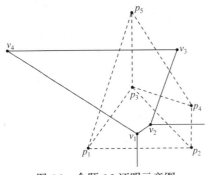

图 6.9　命题 6.3 证明示意图

的交点。依此类推，对于 P 中的每个 Voronoi 点都成立。命题 6.3 结论成立。

证毕。

命题 6.3 表明，点是由 P 中三点形成的三角形的外接圆的圆心，如图 6.9 所示，v_1 是 $\triangle p_1 p_2 p_3$ 的外接圆的圆心，记为 $C(v_1)$。显然，点的度数为 3，其原因是在 P 中的点不能四点共圆的假设条件。

命题 6.4　如果 n 和 n_e 分别为离散生成点和 Voronoi 边的数量，那么 $n_e \leqslant 3n-6$ 和 $n_v \leqslant 2n-5$。

命题 6.4 的证明解析如下。

(1) 根据命题 6.4 "假设 Voronoi 图中，离散生成点、Voronoi 边和 Voronoi 顶点的个数分别为 n、n_e、$n_v(3 \leqslant n \leqslant \infty)$"，这是命题的已知条件。"$n_e \leqslant 3n-6$ 和 $n_v \leqslant 2n-5$"是命题两个结论部分。

(2) 根据命题 6.4 已经给出了"如果…那么…"，一般可以确定利用演绎推理证明该命题正确性。

(3) 根据命题 6.4 前提条件和结论隐含的数量关系，显然可知这是一个需要利用数量演算演绎推理证明形式。

证明：在 Voronoi 图中，设其中的离散生成点、Voronoi 边和 Voronoi 顶点的个数分别为 n、n_e、$n_v(3 \leqslant n \leqslant \infty)$，则有

$$n_e \leqslant 3n-6 \tag{6-8}$$
$$n_v \leqslant 2n-5 \tag{6-9}$$

Voronoi 图与其直线对偶图的边是唯一对应的，这说明 Voronoi 图与其直线对偶图的边的数目是相等的。因为它们都是平面图，所以符合运用欧拉规则：$n+n_v-n_e=2$。由于每一条 Voronoi 边都有两个顶点，根据命题 6.3 每一个顶点至少属于三条边，因此有 $2n_e \geqslant 3n_v$。运用欧拉规则 $n+n_v-n_e=2$，则有 $n_e \leqslant 3n-6$，$n_v \leqslant 2n-5$。同时，也证明对偶图的边也符合此结论。

证毕。

值得注意的是，顶点和离散生成点要区别开。

命题 6.5　Voronoi 图的任意一个离散生成点平均最多有 6 个邻接离散生成点。

命题 6.5 的证明解析如下。

(1) 根据命题 6.5 题设"Voronoi 图的任意一个离散生成点"，这是命题的前提条件；"平均最多有 6 个邻接离散生成点"是命题的结论。

(2) 根据命题 6.5 前提条件和结论隐含的数量关系，显然可知这是一个需要利用数量演算演绎推理证明形式。

证明：由命题 6.4 所证得出的式(6-8)可知，顶点数为 n 的 Voronoi 图中至多有 $3n-6$ 条边，而每个 Voronoi 边由两个 Voronoi 多边形所共享。由 $2(3n-6)/n = 6-12/n \leqslant 6$ 可得，每个 Voronoi 多边形的 Voronoi 边的平均数目最多是 6。因此，每

个离散生成点平均最多有 6 个邻接的离散生成点。

证毕。

命题 6.6　设 v 是 Voronoi 图 $VD(P)$ 的顶点，外接圆 $C(v)$ 内不含 P 的其他点。

命题 6.6 的证明解析如下。

(1) 首先要根据命题 6.6 "设 v 是 Voronoi 图 $VD(P)$ 的顶点，外接圆 $C(v)$ 内不含 P 的其他点" 的语义(形式化)描述进行分析，确定 "设 v 是 Voronoi 图 $VD(P)$ 的顶点" 是该命题的条件；"外接圆 $C(v)$ 内不含 P 的其他点" 是该命题的结论。

(2) 根据命题 6.6 的条件、结论之间关系的语义描述和各种证明方法适用范围确定证明方法。证明命题 6.6 的正确性时，显然，不能使用直接证明法证明命题的正确性。根据命题 6.6 的语义描述 "外接圆 $C(v)$ 内不含 P 的其他点"，不难想到 "如果假设外接圆 $C(v)$ 内含 P 的其他一个点" 即否定该命题的结论进行证明。而反证法是否定原命题的结论进行证明的证明方法。

(3) 从否定命题 6.6 的结论 "如果外接圆 $C(v)$ 内含 P 的其他一个点" 开始，利用演绎推理或其他证明方法证明这种假设是错误的或与原命题矛盾。

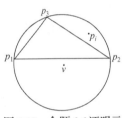

图 6.10　命题 6.6 证明示意图

证明：设 p_1、p_2、p_3 是决定圆 $C(v)$ 的三个点，假设外接圆 $C(v)$ 内含 P 的其他一个点 p_i，如图 6.10 所示，则 p_i 与 v 的距离小于 p_1、p_2、p_3 与 v 的距离，这与 $V(p_1)$、$V(p_2)$、$V(p_3)$ 域的定义相矛盾。因此，p_i 不可能在圆 $C(v)$ 内，即圆 $C(v)$ 内不含 P 的其他点。

证毕。

根据命题 6.6 可知，对于 $VD(P)$ 中的任何一点 v，其圆 $C(v)$ 内均不含 P 中的点，故该 $VD(P)$ 图称为最近邻点的 Voronoi 图。

在上面的讨论中，在一个平面的离散点集中三点不共线、四点不共圆的假定下，已经给出了 Voronoi 图的直线对偶图定义 6.3。下面给出 Voronoi 图的三角剖分的概念。

最近邻点的 Voronoi 图的直线对偶图本质上就是离散点集的一种三角剖分，即在 6.3 节要讨论的 Delaunay 三角剖分。由于多个离散点构成的直线对偶图可能是多个，所以又称其为 Delaunay 三角网。

命题 6.7　Voronoi 图的直线对偶图是 P 的一个三角剖分。

命题 6.7 的证明解析如下。

(1) 根据命题 6.7 "Voronoi 图的直线对偶图是 P 的一个三角剖分" 的语义描述进行分析，确定 "Voronoi 图的直线对偶图" 是该命题的条件；"是 P 的一个三角剖分" 是该命题的结论。

(2) 根据命题 6.7 的条件、结论之间关系的语义描述和各种证明方法适用范围确定证明方法。证明命题 6.7 的正确性时，显然，不能使用直接证明法证明命题的正确性。根据命题 6.7 的语义描述可知，这是和命题 6.3 相关联的命题，而命题 6.3 的证明过程是利用构造方法构造 Voronoi 图的过程，证明该命题必须熟悉命题 6.3 的证明过程。因此，证明该命题也要使用构造证明法。

证明：根据命题 6.3 的构造 Voronoi 图的过程可知，以 $\triangle p_1 p_2 p_3$ 为基础逐步增加 P 中的点，再按照新增点所处的位置决定是增加一个或两个 Voronoi 点，进而新增加一个或两个三角形。无论增加一个三角形还是增加两个三角形，其周边都形成一个凸壳，如图 6.9 中虚线所示。$\triangle p_1 p_2 p_3$ 与新增三角形构成的图符合 Voronoi 图的直线对偶图定义 6.3，故命题成立。

证毕。

推论 6.1 和推论 6.2 解析如下。

(1) 推论一般是不加证明的，是对被证明是正确的命题的补充和完善。推论为命题，当然也必须正确命题。一般来说，命题必须是经过逻辑证明判断正确的命题，但对于在某些条件下明显正确的命题，由于证明简单而不需要写出它的证明过程，但它又不是公理。当然，推论一般被认为不如命题重要，但它是由相关命题和引理推理出来的，而且常常是很有用的。

(2) 根据命题 6.3 有如下推论。

推论 6.1　如果 $p_i, p_j \in P$，且 p_j 是关于 p_i 的最近邻点，则线段 $p_i p_j$ 是点集 P 的三角剖分的一条边。

(3) 根据命题 6.3 和命题 6.6 有如下推论。

推论 6.2　如果 $p_i, p_j \in P$，且通过 p_i 和 p_j 有一个不包含 P 中其他点的圆，那么线段 $p_i p_j$ 是点集 P 三角剖分的一条边。反之，亦成立。

每个 Voronoi 结点至少是三条 Voronoi 边的交点。换言之，对于每个 Voronoi 结点至少有三条 Voronoi 边通过。

定义 6.6　若过 Voronoi 图中的任意顶点 q_i 作一圆 C_i，且使 C_i 过顶点 q_i 所在的 Voronoi 边所对应的所有离散生成点(3 个或更多)，则 C_i 内不包含点集 P 中的任何其他离散生成点，且由该圆限界的闭圆，则称圆 C_i 为空圆。如图 6.11 所示，其中，半径最大的空圆 C_k 称为最大空圆。

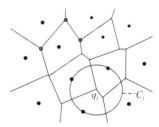

图 6.11　Voronoi 图空圆特性
示意图

命题 6.8　线段 $p_i p_j (p_i, p_j \in P)$ 是 P 的三角剖分的一条边的充分且必要条件是存在通过 p_i、p_j 的一个空圆。即除了 p_i、p_j 外不包含点集 P 中其他点且由该圆限界的闭圆。

命题 6.8 的证明解析如下。

(1) 首先根据命题 6.8 的语义(形式化)描述"线段 $p_ip_j(p_i, p_j \in P)$ 是 P 的三角剖分的一条边的充分且必要条件是存在通过 p_i、p_j 的一个空圆"判断和确定该命题的条件是"线段 $p_ip_j(p_i, p_j \in P)$ 是 P 的三角剖分的一条边",结论是"存在通过 p_i、p_j 的一个空圆"。这是一个条件命题。

(2) 根据命题 6.8 已经给出了"充分且必要条件",证明该命题正确性时,显然,要证明该命题的充分且必要性,不能使用直接证明法证明命题的正确性。

(3) 确定证明充分性要用该命题题设条件"线段 $p_ip_j(p_i, p_j \in P)$ 是 P 的三角剖分的一条边"去证明命题结论"存在通过 p_i、p_j 的一个空圆";证明充分性要用该命题结论"存在通过 p_i、p_j 的一个空圆"去证明命题条件"线段 $p_ip_j(p_i, p_j \in P)$ 是 P 的三角剖分的一条边"。

证明: (充分性) 假设线段 $p_ip_j(p_i, p_j \in P)$ 是 P 的三角剖分的一条边(如图 6.9 中的 p_2p_3),则 $v(p_i)$ 和 $v(p_j)$ 共享边 $e \in VD(P)$,如图 6.9 中的 v_1v_2。在边 e 上选择点 v(如图 6.9 中的点 v_1)为圆心,以 v 到 p_i 或 p_j 的距离为半径作圆 $C(v)$,该圆显然不含 P 中其他点的空圆。否则,如 P 中点 p_k 在圆周上或圆内,则 v 也会在 $V(p_k)$ 内,但已知 v 仅在 $V(p_i)$ 与 $V(j)$ 内。

(必要性) 假设存在通过 p_i、p_j 的一个空圆 $C(v)$,圆心为 v。由于 v 与 p_i 和 p_j 是等距离,只要没有其他最近邻点,则 v 在 p_i 和 p_j 的 Voronoi 域中。因为该圆符合空圆定义 6.6,自然该圆限界为闭圆,则 $v \in V(p_i) \cap V(p_j)$。根据假设,除了 p_i 和 p_j 外没有点在 $C(v)$ 的边界上,故必然可以移动 v 且保持 $C(v)$ 内为空。

证毕。

6.1.4　最邻近点 k 阶 Voronoi 图性质命题及证明

定义 6.7 (k 阶最邻近点 Voronoi 图)　设 P 为欧氏平面上一点集(任何四点不共圆,任何三点不共线),设 $P=\{p_1, p_2, \cdots, p_n\}$ 为二维欧氏空间(平面)上的点集,其中 $2<n<\infty$ 且当 $i \neq j$ 时 $p_i \neq p_j$,$i, j \in I_n=\{1, \cdots, n\}$,假设 T 是具有 $k(1 \leqslant k<n)$ 个点的 P 的任意子集,点集 T 上的 k 阶 Voronoi 区域 $VP_k(T)$ 定义为

$$VP_k(T) = \{p \mid \forall v \in T, \forall w \in P-T, d(p,v) < d(p,w)\} \tag{6-10}$$

其中,$1 \leqslant k<n$;$d(p, v)$ 表示点 p 到点 v 之间的欧氏距离;$VP(T)$ 是那些到 T 中任意点 v 比到 $P-T$ 中任意点 w 都近的点的集合。k 阶 Voronoi 图是 P 中所有这样的 T 所形成区域的并集,即 $VD_k(P)=\cup VP_k(T)$(其中,$T \subset P$,$|T|=k$)。k 阶 Voronoi 图的顶点和边分别称为 k 阶 Voronoi 顶点和 k 阶 Voronoi 边。共享相同棱的 Voronoi 多边形称为邻接 Voronoi 多边形,它们的离散生成点称为邻接离散生成点。当 $k=1$ 时,此时的图形即为定义 6.2 或定义 6.4 定义的 Voronoi 图。

命题 6.9　设 S 为一个平面，对于其上的任意一点 p，如果满足 $d(p,p_1)\leqslant\cdots\leqslant d(p,p_{k-1})<d(p,p_k)=d(p,p_{k+1})\leqslant d(p,p_{k+2})\leqslant\cdots\leqslant d(p,p_n)$，那么 p 必在 k 阶 Voronoi 图的 Voronoi 边上，其中 $p_1,p_2,\cdots,p_n$ 为离散生成点。

命题 6.9 的证明解析如下。

(1) 对命题 6.9 的形式化描述进行分析可知，"设 S 为一个平面，对于其上的任意一点 p，如果满足 $d(p,p_1)\leqslant\cdots\leqslant d(p,p_{k-1})<d(p,p_k)=d(p,p_{k+1})\leqslant d(p,p_{k+2})\leqslant\cdots\leqslant d(p,p_n)$"是该命题的条件；"$p$ 必在 k 阶 Voronoi 图的 Voronoi 边上，其中 $p_1,p_2,\cdots,p_n$ 为离散生成点"是该命题的结论。

(2) 根据命题 6.9 已经给出了"如果…，那么…"，一般可以确定利用演绎推理证明该命题正确性。

证明：如果 $d(p,p_1)\leqslant\cdots\leqslant d(p,p_{k-1})<d(p,p_k)=d(p,p_{k+1})\leqslant d(p,p_{k+2})\leqslant\cdots\leqslant d(p,p_n)$，则有

$$d(p,p_1)\leqslant\cdots\leqslant d(p,p_{k-1})<d(p,p_k)<d(p,p_i)\quad(i=k+2,k+3,\cdots,n)$$

故由 k 阶 Voronoi 图的定义可知 $p\in V(p_1,\cdots,p_{k-1},p_k)$。

同理，由于 $d(p,p_1)\leqslant\cdots\leqslant d(p,p_{k-1})<d(p,p_{k+1})<d(p,p_i)(i=k+2,k+3,\cdots,n)$，故由 k 阶 Voronoi 图的定义可知 $p\in V(p_1,\cdots,p_{k-1},p_{k+1})$。因此，$p\in V(p_1,\cdots,p_{k-1},p_k)\bigcap V(p_1,\cdots,p_{k-1},p_{k+1})$。因此，$p$ 必在 k 阶 Voronoi 图的 Voronoi 边上。

证毕。

6.1.5　最远点的 Voronoi 图

上面讨论的 Voronoi 图是针对最近点意义下定义的，其性质的讨论也是针对最近点意义下的。下面给出最远点意义下的 Voronoi 图点和 Voronoi 图。

定义 6.8 (最远点意义下的 Voronoi 图)　给定平面上 n 个点的点集 $P=\{p_1,p_2,\cdots,p_n\}$，以 $p_i\in P(1\leqslant i\leqslant n)$ 为圆心，作过 P 中三个点的圆，且该圆包含 P 中其他全部点，这种 Voronoi 图点称为最远点意义下的 Voronoi 图点。这些最远点意义下的 Voronoi 图点和相应的无限凸多边形组成最远点意义下的 Voronoi 图。

根据上面给出的定义不难看出，只有通过点集 P 的凸壳边界上三个点的圆才有可能把 P 中其他点包括进去，因此 n 个点的点集 P 的最远点意义下的 Voronoi 图点的个数小于 n。和最近点意义下的 Voronoi 图一样也有对偶图，该对偶图与凸壳也有共同的边界。最远点意义下的 Voronoi 图点的数目等于点集凸壳的三角剖分的三角形数目，而 Voronoi 图多边形数目等于凸壳的顶点数目。由于在数据库理论研究和实际应用中，目前最远点意义下的 Voronoi 图使用很少，本书不作详细讨论。

6.2　Voronoi 图特性和数据库理论研究的关系

由于特性是该事物特有的性质，只有在特定的条件下为该事物所专有。下面讨论对于 Voronoi 图特性和数据库理论研究的关系。根据 6.1 节的讨论由 Voronoi 图的结构及定义可得出以下基本特性。

1. 影响范围特性

每一个空间生成点唯一地对应一个 VP，对一个空间生成点来说，凡落在其 Voronoi 多边形内的空间点(指多边形内生成点以外的点)均距其最近。因此，该 Voronoi 多边形在一定程度上反映了其空间影响范围。若这个空间生成点被删除，则其相应的影响范围(Voronoi 多边形)也会随之消失。对于二维空间中任意一点，除非其位于公共边上，否则必然落在一个 Voronoi 多边形 VP 之内，即处在一个生成点的影响范围之中。总之，Voronoi 图的空间格局是由空间生成点的分布决定的。Voronoi 图的结构取决于空间选择生成点的分布特征。

(1) 当选择生成点为规则分布时，其相应的 Voronoi 图也呈规则分布。

(2) 当选择生成点为不规则分布时，由其所确定的 Voronoi 图也为不规则分布。

其影响范围特性为计算机数据库理论研究和实际问题具体实例解析中的最近邻、扩展后的各种最近邻问题提供了有力的手段。

2. 侧向邻近特性

在上面讨论 Voronoi 图的形式化定义与性质 6.1、性质 6.2、命题 6.1、命题 6.2、命题 6.3 中表明提供了侧向邻近特性。侧向邻近特性表示线对象与空间对象之间的关系，即一线状生长对象两侧有哪些生长对象相邻，如城市街道两侧有哪些建筑物进入视野。

又如，在实际地理空间中，两个侧向相邻的空间实体 p_i 和 p_j 不一定相连，如高速公路旁的一栋房屋与高速公路相邻，但在几何上并不相连；操场中的一个足球门与操场边界相邻但不相连。由于 p_i 和 p_j 之间不存在任何对象(即直接相邻)时，它们的 Voronoi 多边形 VP 必有一条公共的边。因此，只要根据 p_i 和 p_j 是否具有公共的 Voronoi 边 VE，即可判断两者之间是否侧向相邻。而且，除了公共边之外，Voronoi 图中的诸 Voronoi 多边形 VP 互不重叠，构成二维平面的一个划分，则有离散覆盖(布满)整个二维空间。这种空间离散覆盖(布满)将诸空间对象联系在一起，隐含地表达了空间对象之间的全部侧向邻近信息。因此，根据这一性质，可以较为方便地回答诸如最邻近对象(点)(在数据库理论研究中称为最近邻点或最近邻)和最近对象(点)对(在数据库理论研究中称为最近点对)等问题。其性质为研究空间邻近关系、空间认知以及构建 GIS 动态数据模型等问题提供了有力的手段。

3. 邻近特性

由空间对象所生成的 Voronoi 图上可见,每个 Voronoi 多边形与其生成的空间对象一一对应,且这些 Voronoi 多边形互不交叠,并构成二维平面的一个划分。根据空间对象的 Voronoi 多边形是否邻接,就可以定义空间对象之间的邻近关系,即 Voronoi 图不仅表达了几何点与空间对象的邻近关系,也表达了空间对象之间的邻近关系。具有代表性的邻近关系的类型如下。

(1) 立即邻近关系。表示两个空间对象间的邻近关系,即一生成对象周围有哪些生成对象相邻,如居民区附近有哪些商场。另外,由立即邻近关系还可推演出最近邻近关系。

(2) 侧向邻近关系。上面已讨论。

(3) 位置邻近关系。表示平面上某一位置与空间对象间的邻近关系,即一位置离哪个生成对象最近,如一个小学生按就近原则应该到哪个学校上学。

(4) 穿越邻近关系。表示线状对象与面状空间对象间的邻近关系,即哪些生成对象与指定线状对象相邻近,如一条公路穿过哪些市县。

(5) 连通关系。表示线状空间对象之间的邻近关系,即哪些线状生成对象与指定线状生成对象相接,如哪些边是多边形某条边的邻接边。

上面是 Voronoi 图关于空间对象间的基本邻近关系类型,但随 Voronoi 图条件的定义不同,还可以有其扩展的邻近关系,如二阶 Voronoi 图是探讨任何一点到某两个对象组合的距离比其他组合近的点的集合。由该 Voronoi 图可知,若离某一居民地最近的医院暂时关闭,居民可到第 2 个近的医院就医等位置求解问题;又如,用河流型的 Voronoi 图可以推算工厂污染物的扩散情况,即工厂污染的范围及对污染区最严重的位置确定等。

4. 线性特性

在上面讨论 Voronoi 图的命题 6.4、命题 6.5 中表明提供了线性特性。令 n 和 n_e 分别为生成点和 Voronoi 边的数量,则 $n_e \leqslant 3n-6$;Voronoi 图的任意一个生成点平均最多有 6 个邻接生成点。

这表明 Voronoi 图的大小随空间生成点个数 n 呈线性比例增加,具有简单的结构。这不仅在数据库理论问题(命题)解决中提供了局部思路,而且对命题和算法进行证明和分析研究中提供了局部思路和复杂度的局部定量分析。这种线性特性也是 Voronoi 图得以广泛应用的主要原因之一。

5. 局部动态特性

对 Voronoi 图的 n 个 Voronoi 多边形来说，若设 n_{ae} 为每个 Voronoi 多边形的平均边数，则其总边数为 $n \times n_{ae}$，其中每条边重复计算两次，因此总边数 $n_e = n \times n_{ae}/2$，将其代入命题 6.4 中式(6-8)，可得

$$n_{ae} = (2n_e/n) \leqslant 6 - 12/n \tag{6-11}$$

进一步分析可知，每一个多边形的平均边数不超过 6。这表明删除或增加一个空间生成点，一般只影响 6 个左右的相邻空间点，即对 Voronoi 图的修改只影响其局部范围。这一特性使得 Voronoi 图的构建具有局域动态特性。在空间数据库、时空数据库和移动数据库理论及应用研究中使用这种 Voronoi 图作为数据结构时，可以有效地进行动态结构调整。

6. 空圆特性

在上面讨论 Voronoi 图的命题 6.6、推论 6.1、推论 6.2、定义 6.6、命题 6.8 中，表明空圆特性如下。

(1) 设 v 是 Voronoi 图 $VD(P)$ 的顶点，外接圆 $C(v)$ 内不含 P 的其他点。

(2) 如果 $p_i, p_j \in P$，且 p_j 是关于 p_i 的最近邻点，则线段 $p_i p_j$ 是点集 P 的三角剖分的一条边。

(3) 如果 $p_i, p_j \in P$，且通过 p_i 和 p_j 有一个不包含 P 中其他点的圆，那么线段 $p_i p_j$ 是点集 P 的三角剖分的一条边。反之，亦成立。

(4) 线段 $p_i p_j (p_i, p_j \in P)$ 是 P 的三角剖分的一条边的充分且必要条件是存在通过 p_i、p_j 的一个空圆，即除了 p_i、p_j 外不包含点集 P 中其他点且由该圆限界的闭圆。

空圆特性主要应用在计算几何中。

7. 与 Delaunay 三角网对偶

与 Voronoi 图相伴生的图形是 Delaunay 三角网。Delaunay 三角形与 Voronoi 结点是一一对应的。关于 Delaunay 三角形的定义和性质将在 6.3 节进行讨论。

6.3　Delaunay 三角网

6.3.1　Delaunay 三角网性质命题及证明

由 Voronoi 图演化出更易于分析应用的 Delaunay 三角网，它是 Voronoi 图的

几何对偶图。

定义 6.9 (Delaunay 三角网)　给定点集 $P=\{p_1,\cdots,p_n\}\subset \mathbf{R}^2$，假设线段集 E 是集合 $\{p_ip_j|\ p_i,p_j\in P,i\neq j\}$ 的一个最大子集且 E 中任意两线段若相交，交点为它们的端点，那么称图 $DT=(P,E)$ 为点集 P 上的一个三角网，其中 $2<n<\infty$ 且当 $i\neq j$ 时 $p_i\neq p_j$，$i,j\in I_n=\{1,\cdots,n\}$。

定义 6.10 (Delaunay 边)　已知 T 为点集 $P=\{p_1,\cdots,p_n\}\subset \mathbf{R}^2$ 上的三角网，如果 DT 为 Delaunay 三角网，那么对于 T 中的任意一条边 p_ip_j，则存在一个经过点 p_i、p_j 的空圆，即该圆内不包含 P 中任何其他的点(允许在圆周上)，这样的边称为 Delaunay 边。

Delaunay 三角网在本质上是 Voronoi 图的对偶图，在生成点集 $P=\{p_1,\cdots,p_n\}\subset \mathbf{R}^2$ 生成的 Voronoi 图 $VD(P)$ 中，对于任意的 p_i、p_j，如果 $VP(p_i)$ 和 $VP(p_j)$ 有公共边，则用直线连接 p_i 和 p_j 得到的图形即为集合 P 上的 Delaunay 三角网。例如，图 6.12 中的虚线部分为一个 Delaunay 三角网。

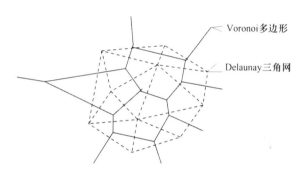

图 6.12　Delaunay 三角网示意图

Voronoi 图和 Delaunay 三角网就成了被普遍接受和广泛采用的分析研究区域离散数据的有力工具。

定义 6.11　在三角网 T 中，如果边 ac 仅为一个三角形的边，或者它为某四边形 $abcd$ 中△abc 和△adc 的公共边且 d 在△abc 的外接圆外，则称边 ac 是局部 Delaunay 的。

定义 6.12　假设三角形△abc 和△adc 形成一个凸四边形 $abcd$，在四边形 $abcd$ 中将这两个三角的公共边 ac 用四边形 $abcd$ 的另一条对角线 bd 替换，以上过程称为换边操作。

命题 6.10　T 是给定一组生成点 $P=\{p_1,\cdots,p_n\}\subset \mathbf{R}^2(2<n<\infty)$ 生成的三角网。如果 T 中所有的三角形是 Delaunay 三角形，那么 T 中所有的边是 Delaunay 边。反之亦成立。

命题 6.10 的证明解析如下。

(1) 对命题 6.10 的描述进行分析可知,"T 是给定一组生成点集 P 生成的三角网。如果 T 中所有的三角形是 Delaunay 三角形"是该命题的条件;"T 中所有的边是 Delaunay 边"是该命题的结论。

(2) 根据命题 6.10 已经给出的"如果…那么…。反之亦成立"这种语义描述和各种证明方法适用范围,就可以判断确定使用条件命题证明方法证明该命题正确性,即充分条件或必要条件或充分且必要条件关系证明方法。

(3) 确定使用三种条件关系(充分条件、必要条件、充分且必要条件)证明方法中的哪一种条件关系证明方法。

通过对命题 6.10 的判断分清什么情况下是充分条件、什么情况下是必要条件、什么情况下是充分且必要条件。在证明中按不同的条件关系:①在证明充分条件时,要用命题条件去证明命题结论;②在证明必要条件时,要用命题结论去证明命题题设条件;③在证明充分且必要条件时,要用命题题设条件去证明命题结论,还要用命题结论去证明命题题设条件。

根据命题 6.10 的描述"如果…那么…。反之亦成立"可知,要利用证明充分且必要条件去证明该命题,即在证明充分且必要条件时,要用条件"T 是给定一组生成点集 P 生成的三角网。如果 T 中所有的三角形是 Delaunay 三角形"去证明该命题结论"T 中所有的边是 Delaunay 边"的正确性;还要用命题结论"T 中所有的边是 Delaunay 边"去证明命题条件"T 中所有的三角形是 Delaunay 三角形"的正确性。

(4) 利用演绎推理或其他证明方法证明该命题的充分性和必要性。

证明:如果 T 中所有的三角形是 Delaunay 三角形,那么所有三角形的外界圆必定是空圆,由于三角网的每一条必属于一个三角形,所以每一条边必在一个空圆中,故每一条边都是 Delaunay 边。

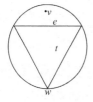

图 6.13　命题 6.10 证明示意图

反之,如果 T 中的所有边是 Delaunay 边,假设存在一个三角形 t 不是 Delaunay 三角形,则存在点 v 位于 t 的外接圆内且在 t 之外,假设 w 是 t 的一顶点,e 是 t 的一条边且 w、v 分别位于 e 的两侧,则不能找到一个圆穿过 e 但不包含 v 或 w,则 e 不是 Delaunay 边,如图 6.13 所示,这与已知矛盾,故 T 中所有的边是 Delaunay 边,所有三角形是 Delaunay 三角形。

证毕。

命题 6.11　对于一个凸四边形 $abcd$,如果 a、b、c 和 d 四点不共圆,则有以下命题成立:

(1) 如果 b 在 $\triangle acd$ 的外接圆外,那么 d 在 $\triangle abc$ 的外接圆外。

(2) 如果 b 在 $\triangle acd$ 的外接圆内,那么 d 在 $\triangle abc$ 的外接圆内。

命题 6.11 的证明解析如下。

(1) 对命题 6.11 的描述进行分析可知，该命题包括两个子命题(1)和(2)，它们有一个共享前提条件是"一个凸四边形 abcd，如果 a、b、c 和 d 四点不共圆"。对于子命题(1)："b 在△acd 的外接圆外"是该命题的条件；"d 在△abc 的外接圆外"是该命题的结论。对于子命题(2)："b 在△acd 的外接圆内"是该命题的条件；"d 在△abc 的外接圆内"是该命题的结论。

(2) 根据命题 6.11 子命题(1)和(2)语义描述可以确定这是一个凸四边形图和外接圆问题，根据子命题(1)和(2)各自的前提条件和各自的结论的关系可知，这是在各自前提条件下，结论是否存在的问题。例如，对于子命题(1)，在命题的条件"b 在△acd 的外接圆外"下，命题的结论"d 在△abc 的外接圆外"是否存在。显然，需要利用反证法。又由于在结论中只有"d 在△abc 的外接圆外"这一结论，则根据反证法中(不是完全意义上的反证法)的归谬法"当命题结论的否定只有一种情况时，只要把这一情况推翻，根据排中律，即可证得原命题的结论是正确的"。于是对于子命题(1)，要对命题的结论"d 在△abc 的外接圆外"进行否定，即"d 在△abc 的外接圆内"，从否定的结论出发利用演绎推理或其他证明方法证明这种否定是错误的或与原命题矛盾。

(3) 利用同样的方法可证明子命题(2)是否成立。

证明：(1) 如果 b 在△acd 的外接圆外，则 ac 为 Delaunay 边，假设 d 在△abc 的外接圆内，则 ac 不是 Delaunay 边，这与已知矛盾，故如果 b 在△acd 的外接圆外，则 d 在△abc 的外接圆外。

(2) 如果 b 在△acd 的外接圆内，则 ac 不是 Delaunay 边，假设 d 在△abc 的外接圆外，则 ac 是 Delaunay 边，这与已知矛盾，如果 b 在△acd 的外接圆内，则 d 在△abc 的外接圆内。

证毕。

命题 6.12　对于三角网 T 中的任意一条边 e，e 是局部 Delaunay 边，或者 e 是可以通过对角置换得到是局部 Delaunay 边。

证明：假设 v、w 是分别位于 e 两侧的两个顶点，点 v、w 和 e 形成一个四边形，如图 6.14 所示。假设 C 为经过点 v 和边 e 两端点的圆，w 则可能位于圆 C 上、圆 C 外或圆 C 内，如果 w 在圆 C 上或圆 C 外，如图 6.14(a)所示，则圆 C 是空圆，因此 e 是局部 Delaunay 边。

如果 w 在圆 C 内，由于 v、w 是分别位于 e 的两侧点，故由 v、w 和 e 形成的四边形为凸四边形，因此 e 是可以进行对角置换操作的。由于存在与圆 C 在点 v 相切且经过点 w、不包含 e 两端点的圆，如图 6.14(b)所示，则对 e 进行对角置换生成的边 vw 是局部 Delaunay 边。综上，命题成立。

证毕。

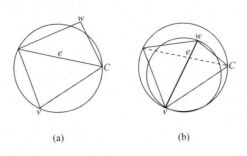

图 6.14　命题 6.12 证明示意图

推论 6.3　*abcd* 是一四边形，且四点不共圆，若 *c* 在△*abd* 的外接圆内，则 *bd* 不是 Delaunay 边，若 *c* 在△*abd* 的外接圆外，则 *bd* 是 Delaunay 边。

推论 6.4　*abcd* 是一四边形，且四点不共圆，若 *c* 在△*abd* 的外接圆内，*bd* 不是 Delaunay 边，则 flip 操作所得到的边 *ac* 为 Delaunay 边(flip 操作为换边操作)。

推论 6.5　假设△*abc* 和△*adc* 形成一个凸四边形 *abcd* 且边 *ac* 不是局部 Delaunay 的，那么对 *ac* 进行换边操作后得到的边 *bd* 是局部 Delaunay 的。

例如，在图 6.15 中边 *ac* 是局部 Delaunay 的，而在图 6.16 中边 *ac* 不是局部 Delaunay 的，进行换边操作后得到的边 *bd* 显然是局部 Delaunay 的(图中的虚线圆是一个空圆)。

图 6.15　推论 6.5 *ac* 是局部 Delaunay 示意图　　图 6.16　推论 6.5 换边操作示意图

命题 6.13　如果三角网 *T* 的所有边均是局部 Delaunay 边，那么三角网 *T* 的所有边也均是 Delaunay 边。

命题 6.13 的证明解析如下。

(1) 根据命题 6.13 的语义描述可以确定"三角网 *T* 的所有边均是局部 Delaunay 边"是该命题的条件，"三角网 *T* 的所有边也均是 Delaunay 边"是该命题的结论。

(2) 根据命题 6.13 的前提条件和结论的关系可知，这是在前提条件"如果三角网 *T* 的所有边均是局部 Delaunay 边"下，结论"三角网 *T* 的所有边也均是 Delaunay 边"是否存在的问题。根据该命题的条件、结论之间关系的语义描述和各种证明方法适用范围，显然，不能使用直接证明法证明该命题的正确性。根据该命题的语义描述"如果…是…，那么…是…"。显然，可以想到"那么…不是…"原命题条件是否成立，需要利用反证法。

(3) 对结论"三角网 T 的所有边也均是 Delaunay 边"中"也均是"进行否定，从否定的结论"只要有一条边不是 Delaunay 边"出发，利用演绎推理或其他证明方法证明这种否定是错误的或与原命题矛盾。根据排中律，即可证得原命题的结论是正确的。

证明：(反证法) 假设三角网 T 的所有边均是局部 Delaunay 边，存在一条边不是 Delaunay 边。根据命题 6.10，则 T 中存在三角形 t 不是 Delaunay 三角形。假设点 v 为位于 t 的外接圆内的一点，e_1 为 t 的一条边使得 v 和三角形 t 的非 e_1 端点的顶点分别位于 e_1 两侧，如图 6.17(a)所示。不失一般性，假设 e_1 是水平方向，t 在 e_1 下方。

从 e_1 的中点到 v 作一条线段，假设 $e_1, e_2, e_3, \cdots, e_m$ 是与该线段相交的三角形边的序列。假设 w_i 是在 e_1 上方与 e_1 形成三角形 t_i 的顶点。由于 T 是一个三角网，$w_m = v$。

依据假设，e_1 是局部 Delaunay 边，因此 w_1 位于 t 的外接圆外，则可得 t_1 的外接圆包含 t 的外接圆内在 e_1 上方的所有点，因此也包含 v，如图 6.17(b)所示。依次类推，t_m 的外接圆也包含 v。事实上 $w_m = v$ 是 t_m 的一个顶点，这与 v 在外接圆内矛盾，故假设错误，原命题成立。

证毕。

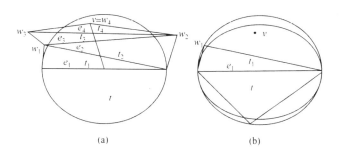

图 6.17　命题 6.13 证明示意图

推论 6.6　如果三角网 T 的所有边均是局部 Delaunay 的，则 Delaunay 三角网中任意一个三角形的外接圆内不包含任何顶点。

命题 6.14　已知 T 为点集 $P = \{p_1, \cdots, p_n\} \subset \mathbf{R}^2$ 上的三角网，最多进行 $O(n^2)$ 次换边操作便可得到 P 上的 Delaunay 三角网。

命题 6.14 的证明解析如下。

(1) 根据命题 6.14 的语义描述可以确定这是一个通过换边操作，逐次构造得到 P 上的 Delaunay 三角网的换边操作次数的估值测度问题。

(2) 逐次利用换边操作对操作次数进行估值测度，得到最大的期望值。

证明：首先定义一个函数 $\phi(T)$，该函数表示三角网 T 上满足如下条件的二元组 (v, t) 的个数，其中 v 是 T 中的一个顶点，t 是 T 中的一个三角形并且 v 在 t 的外接圆内。由于 T 有 n 个顶点和 $O(n)$ 个三角形，所以 $\phi(T) \in O(n^2)$。

假设三角网 T 中的一条边 e 是可以进行对角置换的，对角置换后形成一个新的三角网 T'。令 e 为三角形 t_1、t_2 的公共边，v_1 和 v_2 分别为 t_1 和 t_2 的顶点。由于 e 不是局部 Delaunay 边，则 v_1 包含在 t_2 的外接圆内并且 v_2 包含在 t_1 的外接圆内。如果对 e 进行对角置换后三角形 t_1 和 t_2 被 t_1' 和 t_2' 替换，并令 C_1、C_2、C_1' 和 C_2' 是 t_1、t_2、t_1' 和 t_2' 的外接圆，如图 6.18(a)所示。不难得出 $C_1 \cup C_2 \supset C_1' \cup C_2'$ 成立，如图 6.18(b)所示；$C_1 \cap C_2 \supset C_1' \cap C_2'$ 成立，如图 6.18(c)所示。因此，若点 v 在 T 的 n_v 个三角形的外接圆内，则点 v 对 $\phi(T)$ 的贡献为 n_v，于是可得 v 在 T' 的不多于 n_v 个三角形的外接圆内，则 v 对 $\phi(T')$ 的贡献至多为 n_v。如果在对角置换之后，某个顶点对 $\phi(T)$ 有贡献，这是由于该点在 C_1' 或 C_2' 内，则在对角置换前也在 C_1' 或 C_2' 内，并且又同时位于 C_1' 和 C_2' 内，进而在对角置换前也同时位于 C_1 和 C_2 内。可是，点 v_1 和 v_2 包含新的三角网 T' 中三角形外接圆的个数比对角置换前至少减少一个。例如，v_1 在 C_2 中，即不在 C_1' 中，也不在 C_2' 中，因此，$\phi(T') \leqslant \phi(T)-2$。

由上可知，每次对角置换后，将导致非局部 Delaunay 边至少减少两个，且非局部 Delaunay 边的个数 $\phi(T) \in O(n^2)$，故经过最多 $O(n^2)$ 次的换边操作得到的三角网的边均为局部 Delaunay 边，由命题 6.13 得到的三角网的边也均为 Delaunay 边，故得到的三角网为 Delaunay 三角网。

证毕。

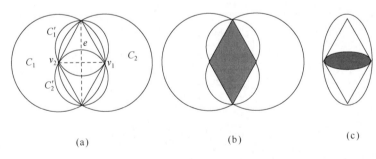

图 6.18　命题 6.14 证明示意图

推论 6.7 T 是给定一组生成点 $P=\{p_1,\cdots,p_n\} \subset \mathbf{R}^2(2<n<\infty)$ 生成的三角网。如果 T 是 Delaunay 图，那么 T 中所有的边是局部 Delaunay 边。反之亦成立。

推论 6.8　e 是任意三角网 T 中的一条边，则 e 是局部 Delaunay 边或是可以被执行换边操作的，并且执行换边操作得到的边为局部 Delaunay 边。

推论 6.9　对于平面上给定一组生成点 $P=\{p_1,\cdots,p_n\}\subset\mathbf{R}^2(2<n<\infty)$生成的任意三角网 T，经过最多 $O(n^2)$ 次的换边操作可得到关于 P 的 Delaunay 图。

命题 6.15　设 T 为点集 $P=\{p_1,\cdots,p_n\}\subset\mathbf{R}^2$ 上的 Delaunay 三角网，对于任意一点 $p_i\in P$，它的最近邻必在其邻接顶点中，即在集合 $\{p_j|p_ip_j$ 为 T 的边$\}$。

命题 6.15 的证明解析如下。

(1) 根据命题 6.15 题设 "T 为点集 $P=\{p_1,\cdots,p_n\}\subset\mathbf{R}^2$ 上的 Delaunay 三角网，对于任意一点 $p_i\in P$，它的最近邻" 是命题的前提条件，"必在其邻接顶点中即在集合 $\{p_j|p_ip_j$ 为 T 的边$\}$" 是命题的结论。

(2) 根据命题 6.15 前提条件和命题 6.1 隐含的关系，显然可知这是一个需要演绎推理证明形式。

证明：由于点集 P 上的 Delaunay 三角网与点集 P 上的 Voronoi 图是对偶图。由命题 6.1 可知生成点 $p_i\in P$ 的最近邻在 $p_i\in P$ 的邻接生成点之中，故命题成立。

证毕。

命题 6.16　设 T 为点集 $P=\{p_1,\cdots,p_n\}\subset\mathbf{R}^2$ 上的 Delaunay 三角网，那么对于任意一点 $p_i\in P$，它的邻接顶点集合 $\{p_j|p_ip_j$ 为 T 的边$\}$ 中元素的个数平均不超过 6 个。

证明：由于点集 P 上的 Delaunay 三角网与点集 P 上的 Voronoi 图是对偶图。由命题 6.5 可知，对于任意一点 $p_i\in P$，它的邻接生成点平均最多有 6 个，故命题成立。

证毕。

命题 6.17　在 Delaunay 图加入一个新的结点，找出图中所有外接圆包含新加入结点的三角形，并将这些三角形删除，形成一个空的凸壳，将空凸壳的结点与新加入的结点连接，形成的图为 Delaunay 图。

命题 6.17 的证明解析如下。

(1) 根据命题 6.17 题设 "在 Delaunay 图加入一个新的结点，找出图中所有外接圆包含新加入结点的三角形，并将这些三角形删除，形成一个空的凸壳，将空凸壳的结点与新加入的结点连接" 是命题的前提条件，"形成的图为 Delaunay 图" 是命题的结论。

(2) 命题 6.17 前提条件是一个构造过程，构造出命题 6.17 的结论。根据构造法的适用范围选择构造法证明该命题。

证明：(构造法) 在 Delaunay 图中插入一点 p 后，删除了所有外接圆包含新加入结点 p 的三角形，那么剩下的三角形均为 Delaunay 三角形，由于点 p 不在任何一个三角形的外接圆内，那么由点 p 和凸壳上的边形成的三角形也均是 Delaunay

三角形。因此，新生成的三角网中的每一个三角形均为 Delaunay 三角形，故该三角网为 Delaunay 三角网。

证毕。

命题 6.18　在 Delaunay 图算法执行的过程中每插入一个点：

(1) 至多生成 9 个三角形；

(2) 共生成 9n+1 个三角形，n 为生成点集中数据点的个数。

命题 6.18 的证明解析如下。

(1) 根据命题 6.18 题设"在 Delaunay 图算法执行的过程中每插入一个点"是命题的前提条件，"(1) 至多生成 9 个三角形；(2) 共生成 9n+1 个三角形"是命题的两个结论。

(2) 根据命题 6.18 前提条件和两个结论隐含的数量关系，显然可知这是一个需要利用数量演算演绎推理证明形式。

证明：假设在算法的第 r 轮迭代中插入一点 p_r，则要对一个或者两个三角形进行细分，得到三个或者四个新的三角形。无论如何，经过这一细分后生成的新边的数目总是确定的，也就是 p_rp_i、p_rp_j、p_rp_k 和 p_ip_j(或者 p_rp_l)。此外，在换边操作过程中每翻转一条边，也会生成两个新的三角形。而且同样地，经过每次翻转操作，还会在 DG_r 中生成一条与 p_r 相关联的新边。总之，在插入点 p_r 之后，若 DG_r 中与 p_r 关联的边数为 k，则所生成的三角形的数目不会超过 2(k–3)+3=2k–3。实际上，k 也就是 p_r 在 DG_r 中的度数，记作 $deg(p_r, DG_r)$。

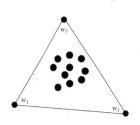

Delaunay 图 DG_r 中至多含有 3(r+3)–6 条边。将 $\triangle w_1w_2w_3$ 的三条边从其中排除掉(w 是除生成点集合 P 外的点)，如图 6.19 所示。图中黑点为生成点集 P 内的点，w 不属于 P。

p_r 中各顶点度数的总和要小于 2×[3(r+3)–9]=6r。这就是说，p_r 中任一随机点的期望度数为 6。综合可得第 r 步中生成三角形的数目：

图 6.19　黑点∈P 而 w∉P

$$E[\text{第 } r \text{ 步生成的三角形数目}] \leqslant E[2 \times deg(p_r, DG_r) – 3] = 2 \times E[deg(p_r, DG_r)] – 3 \leqslant 2 \times 6 – 3 = 9$$

生成的三角形总数等于最开始时生成的那个 $\triangle w_1w_2w_3$，以及随后每一步插入过程中所生成三角形的数目之和，故生成的三角形的总数不超过 9n+1。

证毕。

值得注意的是，最小生成树是 Delaunay 三角网的子图，实际上，单链接聚类可以在 $O(n\log n)$ 时间内由 Delaunay 三角网得到。

Voronoi 图与 Delaunay 三角网是对偶的，其图形可以相互转化。从 Delaunay 三角网定义可知，Voronoi 多边形顶点是它对应 Delaunay 三角形的外接圆的圆心，

Voronoi 边与对应的 Delaunay 边相互垂直，但不必相交。因此，Delaunay 三角网的生成可以 Voronoi 图为基础，通过相邻多边形中的点的连线来生成。Delaunay 三角网也可以直接生成。通常，Delaunay 三角网的生成比 Voronoi 图的生成要简单。

6.3.2　Delaunay 三角网的增量生成算法

Delaunay 三角网的生成方法主要有以下几类：分治法、三角网生长法、换边法和增量生成法。其中，由 Lawson 等提出的增量生成法是当前应用较为广泛的一类 Delaunay 三角网生成算法，也是本书所采纳的方法。该算法的主要思想是在当前的 Delaunay 三角网中不断地插入点，直至点集中的所有点插入完毕，每插入一个点，则对当前的 Delaunay 三角网进行更新得到插入后新的 Delaunay 三角网。

该算法的主要过程解析如下。

(1) 在平面中创建一个包含数据集 P 中所有点的三角形。

(2) 随机从数据集 P 中选取一点 p，并确定 p 在当前三角网中落在哪个三角形中。

(3) 连接点 p 与其所在的三角形的三个顶点，生成三个新的子三角形。

(4) 对不满足局部 Delaunay 的边，进行换边操作，直至所有的边均为局部 Delaunay 的。

(5) 重复执行步骤(2)~(4)，直至处理完数据集 P 中所有的点。

(6) 删除与步骤(1)中创建的三角形的顶点相连的边。

在当前的 Delaunay 三角网中将点 p 插入其所在的 $\triangle p_i p_j p_k$ 后形成三个新的三角形，因此可能导致 $p_i p_j$、$p_j p_k$、$p_i p_k$ 中的边不满足局部 Delaunay。步骤(4)通过对 $p_i p_j$、$p_j p_k$、$p_i p_k$ 中不满足局部 Delaunay 的边进行换边操作实现插入点 p 后 Delaunay 三角网的维护和更新。换边操作后可能会导致新的边不满足局部 Delaunay。例如，在图 6.20 中，边 $p_i p_j$ 不满足局部 Delaunay，进行换边操作 $p_i p_j$ 被 $p p_r$ 取代，从而导致以 $p_i p_r (p_j p_r)$ 为公共边的两个三角形发生改变，因此 $p_i p_r$、$p_j p_r$ 此时可能不满足局部 Delaunay。继续对 $p_i p_r$、$p_j p_r$ 中不满足条

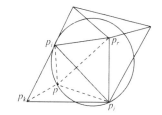

图 6.20　递归地进行换边

件的边进行换边操作，因此对插入点所在三角形的每条边的处理过程是一个递归的过程，以上对每条边判断及换边的具体过程如下。

算法 6.1　判断及换边算法(对插入点 p 所在三角形的边 $p_i p_j$ 进行判断及换边)

　　输入：插入点 p，边 $p_i p_j$，三角网 T；

　　输出：对 $p_i p_j$ 进行换边后得到新的三角网 T；

procedure Swap_Test(p, p_ip_j, T)

begin

  if p_r 在△$p\,p_ip_j$ 的外接圆内 **then**

   begin

    在三角网 T 中用 pp_r 取代 p_ip_j; /*假设插入点 p 得到三个新的子
       三角形后，△$p\,p_ip_j$ 和△$p_r\,p_ip_j$ 以 p_ip_j 为公共
       边*/

    call Swap_Test(p, p_ip_r, T); /*递归调用*/

    call Swap_Test(p, p_jp_r, T);

   end;

 end.

在该算法中每插入一个点，需要对该点所在的三角形的三条边执行算法 Swap_Test，那么每当随机地插入一点 p 后，该算法具体执行过程如下。

算法 6.2　插入点后具体执行算法

  输入：插入点 p, Delaunay 三角网 T;

  输出：插入点 p 后的 Delaunay 三角网;

procedure Insert(p, T)

begin

  查找点 p 在 T 中所在的三角形△abc;

  call Swap_Test(p, ab, T); /*对插入点 p 所在三角形的三条边进行判断
                  处理*/

  call Swap_Test(p, bc, T);

  call Swap_Test(p, ac, T);

 end.

图 6.21 给出了随机插入一点 p 后该算法执行过程的一个实例，点 p 位于△abc 中，插入点 p 后将△abc 分成三个新的子三角形，即△pab、△pbc 和△pac，可能导致边 ab、bc、ac 不再满足局部 Delaunay。调用 Swap_Test 算法首先对边 ab 进行处理，边 ab 不满足局部 Delaunay，用边 pd 取代边 ab，则需要对边 ad 和 bd 继续调用 Swap_Test 算法，由图知边 ad 是局部 Delaunay 的，不需要进行换边，边 bd 是不满足局部 Delaunay 的，被边 pe 取代，然后对边 be 和 de 继续调用 Swap_Test 算法，由图知边 be 和 de 均是局部 Delaunay 的，至此对边 ab 处理完毕，紧接着处理边 bc 和 ac，最终得到图中最后一个子图给出的三角网，它是插入点 p 后新的 Delaunay 三角网。

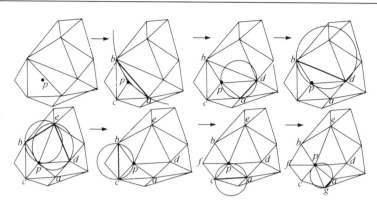

图 6.21　点插入操作

对每个点调用 Insert 算法,将所有的点插入完毕后便得到该集合上的 Delaunay 三角网。下面给出 Delaunay 三角网增量生成算法如下。

算法 6.3　Delaunay 三角网增量生成算法

　　输入：平面上一点集 P;

　　输出：P 上的 Delaunay 三角网 T;

　　procedure Incremental_Delaunay(P)

　　begin

　　　　初始化三角网 T 为平面中包含集合 P 中所有点的△abc;

　　　　for　每一个 $p \in P$　**do**

　　　　　　Insert(p, T); /*在当前 Delaunay 三角网 T 中插入点 p*/

　　　　在 T 中删除以 a, b, c 为顶点的边;

　　　　return(T);

　　end.

　　命题 6.19　算法 Incremental_Delaunay 是正确的、可终止的,其时间复杂度为 $O(n \log n)$,其中 n 为数据集中元素的个数。

　　证明：(正确性) 正确性就是要证明该算法当所有点插入完毕后,得到该点集上的 Delaunay 三角网。算法执行过程中,首先初始化一个包含数据集的三角形,该三角形显然是 Delaunay 三角网,每当插入新的点,添加该点到其所在三角形的三个顶点的边后得到一个普通的三角网。由命题 6.13、命题 6.14 和命题 6.15 可知,经过若干次换边操作后得到新的 Delaunay 三角网,当点集中所有点插入完毕后,得到的显然为该点集上的 Delaunay 三角网,因此该算法是正确的。

　　(可终止性) 该算法由一个 for 循环结构组成,每次循环调用 Insert 子算法,该过程三次调用 Swap_Test 子算法。Swap_Test 算法是一个递归过程,递归的出口是所有的边均是局部 Delaunay 的,由命题 6.15 知,任意三角网最多进行 $O(n^2)$ 次换边操作便可得到 Delaunay 三角网，那么所有的边必然是局部 Delaunay 的，故该过程是可终止的。由于数据集中元素的个数是一定的，所以算法中的 for 循环可自行终止，故该算法是可终止的。

(时间复杂度分析) Insert 算法的时间复杂度为 $O(\log n)$，该算法调用 Insert 子算法 n 次，故该算法总的时间复杂度为 $O(n\log n)$。

证毕。

6.4　Voronoi 图和空间数据库查询的关系

在对空间数据库进行查询时，索引在处理相同形状的简单实体时，效率最高。因此，在将空间对象插入索引前，经常要对空间对象的实际形状抽象化和近似化。例如，基于遍历 R-Tree 的近邻查询算法，利用最小外包矩形或外包圆、外包凸多边形等来近似表示空间对象。但有时各外包对象的MBR难免出现重叠。将 Voronoi 图有效地应用于空间近邻及连续近邻并实现任意查询轨迹的连续近邻查询。利用适于同一种 Voronoi 图进行近邻及连续近邻查询的索引结构 VR-Tree，这种索引结构将数据集对应的 Voronoi 图融入其中，从而使得 Voronoi 图的很多优良特性在近邻查询中得以充分发挥。利用该索引结构，给出了一个基于一阶 Voronoi 图的最近邻查询算法，该算法只需通过对 VR-Tree 进行一次遍历实现给定查询点的一个最近邻查询，由于在 VR-Tree 中实现了零覆盖和零交叠，所以该算法不存在任何不必要的搜索路径，从而避免了基于 R-Tree 的算法的弊端。在此基础上，还给出一种基于一阶 Voronoi 图的静态环境下的 kNN 查询算法，该算法以 VR-Tree 作为索引结构，充分利用一阶 Voronoi 图的性质将搜索空间由整个数据集限定为仅涉及某些点的子区域，特别是在海量数据情形下大大缩小了查询搜索的空间，从而极大地降低了查询的时间复杂度。还给出一种基于一阶 Voronoi 图连续最近邻查询算法，有效地实现查询轨迹为任意曲线的连续最近邻查询。还给出一种动态地创建局部 k 阶 Voronoi 图的连续 k 近邻查询算法，该算法以某些特定的点为生成点创建一个足以实现给定查询轨迹的连续 k 近邻查询的 k 阶 Voronoi 图，大大降低了查询的时间复杂度。

特别指出，除了公共边之外，Voronoi 图中的各 Voronoi 多边形"互不重叠"，这是采用 VR-Tree 的原因。

下面就几种典型的空间数据库查询问题进行讨论和解析。

6.4.1　最近邻查询

最近邻查询即找出距离给定查询对象最近的一个或几个对象，它在现实生活中应用极其广泛。例如，某地发生火灾，消防指挥中心需要查询并调度此刻距离事发现场最近的一辆或多辆消防车赶赴现场。下面给出最近邻查询的形式化定义。

定义 6.13　给定 n 维空间中点集 P 和一查询点 q，设 $d(q, p)$ 为点 p 和 q 之间的距离，最近邻(NN)查询给出 P 的一个子集 $NN(q)$，使得如下等式成立：

$$NN(q) = \{r \in P | \forall p \in P; d(q, r) \leqslant d(q, p)\}$$

若查询距离查询点最近的 k 个对象，则称为 k 近邻(kNN)查询，其形式化定义如下。

定义 6.14　给定 n 维空间中点集 P 和一查询点 q 及正整数 k，那么 kNN 查询给出 P 的一个子集 $kNN(q) = \{p_1, p_2, \cdots, p_k\}$，使得 $\forall p \in (P - kNN(q))$，$\forall r \in kNN(q)$，$d(q, r) \leqslant d(q, p)$ 均成立。

1. 索引结构 VR-Tree

该索引结构是一个高度平衡树，它存储的并非空间对象本身，而是以空间对象为生成点生成的 Voronoi 多边形。VR-Tree 由叶子结点和非叶结点组成，VR-Tree 中每个叶子结点和非叶结点由若干个索引记录构成，叶子结点的每个索引记录存储着一个空间对象对应的 Voronoi 多边形，每个非叶结点的索引记录对应一个 Voronoi 区域，该 Voronoi 区域是包含该结点的所有子结点对应的 Voronoi 区域的最小 Voronoi 区域。VR-Tree 的各层结点按照自底向上的方式递归地聚集划分数据空间对应的 Voronoi 图。VR-Tree 的建树过程如下：依据空间对象对应的 Voronoi 多边形的空间分布状况，将 Voronoi 多边形划分为若干组，每组 Voronoi 多边形在空间位置上尽可能地聚集在一起构成 VR-Tree 的叶子结点，且每组包含的 Voronoi 多边形的数目应尽可能地接近 VR-Tree 中规定的结点容量的上限 M，但不超过 M。紧接着，这些叶子结点按照包含该结点的最小 Voronoi 区域的空间位置关系进行聚集形成 VR-Tree 的第二层结点(例如，索引图 6.22 中数据集的 VR-Tree 中结点对应的 Voronoi 区域可用如图 6.23 所示的方式进行组织)，如此递归下去直至生成顶层结点即根结点。VR-Tree 最显著的特征是它利用 Voronoi 区域来组织空间对象，从而把空间数据集对应的 Voronoi 图的信息有机地融入空间索引结构之中。图 6.22 给出了部分 Voronoi 图。

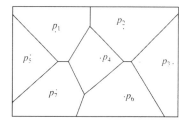

图 6.22　部分 Voronoi 图示意图

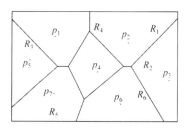

图 6.23　VR-Tree 中 Voronoi 区域的组织方式示意图

下面给出 VR-Tree 的形式化定义。VR-Tree 的叶子结点包含若干个索引记录，每个索引记录的结构如下：

$$(oid, VP, \text{hash-}pointer)$$

其中，*oid* 是一个标识符，用来标识数据集中的一个空间对象；*VP* 用来描述该空间对象对应的 Voronoi 多边形；hash-*pointer* 是一个指向与该对象对应的 hash 表单元的指针，其中每个 hash 表单元的结构如下：

$$(adj\text{-}set, adj\text{-}size)$$

其中，*adj-set* 为与该对象对应的 Voronoi 多边形有公共边的 Voronoi 多边形的生成点的集合，即该对象的邻接生成点集；*adj-size* 为该邻接生成点集包含元素的个数。

VR-Tree 的非叶结点包含若干个索引记录，每个索引记录的结构如下：

$$(child, VR)$$

其中，*child* 是指向其子结点的指针；*VR* 是包含该记录的所有子结点对应的 Voronoi 区域的最小 Voronoi 区域。按照图 6.23 中空间对象的组织方式，索引图 6.22 中数据集的 VR-Tree 如图 6.24 所示。

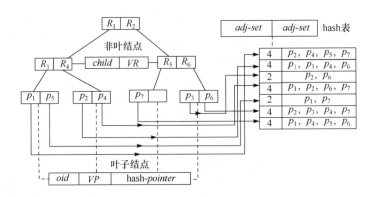

图 6.24　VR-Tree 的实例

对于 M 阶的 VR-Tree 有如下性质。

(1) 除根结点外，每个结点至少包含 $m(m \leqslant M/2)$ 条索引记录，至多包含 M 条索引记录。

(2) 对于非叶结点中的任意两个索引记录 $(child_1, VR_1)$、$(child_2, VR_2)$，则有 $VR_1 \cap VR_2 = \varnothing$。

(3) 如果根结点不是叶子结点，则它至少有两个子结点。

(4) VR-Tree 中每层结点对应的 Voronoi 区域是对空间的一个几何划分，即任意两个结点对应的 Voronoi 区域的交为空且该层中所有结点对应的 Voronoi 区域的并为整个空间。

　　VR-Tree 在本质上等价于在 R-Tree 中用 Voronoi 区域取代最小外包矩形组织空间对象，因此对 VR-Tree 的查找、插入、删除和分裂等操作同 R-Tree。VR-Tree 将数据集对应的 Voronoi 图融入索引结构之中，从而使 Voronoi 图的很多良好的特性在近邻查询中得以充分发挥。此外，在 VR-Tree 中实现了零覆盖和零交叠，所以不存在任何不必要的搜索路径。因此，利用该索引结构可大大提高查询的效率。

　　2. 基于 Voronoi 图的 NN 查询算法

　　基于 VR-Tree 的最近查询算法解析如下。

　　(1) 由定义 6.4 和性质 6.1 可知，对于查询给定查询点的一个最近邻，即该算法能准确地查找给定查询点的一个最近邻，只需要确定在数据集对应的 Voronoi 图中该查询点位于哪个 Voronoi 多边形，该多边形的生成点即为该查询点的最近邻。

　　(2) 根据定义 6.13 和索引结构 VR-Tree 可以通过遍历 VR-Tree，确定查询对象包含在哪个叶子结点之中，实现一个最近邻的查询。

　　(3) 由以上(1)、(2)讨论可知，查询过程是一个递归过程。

　　下面给出一个遍历 VR-Tree 的 NN 查询算法。

　　算法 6.4　基于 VR-Tree 的最近查询算法

　　　　输入：查询点 q, VR-Tree 结点 n;

　　　　输出：q 的最近邻;

　　　　procedure VNN(n, q)

　　　　begin

　　　　　　if　n 是一个叶子结点　**then**

　　　　　　　　for　每一个记录(*oid*, *VP*, hash-*pointer*)∈n　**do**

　　　　　　　　　　if　$q \in VP$　**then**

　　　　　　　　　　　　return(*oid*);

　　　　　　else if　n 是非叶结点　**then**

　　　　　　　　for　每一个记录(*child*, *VR*)∈n　**do**

　　　　　　　　　　if　$q \in VR$　**then**

　　　　　　VNN(*child*, q);

　　　　end.

　　命题 6.20　算法 VNN 是正确的、可终止的，其时间复杂度为 $O(\log n)$，其中 n 为数据集中元素的个数。

　　证明：(正确性) 正确性就是要证明该算法能准确地查找给定查询点的一个最近邻。算法执行过程中，该算法自顶向下递归地遍历 VR-Tree，查找包含给定查询点的结点。遍历从根结点开始，在遍历的过程中，对于非叶结点，如果它不包含给定的查询对象，由 Voronoi 图的定义知，以该结点为根的子树的叶子结点中必不包含查询点的最近邻，因此以该结点为根的子树被剪枝，否则对其子结点递归地调用算法本身，以上过程由第二个 if-then 结构实现。算法递归地执行直到遇见一个叶结点，该叶结点的记录包含给定的查询对象，该算法结束。由定义6.4 和性质 6.1 知，该记录对应的对象即为查询的结果，以上过程由第一个 if-then 结构实现，故该算法是正确的。

(可终止性) 该算法是一个递归算法，递归的出口是某个叶子结点的记录包含该查询点，由 VR-Tree 的性质知，叶子结点对应的 Voronoi 区域是对空间的一个几何划分，查询点必为空间中的一点。因此，查询点必包含在某个叶子结点的记录中，故该算法是可终止的。

(时间复杂度分析) 该算法是对 VR-Tree 进行深度优先遍历的过程，因此算法的时间复杂度为树的深度，对于有 n 个对象的数据集的 VR-Tree 的深度不超过 $\lfloor \log n \rfloor +1$，故该算法的时间复杂度为 $O(\log n)$。

证毕。

该算法在对 VR-Tree 进行遍历的过程中利用 Voronoi 图的性质进行剪枝，极大地缩小了查询搜索的空间，并且在 VR-Tree 中实现了零覆盖和零交叠，因此在遍历的过程中只需经过一条从根结点直接到达目标叶子结点的搜索路径，避免了任何不必要的搜索。因此，该算法有效地降低了查询的时间复杂度，特别是在海量数据时该算法的优越性将更为显著。

6.4.2 基于 Voronoi 图的 kNN 查询算法

下面给出一个基于一阶 Voronoi 图的 kNN 查询算法，该算法利用 Voronoi 图的性质预计算查询结果的候选集合，通过这种预处理将查询搜索的范围缩小为查询点周围某些特定的点，从而有效地降低了查询处理的代价。下面给出由 Voronoi 图的基本性质得到的定理，这些定理为界定 kNN 查询结果的候选集提供理论依据。在给出相关定理之前先给出一个重要的概念：Voronoi 图生成的 k 阶邻接生成点，其形式化定义如下。

定义 6.15 给定一由生成点集 $P=\{p_1,\cdots,p_n\}\subset \mathbf{R}^2$ 生成的 Voronoi 图 $VD(P)$ 及正整数 k，其中 $2<n<\infty$ 且当 $i\neq j$ 时 $p_i\neq p_j$，$i,j\in I_n=\{1,\cdots,n\}$，对于任意一生成点 $p_i\in P$ 的 k 阶邻接生成点可定义如下。

(1) 设 p_j 为 p_i 的任意的一阶邻接生成点，则有 $V(p_i)\cap V(p_j)\neq \varnothing$，$p_i$ 的所有一阶级邻接生成点的集合记为 $AG_1(p_i)$。

(2) 设 p_j 为 p_i 的任意的 $k(k\geqslant 2)$ 阶邻接生成点，则存在 $p\in AG_{k-1}(p_i)$ 使得 $V(p)\cap V(p_j)\neq \varnothing$，$p_i$ 的所有 k 阶级邻接生成点的集合记为 $AG_k(p_i)$。

例如，图 6.22 中生成点 p_4 的一阶邻接生成点集和二阶邻接生成点集分别为 $AG_1(p_4)=\{p_1, p_2, p_6, p_7\}$，$AG_2(p_4)=\{p_3, p_5\}$。

命题 6.21　给定一由生成点集 $P=\{p_1,\cdots, p_n\}\subset \mathbf{R}^2$ 生成的 Voronoi 图 $VD(P)$，其中 $2<n<\infty$ 且当 $i\neq j$ 时 $p_i\neq p_j$，$i,j\in I_n=\{1,\cdots, n\}$。假设 $q\in V(p_i)$，$p''\in AG_{k+1}(p_i)$，那么必存在一生成点 $p'\in AG_k(p_i)$，使得 $d(q, p')\leqslant d(q, p'')$。

命题 6.21 的证明解析如下。

(1)"给定一由生成点集 $P=\{p_1,\cdots, p_n\}\subset \mathbf{R}^2$ 生成的 Voronoi 图 $VD(P)$，其中 $2<n<\infty$ 且当 $i\neq j$ 时 $p_i\neq p_j$，$i,j\in I_n=\{1,\cdots, n\}$"是生成的 Voronoi 图 $VD(P)$ 的条件和过程。不是该命题的主要条件，是理论基础。

(2)"假设 $q\in V(p_i)$，$p''\in AG_{k+1}(p_i)$"是该命题的主要条件。

(3)"必存在一生成点 $p'\in AG_k(p_i)$ 使得 $d(q, p')\leqslant d(q, p'')$"是该命题的结论。

(4) 根据命题 6.21 前提条件和结论隐含的数量关系，显然这是一个需要利用数量演算演绎推理证明形式。

证明：假设 p_i 为点 p_4 即 $q\in V(p_4)$ 并假设 p_4 的某 $k+1$ 级邻接生成点 p'' 为 p_3，那么连接 q 到 p_4 的 $k+1$ 阶邻接生成点 p_3 必穿过 Voronoi 多边形 $V(p_6)$，其中 p_6 为 p_4 的某 k 级邻接生成点。因此，线段 qp_3 必与 $V(p_6)$ 的边缘相交于两点 b_1、b_2，如图 6.25 所示。那么由性质 6.2 得

$$d(b_2, p_6)=d(b_2, p_3) \tag{6-12}$$

在 $\triangle b_1 b_2 p_6$ 中，由三角形的性质得

$$d(b_1, b_2)+d(b_2, p_6)\geqslant d(b_1, p_6) \tag{6-13}$$

由式(6-12)和式(6-13)得

$$d(b_1, b_2)+d(b_2, p_3)\geqslant d(b_1, p_6) \tag{6-14}$$

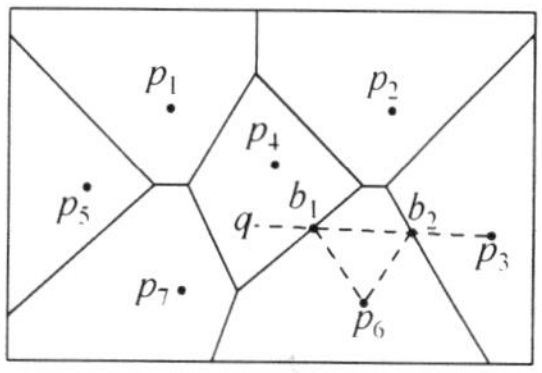

在式(6-14)两边同时加上 $d(q, b_1)$ 得

图 6.25　命题 6.21 证明图示

$$d(q, b_1)+d(b_1, b_2)+d(b_2, p_3)\geqslant d(q, b_1)+d(b_1, p_6) \tag{6-15}$$

在 $\triangle qp_6 b_1$ 中，由三角形的性质得

$$d(q, b_1)+d(b_1, p_6)\geqslant d(q, b_6) \tag{6-16}$$

由式(6-15)和式(6-16)得

$$d(q, b_1)+d(b_1, b_2)+d(b_2, p_3)\geqslant d(q, b_6) \tag{6-17}$$

即 $d(q, p_3)\geqslant d(q, b_6)$，即存在一生成点 $p'\in AG_k(p_i)$，使得 $d(q, p')\leqslant d(q, p'')$，故命题成立。

证毕。

命题 6.22　在由生成点集 $P=\{p_1,\cdots, p_n\}\subset \mathbf{R}^2$ 生成的 Voronoi 图 $VD(P)$ 中，其中 $2<n<\infty$ 且当 $i\neq j$ 时 $p_i\neq p_j$，$i,j\in I_n=\{1,\cdots, n\}$，假设 $q\in V(p_i)$，则对任意的 $p\in AG_{k+1}(p_i)$，$\mathrm{Min}DAG_k(q,p_i)\leqslant d(q,p)$ 成立，其中 $\mathrm{Min}DAG_k(q,p_i)$ 为 q 与点集 $AG_k(p_i)$ 中点的距离的最小值，k 为整数。

证明：假设 $p''\in AG_{k+1}(p_i)$ 使得 $d(q, p'')=\mathrm{Min}DAG_{k+1}(q,p_i)$，那么，由命题 6.21

得，必存在一生成点 $p' \in AG_k(p_i)$，使得 $d(q, p') \leqslant d(q, p'')$，即 $d(q, p') \leqslant \text{Min}DAG_{k+1}(q, p_i)$。$\text{Min}DAG_k(q, p_i) \leqslant d(q, p')$，对于任意的 $p \in AG_{k+1}(p_i)$，$\text{Min}DAG_{k+1}(q, p_i) \leqslant d(q, p)$ 显然成立。因此，对任意的 $p \in AG_{k+1}(p_i)$，$\text{Min}DAG_k(q, p_i) \leqslant d(q, p)$。故命题成立。

证毕。

命题 6.23　给定一由生成点集 $P = \{p_1, \cdots, p_n\} \subset \mathbf{R}^2$ 生成的 Voronoi 图 $VD(P)$，其中 $2 < n < \infty$ 且当 $i \neq j$ 时 $p_i \neq p_j$，$i, j \in I_n = \{1, \cdots, n\}$，假设 $q \in V(p_i)$，那么对于 q 的第 $k+1$ 个最近邻 p，则有 $p \in AG_1(p_i) \cup \cdots \cup AG_k(p_i)$，其中，$k$ 为整数且 $k \geqslant 1$。

证明：由命题 6.22 可得对于任意的 j，$\text{Min}DAG_j(q, p_i) \leqslant \text{Min}DAG_{j+1}(q, p_i)$ 成立，其中，$\text{Min}DAG_j(q, p_i)$ 表示 q 与点集 $AG_j(p_i)$ 中点的距离的最小值。因此，有 $\text{Min}DAG_j(q, p_i)$ 随 $j \in I_n$ 单调递增。于是，存在 p_i，$p_{AG1} \in AG_1(p_i)$，$p_{AG2} \in AG_2(p_i)$，$\cdots$，$p_{AGk} \in AG_k(p_i)$ 且 $d(q, p_{AG1}) = \text{Min}DAG_1(q, p_i)$，$\cdots$，$d(q, p_{AGk}) = \text{Min}DAG_k(q, p_i)$，使得 $d(q, p_i) \leqslant d(q, p_{AG1}) \leqslant d(q, p_{AG2}) \leqslant \cdots \leqslant d(q, p_{AGk})$。再由 $\text{Min}DAG_j(q, p_i)$ 随 $j \in I_n$ 单调递增，可得对于任意的 $p \in (P - AG_1(p_i) \cup \cdots \cup AG_k(p_i) - \{p_i\})$，$d(q, p) > \text{Min}DAG_k(q, p_i)$ 成立。因此，在 $AG_1(p_i) \cup \cdots \cup AG_k(p_i) \cup \{p_i\}$ 中至少存在 $k+1$ 点 p_i，p_{AG1}，$\cdots$，p_{AGk}，使得 $d(q, p_i) \leqslant d(q, p_{AG1}) \leqslant d(q, p_{AG2}) \leqslant \cdots \leqslant d(q, p_{AGk})$ 且对任意一点 $p \in (P - AG_1(p_i) \cup \cdots \cup AG_k(p_i) - \{p_i\})$，$d(q, p) > d(q, p_{AGk})$ 成立。则对任意一点 $p \in (P - AG_1(p_i) \cup \cdots \cup AG_k(p_i) - \{p_i\})$，均不为 q 的第 $k+1$ 个最近邻。故 q 的第 $k+1$ 个最近邻必包含在 $AG_1(p_i) \cup \cdots \cup AG_k(p_i)$ 中。故命题成立。

证毕。

基于 Voronoi 图的 k 最近查询算法解析如下。

(1) 该算法能准确地查找给定查询点的 k 个最近邻。

(2) 由命题 6.23 可知，若查找给定查询点 q 的第 i 个最近邻，只需要在集合 $AG_1(p) \cup \cdots \cup AG_{i-1}(p) \cup AG_i(p)$ 中进行检索。

(3) 调用算法 VNN 查找查询点 q 的第一个最近邻 p 并加入查询结果集 K 中。

(4) 由于(2)中指出进行检索的集合，在 $AG_1(p) \cup \cdots \cup AG_{i-1}(p) \cup AG_i(p)$ 中查找 q 的第 $i+1$ 个最近邻并加入查询的结果集 K，之后执行 $i = i+1$，这里 i 的初始值设为 1。重复步骤(3)直至得到 q 的 k 个最近邻算法结束。

下面给出一个基于一阶 Voronoi 图并将 VR-Tree 作为索引结构的 kNN 查询算法。

算法 6.5　在点集 P 中查找与 q 的距离最小点

输入：数据点集 P，查询点 q；

输出：点集 P 中与 q 的距离最小的点；

procedure NN_Search(P, q)

begin

$dist$:= MAX; /* $dist$ 记录当前 q 到点集 P 中点距离的最小值，对其进行
　　　　初始化，其中 MAX 为一个足够大的正实数*/

for　$p{\in}P$　**do**
　　if　$d(p, q){\leqslant}dist$　**then**
　　　　begin
　　　　　　$dist$:=$d(p, q)$;
　　　　　　NN:=p;　　　/*NN 记录当前距离 q 最近的对象*/
　　　　end;
　　　　return(NN);
end.

算法 6.6　基于 Voronoi 图的 k 最近查询算法

　　输入：VR-Tree 结点类型数据 n，查询点 q，正整数 k;

　　输出：q 的 k 近邻集 K;

procedure kVNN(n, q, k)

begin
　　K:=$\varnothing$; C:=$\varnothing$; /*初始化*/
　　NN_q:=VNN(n, q); /*调用算法 VNN 查询 q 的最近邻*/
　　K:=$\{NN_q\}$; /*K 记录查询的结果*/
　　C:=$AG_1(NN_q)$; /*C 为当前查询候选集*/
　　for　i=1　**to**　k–1　**do**
　　　begin
　　　　K:=$K{\cup}$NN_Search(C–K, q); /*查找 q 的第 i+1 个最近邻并保存
　　　　　　　　　　　　在集合 K 中*/
　　　　C:=$C{\cup}AG_i(NN_q)$; /*更新查询候选集*/
　　　end; /*继续查询下一个最近邻*/
　　return(K); /*返回查询结果*/
end.

　　命题 6.24　算法 kVNN 是正确的、可终止的，其时间复杂度为 $O(\log n+(6^{k+1}-36)/5)$，其中 n 为数据集中元素的个数，k 为正整数。

　　证明：(正确性) 正确性就是要证明该算法能准确地查找给定查询点的 k 个最近邻。算法执行过程中，该算法 kVNN 首先调用算法 VNN 查找 q 的最近邻 NN_q 并将 NN_q 并入初始值为空的集合 K。紧接着执行一个 for 循环语句，在第 i 次循环中调用 NN_Search 子算法查找一点 $p{\in}AG_1(NN_q){\cup}\cdots{\cup}AG_i(NN_q)$–$K$ 使得对于任意的 $r{\in}AG_1(NN_q){\cup}\cdots{\cup}AG_i(NN_q)$–$K$, $d(q, p){\leqslant}d(q, r)$ 成立，并将 p 并入 K。由命题

6.23 可知，点 p 即为 q 的第 $i+1$ 个最近邻。因此，每次循环 q 的一个近邻并入 K，经过 $k-1$ 次循环，K 最终记录着 q 的 k 个最近邻。故该算法是正确的，即该算法能准确地查找给定查询点的 k 个最近邻。

(可终止性) 该算法中有以下循环结构：算法中调用算法 VNN，VNN 是一个递归过程，命题 6.20 已证明该过程是可终止的；内嵌 NN_Search 子过程的 for 循环结构，NN_Search 子过程中只有一个 for 循环结构，循环执行 i (i 为候选集中元素的个数) 次可自行结束，外层的 for 循环结构，循环执行 $k-1$ 次自行结束。故该算法是可终止的。

(时间复杂度分析) 由命题 6.20 可知，该算法调用 VNN 的时间复杂度为 $O(\log n)$。由命题 6.5 可知，在 Voronoi 图中每个生成点最多有 6 个邻接生成点，可得在 for 循环执行的过程中，第 i 次循环时 NN_Search 过程中循环执行的次数最多为 6^i 次，因此算法中 for 循环执行的时间为 $O((6^{k+1}-36)/5)$。故算法总的时间复杂度为 $O(\log n+(6^{k+1}-36)/5)$。证毕。

在算法执行的过程中，首先调用算法 VNN 查找 q 的第一个最近邻 p_1，紧接着执行一个 for 循环，每次循环对一个候选子集而不是整个数据空间进行搜索查询 q 的下一个最近邻，即第 i 次循环时在整个数据空间的一个子集 $AG_1(p_1)\cup\cdots\cup AG_{i-1}(p_1)\cup AG_i(p_1)$ 中搜索 q 的第 $i+1$ 个最近邻，在较为理想的情形下只涉及查询对象附近的某些甚至某几个对象，从而大大地缩小了查询搜索的范围而且在 VR-Tree 中 hash 表单元记录着各点的邻接生成点，因此可迅速得到查询候选集 $AG_1(p_1)\cup\cdots\cup AG_{i-1}(p_1)$。故该算法极大地提高了查询的效率。由命题 6.24 可知，该算法的时间复杂度为 $O(\log n+(6^{k+1}-36)/5)$，因此当 k 相对于整个数据集中元素的个数 n 较小时，该算法的时间复杂度趋于 $O(\log n)$，即此时算法的时间复杂度主要由调用算法 VNN 查找第一个最近邻决定。

6.4.3 基于 Voronoi 图的连续近邻查询

定义 6.16 (语义描述) 静态数据环境下移动查询点的连续近邻查询，即检索过去、现在或将来某时间段内移动查询点对应的运动轨迹 $[s, e]$ 上每一点 (即给定查询时段内的任意时刻) 在数据空间 P 中的 k 个近邻，其中 s、e 分别为查询轨迹 $[s, e]$ 的起点和终点，那么查询的结果为形如 $\langle N, I\rangle$ 的元组的集合，其中 $N\subset P$ 且 N 中元素的个数为 k，I 为 $[s, e]$ 中的一段且 I 上每一点的 k 近邻集均为 N。当 $k=1$ 时，称为连续最近邻 (CNN) 查询，其他情形称为连续 k 近邻 (kCNN) 查询。

一个基于一阶 Voronoi 图的连续最近邻查询的例子如图 6.26 所示。给定数据空间 $\{a,b,c,d,f,g,h,l\}$ 和查询轨迹 $[s, e]$ 的连续最近邻查询，查询结果为 $\{\langle a, [s, p_1]\rangle, \langle b, [p_1, p_2]\rangle, \langle c, [p_2, p_3]\rangle, \langle d, [p_3, e]\rangle\}$，即在 $[s, p_1]$ 上每一点的最近邻是 a，在 $[p_1, p_2]$ 上每一点的最近邻是 b，在 $[p_2, p_3]$ 上每一点的最近邻是 c，在 $[p_3, e]$ 上每一点的最

近邻是 d。最近邻发生改变的点分别为 p_1、p_2、p_3，这些点称为分割点。因此，实现连续最近邻查询的关键问题即找出分割点。

基于 Voronoi 图的 CNN 查询解析如下。

(1) 查询目标，即该算法能准确地在数据空间 P 中查找给定查询轨迹$[s, e]$上每点的最近邻。

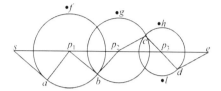

图 6.26　连续最近邻查询

(2) 根据定义 6.16 (语义描述)：静态数据环境下移动查询点的连续近邻查询，即检索过去、现在或将来某时间段内移动查询点对应的运动轨迹$[s, e]$上每一点。因此，要给定一查询轨迹$[s, e]$。

(3) 假设$[s, e]$与空间数据点集 P 生成的 Voronoi 图 $VD(P)$ 的某个 Voronoi 多边形 $V(p)$ 的边缘相交于点 a、b，并且对于$[a, b]$上除 a、b 外的任意一点均属于 $V(p)$ 且不在 $V(p)$ 的边缘上，由 Voronoi 图的性质可知，$\langle p, [a, b]\rangle$为关于查询轨迹$[s, e]$和数据空间 P 的连续最近邻查询结果中的一个元组。

(4) 为实现连续最近邻查询目标，即可以通过找出查询轨迹穿过空间数据集对应的一阶 Voronoi 图的哪些 Voronoi 多边形，求出与这些 Voronoi 多边形的边缘的交点来实现。

基于以上解析，下面给出一个基于一阶 Voronoi 图和 VR-Tree 的 CNN 查询算法。

算法 6.7　基于 Voronoi 图的 CNN 查询算法

　　输入：VR-Tree 结点类型数据 t，查询轨迹的起点 s 及终点 e;

　　输出：对于轨迹$[s, e]$的连续最近邻查询的结果集 PT;

procedure VCNN(t, s, e)

begin

　N:=VNN(t, s); /*调用算法 VNN 查找 s 所在的 Voronoi 多边形*/

　c:=s;

　PT:=$\varnothing$; /*PT 记录查询的结果,初始化为空*/

　　while　$e \notin V(N)$　**do**

　　begin

　　　for　每一个 $edge \in V(N)$　**do**

　　　　begin

　　　　if　($edge \cap [c, e] \neq \varnothing$)　**then**

　　　　　begin

　　　　　　t:=$edge \cap [c, e]$;

    if t是由c到e的路径与$V(N)$的边缘的第一个交点　**then**

     begin

     $PT:=PT\cup\langle N,[c,t]\rangle$;

      $c:=t$;

     end;

    end;

   for 每一个$p\in AG_1(N)$ **do**

    if $(V(N)\cap V(p)=edge)$ **then**

     $N:=p$;

    end;

   end;

   $PT:=PT\cup\langle N,[c,e]\rangle$;

  return(PT);

 end.

  例如，对于图 6.27 中的查询轨迹$[s,e]$及数据空间 $P=\{p_1,p_2,p_3,p_4,p_5,p_6,p_7\}$ 的连续最近邻查询，算法 VCNN 首先调用算法 VNN 得到点 s 位于 $V(p_7)$，通过判断得 s_1 为从 s 到 e 的路径与 $V(p_7)$ 的边缘的唯一一个也是第一个交点，$\langle p_7,[s,s_1]\rangle$ 为查询结果的第一个元组，由类似的方法，从 s 到 e 的路径每穿越一个 Voronoi 多边形得到查询结果集的一个元组，得到查询的结果集为 $PT=\{\langle p_7,[s,s_1]\rangle,$ $\langle p_4,[s_1,s_2]\rangle,\langle p_2,[s_2,s_3]\rangle,\langle p_3,[s_3,e]\rangle\}$，由图 6.27 及 Voronoi 图的性质可知，该结果显然是正确的。

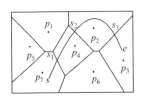

图 6.27　一个基于 Voronoi 图的连续最近邻查询的例子

  命题 6.25　算法 VCNN 是正确的、可终止的，其时间复杂度为 $O(\log n+36j)$，其中 n 为数据集 P 中元素的个数，j 为$[s,e]$被 Voronoi 多边形分割的片段的个数。

  证明：(正确性) 正确性就是要证明该算法能准确地在数据空间 P 中查找给定查询轨迹$[s,e]$上每点的最近邻。算法执行过程中，该算法首先调用算法 VNN 得到查询轨迹的起点 s 的最近邻 N，并将元组$\langle N,[s,t]\rangle$存入集合 PT，其中 t 为由 s 到 e 的路径与 $V(N)$ 的边缘的第一个交点，由定义 6.4 和性质 6.1 可知，该元组显然为查询结果集的一个元素。接着执行一个 while 循环，每次循环得到一个新的元组$\langle p_i,[a,b]\rangle$并存入集合 PT，其中 p_i 为由 s 到 e 的路径当前穿越的 Voronoi 多边形的生成点，a、b 为与该 Voronoi 多边形边缘的交点。因此，该元组为查询结果集的一个元素，PT 最终记录着查询的结果。故该算法 VCNN 是正确的。

(可终止性) 算法 VCNN 中的循环结构包括过程 VNN 和一个 while 循环。其中, 过程 VNN 是可终止的, 这在命题 6.20 中已经证明。由于给定的查询轨迹[s, e]的终点 e 必定落在与其相交的最后一个 Voronoi 多边形上, 所以 while 循环是可终止的。由命题 6.5 知, 每个生成点最多有 6 个邻接生成点, 因此 while 循环内嵌套的双重 for 循环均是可终止的, 故该算法是可终止的。

(时间复杂度分析) 该算法首先调用算法 VNN 查找 s 的最近邻, 由命题 6.20 知, 其时间复杂度为 $O(\log n)$。由命题 6.5 知, 每个生成点最多有 6 个邻接生成点, 因此 while 循环内嵌套的双重 for 循环最多执行 36 次, 外层的 while 循环对每个轨迹片段执行一次循环, 因此共执行 j 次(j 为查询轨迹被 Voronoi 多边形分割的片段的个数), 因此该算法总的时间复杂度为 $O(\log n + 36j)$。

证毕。

6.4.4　基于 Voronoi 图的 kCNN 查询

对于连续 k 近邻查询也可利用高阶 Voronoi 图, 类似算法 VNN 首先对整个数据空间构造一个 k 阶的 Voronoi 图, 然后通过检索查询轨迹穿过哪些 k 阶 Voronoi 多边形并求出与这些 k 阶 Voronoi 多边形的边缘的交点来实现。然而, 该方法需要预先设定 k 值, 对于不同 k 值的查询, 每次都要对整个数据空间构造一个 k 阶的 Voronoi 图, 特别当数据量较大时构造 k 阶的 Voronoi 图的代价是极其巨大的, 因此该方法并不现实。为了克服这一致命弱点, 本节将给出一种即时(动态)创建局部高阶 Voronoi 图的连续 k 近邻查询算法。

即时创建局部高阶 Voronoi 图的连续 k 近邻查询解析如下。

(1) 每当有查询要求时, 构造一个足以实现连续 k 近邻查询的 k 阶 Voronoi 子图。

(2) 通过检索查询轨迹穿越该 Voronoi 子图的哪些 Voronoi 多边形, 并求出与这些 Voronoi 多边形的边缘的交点, 实现连续 k 近邻查询。

(3) 该算法只需以整个数据空间的部分点, 而不是对整个数据空间构造高阶 Voronoi 图, 特别是当数据量较大且查询轨迹穿越的 Voronoi 多边形的数目较少时, 涉及的生成点的数目相对于整个数据空间微不足道。

(4) 根据(1)~(3)解析知, 即时创建高阶 Voronoi 子图实现连续 k 近邻查询是可行的, 从而实现了查询轨迹为任意曲线的连续 k 近邻查询。

该方法中的一个关键问题就是如何确定生成足以实现连续 k 近邻查询的 k 阶 Voronoi 子图的生成点集, 下面给出一个命题, 该命题为即时创建高阶 Voronoi 子图确定该生成点集提供了理论支持。

命题 6.26　假设对于给定的查询轨迹[s, e]和数据空间 P 的连续最近邻查询的结果为 $\{\langle p_1, I_1 \rangle, \langle p_2, I_2 \rangle, \cdots, \langle p_j, I_j \rangle\}$, 那么 $\forall p \in [s, e]$, p 的 k 个最近邻必含在如下点集

$$S=\bigcup_{i=1}^{j}\{p_i\}\cup AG_1(p_i)\cup AG_2(p_i)\cup\cdots\cup AG_{k-1}(p_i)$$

中。其中，$p_1, p_2, \cdots, p_j \in P$，$I_1\cup I_2\cup\cdots\cup I_{j-1}\cup I_j=[s, e]$，$j, k$ 均为正整数且 $k\geqslant 2$。

证明：若给定的查询轨迹$[s, e]$和数据空间 P 的连续最近邻查询的结果集为 $\{\langle p_1, I_1\rangle, \langle p_2, I_2\rangle, \cdots, \langle p_j, I_j\rangle\}$，则由 Voronoi 图的性质知$\forall p\in I_1$，$p\in V(p_1)$；$\forall p\in I_2$，$p\in V(p_2)$；$\cdots$；$\forall p\in I_j$，$p\in V(p_j)$。由命题 6.23 得，$\forall p\in I_i$ $(i\in\{1,2,\cdots,j\})$，p 的 $k(k\geqslant 2)$个最近邻必在集合$\{p_i\}\cup AG_1(p_i)\cup\cdots\cup AG_{k-1}(p_i)$中。因此，$\forall p\in I_1\cup I_2\cup\cdots\cup I_{j-1}\cup I_j$，$p$ 的 k 个最近邻必在集合$\{p_1\}\cup AG_1(p_1)\cup\cdots\cup AG_{k-1}(p_1)\cup\cdots\cup\{p_j\}\cup AG_1(p_j)\cup\cdots\cup AG_{k-1}(p_j)$中，且已知 $I_1\cup I_2\cup\cdots\cup I_{j-1}\cup I_j=[s, e]$，故命题成立。

证毕。

命题 6.26 给出了数据空间 P 的一个子集，它包含给定查询轨迹$[s, e]$上每一点的 k 个最近邻，因此空间中除该集合外的所有对象均与查询无关，故可通过检索给定查询轨迹$[s, e]$在以该集合为生成元生成的 k 阶 Voronoi 图中所穿越的 k 阶 Voronoi 多边形，并求出这些多边形的边缘与$[s, e]$的交点来实现给定查询该轨迹上每一点的 k 个最近邻，该连续 k 近邻查询算法的主要思想是每当有查询需求时，对于给定 k 值和查询轨迹$[s, e]$，立即构造一个由命题 6.26 确定的点集为生成元的 k 阶 Voronoi 子图来实现查询，下面给出该子算法的具体步骤。

每当有查询要求时该算法执行过程解析如下。

(1) 根据 k 值和给定的查询轨迹$[s, e]$，由命题 6.26 求出一个足以包含$[s, e]$上所有点的 k 个最近邻的集合。

(2) 调用高阶 Voronoi 图生成算法，以(1)中求得的点集为生成点创建一个 k 阶 Voronoi 图。

(3) 在(2)生成的 k 阶 Voronoi 图中，查找并记录由 s 到 e 的路径所穿越的 k 阶 Voronoi 多边形并求出与这些多边形边缘的交点，对于每个 Voronoi 多边形，将一个与该多边形对应的元组$\langle N, I\rangle$保存在查询结果集合中，其中 N 为该 Voronoi 多边形的 k 个生成点的集合，I 为位于该多边形中的查询轨迹的片段。

下面给出基于即时构建 k 阶 Voronoi 子图的连续 k 近邻查询算法，在给出该算法之前先给出一个子算法，该子算法用来计算由命题 6.26 确定的一个足以用来构建一个 k 阶 Voronoi 子图实现连续 k 近邻查询的生成点集，该子算法如下。

算法 6.8 即时构建 k 阶 Voronoi 子图生成点集算法

输入：VR-Tree 结点类型数据 t，查询轨迹的起点 s 及终点 e，k 为正整数；

输出：生成点集；

procedure Search_UP_G(t, s, e, k)

begin

  $N:=$VNN(t, s); /*调用算法 VNN 查找 s 所在的 Voronoi 多边形*/

$c:=s$;

$Bound:=\varnothing$ /*$Bound$ 记录查询的结果，初始化为空*/

while　$e\notin V(N)$　**do**

　　begin

　　for　每一个 $edge\in V(N)$　**do**

　　　　begin

　　　　if　$(edge\cap[c, e]\ne\varnothing)$　**then**

　　　　　　$t:=edge\cap[c, e]$;

　　　　　　if　(t 是由 c 到 e 的路径与 $V(N)$ 边缘的第一个交点)　**then**

　　　　　　　　begin

　　　　　　　　$Bound:=Bound\cup\{N\}\cup AG_1(N)\cup\cdots\cup AG_{k-1}(N)$;

　　　　　　　　$c:=t$;

　　　　　　　　end;

　　　　for　每一个 $p\in AG_1(N)$　**do**

　　　　　　if　$(V(N)\cap V(p)=edge)$　**then**

　　　　　　　　$N:=p$;

　　　　end;

　　end;

　　$Bound:=Bound\cup\{N\}\cup AG_1(N)\cup\cdots\cup AG_{k-1}(N)$;

return($Bound$);

　　end.

命题 6.27　算法 Search_UP_G 是正确的、可终止的，其时间复杂度为 $O(\log n+36i)$，其中 n 为 P 中元素的个数，i 为 $[s, e]$ 被 $VD(P)$ 分割成片段的个数。

证明：(正确性) 正确性就是要证明该算法能正确地计算出定理 6.26 给出的包含给定查询轨迹 $[s, e]$ 上每个点在空间 P 中的 k 个最近邻的集合。算法执行过程中，该算法首先调用算法 VNN 得到查询轨迹的起点 s 的最近邻 N 并将点集 $\{N\}\cup AG_1(N)\cup\cdots\cup AG_{k-1}(N)$ 并入集合 $Bound$，接着执行一个 while 循环，每次循环将一个集合 $\{N\}\cup AG_1(N)\cup\cdots\cup AG_{k-1}(N)$ 并入 $Bound$，其中 p_i 为由 s 到 e 的路径当前穿越的 Voronoi 多边形的生成点。因此，$Bound$ 最终记录着命题 6.26 给出的包含给定查询轨迹 $[s, e]$ 上每个点的 k 个最近邻的集合。故该算法是正确的。

(可终止性) 算法 Search_UP_G 中调用算法 VNN，其终止性在命题 6.20 中已证明。由于在一阶 Voronoi 图中每个生成点的邻接生成点及每个 Voronoi 多边形的边数均不超过 6 个，那么 while 循环内的双重 for 循环可自行结束。e 必定在某 Voronoi 多边形之中，因此 while 循环可自行结束，故该算法是可终止的。

　　(时间复杂度分析) 由命题 6.20 知, 调用算法 VNN 的时间开销为 $O(\log n)$。while 循环共执行 i 次(i 为$[s, e]$被 $VD(P)$分割成片段的个数)。Voronoi 图的每个生成点最多有 6 个邻接生成点, 故 while 循环内的双重 for 循环最多执行 36 次。因此, 该算法总的时间复杂度为 $O(\log n+36i)$。

　　证毕。

　　算法 6.9　基于即时构建造 k 阶 Voronoi 子图的连续 k 近邻查询算法

　　　输入: VR-Tree 结点类型数据 t, 查询轨迹的起点 s 及终点 e, 正整数 k;

　　　输出: 对于轨迹$[s, e]$的连续 k 近邻查询的结果集 PT;

procedure $k\text{VCNN}(t, s, e, k)$

begin

　　$PT:=\varnothing$ /* PT 记录查询的结果, 初始化为空*/

　　$S:=\text{Search\_UP\_G}(t, s, e, k)$; /*求出由命题 6.26 给出的用来生成 k 阶
　　　　　　　　　　　　　Voronoi 子图的集合*/

　　$VD_k(S):=\text{Creat\_}k\text{Voronoi}(S, k)$;

　　for　每一个 $V_k \in VD_k(S)$　**do**　/*V_k 为 k 阶 Voronoi 多边形*/

　　　　begin

　　　　　if　$s \in V_k$　**then**

　　　　　$N:=V_k$ 的生成元;

　　　　　$c:=s$;

　　　　end; /*确定 s 落在 $VD_k(S)$的哪个 Voronoi 多边形*/

　　　while　$e \notin V_k(N)$　**do**

　　　begin

　　　　　for　每一个 $edge \in V_k(N)$　**do**

　　　　　begin

　　　　　　if　$(edge \cap [c, e] \neq \varnothing)$　**then**

　　　　　　　begin

　　　　　　　　$t:=edge \cap [c, e]$;

　　　　　　　if　t 是由 c 到 e 的路径与 $V_k(N)$的边缘的第一个交点　**then**

　　　　　　　　　begin

　　　　　　　　　$PT:=PT \cup \langle N, [c, t] \rangle$;

　　　　　　　　　 $c:=t$;

　　　　　　　　　end;

　　　　　end;

> **for**　每一个 $K \in AG(N)$　**do** /* $AG(N)$ 为所有与 $V_k(N)$ 有公共
> 　　　　　　　　　　　　边的 k 阶 Voronoi 多边形生成元的集合*/
> 　　**if**　$(V(N) \cap V(K)=edge)$　**then**
> 　　　　　$N:=K$;
> 　**end**;
> **end**; /*继续计算查询结果的下一个元组*/
> $PT:=PT \cup \langle N, [c, e] \rangle$;
> **return**(PT);
> **end.**

命题 6.28　算法 kVCNN 是正确的、可终止的，其时间复杂度为 $O(\log n + 36m + 36lk^4 + h\log h + hk^2)$，其中 n 为数据集 P 中元素的个数，m、l 分别为 $[s, e]$ 被 $VD(P)$ 和 $VD_k(S)$(S 为由命题 6.26 确定的生成点集)分割成的片段的个数，h 为 S 中元素的个数。

证明：(正确性) 正确性就是要证明该算法能准确地在数据空间 P 中查找给定查询轨迹 $[s, e]$ 上每点的 k 个最近邻。算法执行过程中，首先调用算法 Search_UP_G 求得一个包含查询轨迹 $[s, e]$ 上每个点的 k 个最近邻的集合 S，那么对于 $P-S$ 中的任意一点均不为 $[s, e]$ 上任意一点 k 个最近邻。因此，通过查找由 s 到 e 的路径在 $VD_k(S)$ 中所穿越的 k 阶 Voronoi 多边形，并且对每个多边形记录 $[s, e]$ 包含在该多边形内的片段及该多边形的生成元，可实现轨迹 $[s, e]$ 的连续 k 近邻查询，该算法通过一个 while 循环实现了以上过程。每次循环找出由 s 到 e 的路径在 $VD_k(S)$ 中穿越的 Voronoi 多边形 $V_k(N)$，并将一个形如 $\langle N, [c, t] \rangle$ 的元组并入集合 PT。其中，N 是 k 个点的集合，是 $V_k(N)$ 的生成元 $[c, t]$ 为 $[s, e]$ 包含在 $V_k(N)$ 中的一段，由 k 阶 Voronoi 的性质知，$\langle N, [c, t] \rangle$ 为查询结果中的一个元组。因此，PT 最终记录着查询的结果，故该算法是正确的。

(可终止性) 该算法调用算法 Search_UP_G 及算法 kVNN，由命题 6.27 及命题 6.24 知，它们均是可终止的。接着执行一个 for 循环，由于 $VD_k(S)$ 中 Voronoi 多边形的数目是固定的，该循环是可终止的。余下的部分仅存的一个循环结构为 while 循环。对于每个 k 阶的 Voronoi 多边形，它的边数是有限的。因此，while 循环内的双重 for 循环均是可终止的。对于查询轨迹的终点 e，e 显然是空间中的一点且 $VD_k(S)$ 是对空间的一个几何划分，因此 e 必包含在 $VD_k(S)$ 的某个 k 阶 Voronoi 多边形中，故 while 循环也是可终止的。因此，该算法是可终止的。

(时间复杂度分析) 该算法首先调用算法 Search_UP_G 求集合预构造的 k 阶 Voronoi 子图的生成点集 S，若 $[s, e]$ 被 $VD(P)$ 的 Voronoi 多边形分割成的片段的个数为 m，则由命题 6.27 知，该过程的时间开销为 $O(\log n + 36m)$。接着该算法以 S 为生成点集构造 k 阶 Voronoi 图，若 S 中元素的个数为 h，则建图的时间开销为

$O(h\log h+hk^2)$。然后，for 循环共执行 h/k 次，通常其时间开销可忽略，若 $[s, e]$ 被 $VD_k(S)$ 的 Voronoi 多边形分割成的片段的个数为 l，则 while 循环执行 l 次，可得 k 阶 Voronoi 多边形的边数最多为 $6k^2$ 个，因此 while 循环内的 for 循环最多执行 $36k^4$ 次，故该算法总的时间复杂度为 $O(\log n+36m+36lk^4+h\log h+hk^2)$。

证毕。

该算法利用 Voronoi 的性质过滤掉大量与查询无关的对象，每次查询时以过滤后仅涉及某些特定点的数据集而不是以整个数据空间为生成点构造一个足以实现查询的 k 阶 Voronoi 子图，有效地实现了查询轨迹为任意曲线的连续 k 近邻查询。

6.4.5　基于 Delaunay 三角网的反向最近邻查询

与 Voronoi 图相伴生的图形是 Delaunay 三角网，是 Delaunay 三角网的对偶图。空间数据库、时空数据库和移动数据库中的最近邻查询是和反向最近邻查询对偶的。各种最近邻查询使用 Voronoi 图这种数据结构模型进行处理和解决，体现了很大的优越性。那么，用类推方式可以想象对于最近邻查询的对偶反向最近邻，是否可以使用 Voronoi 图的对偶 Delaunay 三角网来处理和解决问题。这是因为在算法设计中选择好数据结构是非常重要的，选择了数据结构，算法才能随之确定。算法与数据的结构密切相关，算法的设计要以具体的数据结构为基础，数据结构直接关系到算法的选择和效率。运算是由计算机来完成，这就要设计相应的插入、删除和修改的算法，这些数据类型的各种运算算法都要由数据结构来定义。因为不同的数据结构模型可能使算法的复杂度不同。

必须明确算法思想中所需要且已被证明为正确的相应的结构模型的相关理论，如公理、规则、定理、引理、推论、性质和子算法等。因为它们不仅对算法思想和正确性提供支持，还对复杂性分析提供支持和帮助。

如果能处理和解决反向最近邻问题，必须对算法可终止性、复杂性分析方法解析，以确定算法的优劣。

下面讨论一种基于 Delaunay 三角网的反向最近邻查询算法，该算法将记录着 Delaunay 三角网增量生成过程的 Delaunay-Tree 作为查询的索引结构，每当有查询需求时将查询点动态地插入该索引结构，进而利用 Delaunay 三角网的性质将查询搜索的范围进行限定。Delaunay-Tree 不仅有效地存储 Delaunay 三角网，而且易于实现数据点插入和删除时 Delaunay 三角网的维护。因此，该算法不仅能有效地实现反向近邻查询而且宜于动态地插入或删除对象时的反向近邻查询。基于 Voronoi 图的近邻及反向最近邻查询算法只适用于静态数据。

1) Delaunay-Tree

为了有效地利用 Delaunay 三角网实现反向最近邻查询，作为查询的索引结构，该索引结构是基于 Delaunay 三角网增量生成过程的一个有向无环图，它记录着 Delaunay 三角网的增量生成过程，Delaunay-Tree 中每个结点对应着生成过程中的一个三角形，其中根结点对应着包含数据集中所有点的初始三角形。每当插入新的点 p 时，将该点所在的 $\triangle abc$ 分成三个新的子三角形即 $\triangle pab$、$\triangle pbc$ 和 $\triangle pac$，在 Delaunay-Tree 中这三个三角形对应的结点为 $\triangle abc$ 的子结点。每当进行换边操作时，生成的两个新的三角形对应的结点为换边操作前两个三角形对应结点的子结点。Delaunay-Tree 中每个叶子结点对应着最终生成的 Delaunay 三角网的一个三角形。

由以上论述下面给出 Delaunay-Tree 的形式化定义。

定义 6.17　Delaunay-Tree 的形式化定义。

(1) Delaunay-Tree 中每个结点只包含一个索引项。Delaunay-Tree 中非叶结点的结构如下：

$$(\text{Triangle}, child_1, child_2, child_3)$$

其中，Triangle 为该结点所存储的三角形；$child_1$、$child_2$、$child_3$ 为指向该结点的子结点的指针，这三个指针可能有一个为空。

(2) Delaunay-Tree 中叶子结点的结构如下：

$$(\text{Triangle}, V)$$

其中，Triangle 为该结点所存储的三角形；V 为该三角形三个顶点的集合。

Delaunay-Tree 具有如下性质。

① 每个非叶结点至少有两个子结点，至多有三个子结点。

② Delaunay-Tree 最多有 $9n+1$ 个结点，n 为数据集中元素的个数。

③ Delaunay-Tree 中所有叶子结点对应的三角形形成的三角网是数据集上的 Delaunay 三角网。

图 6.28 给出了一个 Delaunay-Tree 及其创建过程的例子。

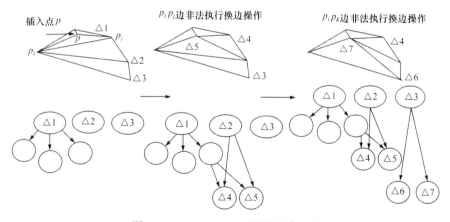

图 6.28　Delaunay-Tree 及其创建过程

2) 基于 Delaunay 三角网的反向最近邻查询算法

命题 6.29　设 T 为点集 $P=\{p_1, \cdots, p_n\} \subset \mathbf{R}^2$ 上的 Delaunay 三角网，那么对于任意一点 $p_i \in P$，如果它的反向最近邻存在，那么必在其邻接顶点集中，即在集合 $\{p_j | p_ip_j$ 为 T 的边$\}$ 中。

证明：假设存在一点 $p \notin \{p_j | p_ip_j$ 为 T 的边$\}$ 为 p_i 的反向最近邻，即 p_i 的最近邻为 p。由命题 6.15 知，p_i 的最近邻必在集合 $\{p_j | p_ip_j$ 为 T 的边$\}$ 中，这与假设矛盾，故假设错误，原命题成立。

证毕。

由命题 6.29 知，对于 Delaunay 三角网中的任意顶点 p，如果它的反向最近邻存在，那么必在与其有边直接相连的顶点的集合中，由命题 6.16 知，该集合中元素的个数不超过 6 个。因此，对于给定查询点的反向最近邻查询，可以首先构造一个整个数据空间上的 Delaunay 三角网。每当有查询需求时，将该查询点插入整个数据空间上的 Delaunay 三角网得到一个新的 Delaunay 三角网。那么，只需要在该三角网中找出与查询点有边直接相连的所有顶点，并对这些顶点逐个进行检验，找出那些以查询点为最近邻的点，便可实现反向最近邻查询。该方法只需要在不超过 6 个点的候选集中搜索查询点的反向最近邻，极大地缩小了查询搜索的范围。

如何有效地存储数据集上的 Delaunay 三角网及高效地对其进行动态的插入和删除是上述方法需要解决的关键问题。Delaunay-Tree 能够有效地存储 Delaunay 三角网并且在动态地插入和删除时易于对 Delaunay 三角网进行更新和维护。

(1) 基于以上分析给出一种基于 Delaunay 三角网的反向最近邻查询算法，该算法把 Delaunay-Tree 作为查询的索引结构，首先创建一个数据集上的 Delaunay-Tree。

(2) 每当有查询需求时，对该索引结构进行类似图 6.28 的操作，将查询点插入 Delaunay-Tree 中。

(3) 通过子算法 Adjacent 使用遍历 Delaunay-Tree 查找点 q 的邻接顶点集，得到由命题 6.28 确定的查询点的反向最近邻候选集，再通过查找点集 P 中与 q 的距离最小点的 MIN_Sea 子算法遍历 Delaunay-Tree，找出那些以该查询点为所存储三角形的一个顶点的叶子结点得到。

下面首先给出求 Delaunay 三角网中任意一点 p 的邻接顶点的子算法。

算法 6.10　求 Delaunay 三角网中任意一点 p 的邻接顶点的子算法

输入：点 q，Delaunay-Tree 结点类型 n；

输出：点 q 的邻接顶点集；

procedure Adjacent(q, n)

```
begin
    T:=n;
    C:=∅;
    begin
        for  每一个  child ∈T  do
            if  q∈child. Triangle   then
            begin
                if  child 为叶子结点   then
                    C:=C∪child.V-{q};
                else
                    T:=child;
            end;
    end;
    while  T 为非叶结点   do
  return(C);
end.
```

命题 6.30　算法 Adjacent 是正确的、可终止的, 其时间复杂度为常数级。

证明: (正确性) 正确性就是要证明该算法能正确地求出 Delaunay 三角网中任意一点 p 的所有邻接顶点。算法执行过程中, 对于任意一顶点 p, 以点 p 插入前 Delaunay-Tree 中包含 p 的叶子结点为根结点的子树的叶子对应的三角形不包含点 p 的顶点的集合即为 p 的邻接顶点。该算法通过嵌套条件语句的 while 循环实现了对 Delaunay-Tree 进行遍历, 每当遇到包含点 p 的叶子结点时, 将该结点对应的三角形的另外两个顶点存入 C, 算法结束, C 记录着点 p 的所有邻接顶点, 故该算法是正确的。

(可终止性) 由命题 6.16 知, 对于任意一顶点 p, 必为 Delaunay-Tree 的不多于 6 个叶子结点对应的三角形的顶点, 且 Delaunay-Tree 中结点的数目是固定的, 因此该算法中的循环可自行结束, 故该算法是可终止的。

(时间复杂度分析) 由推论 6.10 可得到在 Delaunay-Tree 中以点 p 插入前 Delaunay-Tree 中包含 p 的叶子结点为根结点的子树最多有 9 个结点, 因此算法中的循环结构最多执行 9 次, 故该算法的时间复杂度为常数级。

证毕。

算法 6.11　在点集 P 中查找与 q 距离最小的点的子算法

输入: 数据点集 P, 查询点 q;

输出: 点集 P 中与 q 距离最小的点;

procedure MIN_Sea(P, q)

begin

    $dist$:=MAX;　/*MAX 为一个足够大的正实数*/

  for　$p \in P$　**do**

    if　$d(p, q) \leqslant dist$　**then**

      begin

        $dist$:=$d(p, q)$;

        NN:=p; /*NN 记录当前距离 q 最近的对象*/

      end;

    return(NN);

end.

下面给出基于 Delaunay 三角网的反向最近邻查询算法。

算法 6.12　基于 Delaunay 三角网的反向最近邻查询算法

    输入： 查询点 q，Delaunay-Tree 结点类型 n；

    输出： q 的反向最近邻；

    procedure D_RNN(q, n)

      begin

        call Insert(q, n); /*将查询点 q 插入 Delaunay-Tree 中*/

        C:=$\varnothing$;

        S:= **call** Adjacent(q, n); /*求得查询候选集合*/

        for　$s \in S$　**do** /*对候选集合中的点逐个进行检验，找出以 q 为最

                    近邻的点*/

        begin

          K:= **call** Adjacent(s, n);

          NN:= **call** MIN_Sea(K, q);

          if　q=NN　**then**　　　/*判断点 s 是否以 q 为最近邻*/

            C:=$C \cup \{s\}$;

        end;

        return(C);

        call Delete(q, n);　/*将查询点 q 从 Delaunay-Tree 中删除*/

    end.

命题 6.31　算法 D_RNN 是正确的、可终止的，其时间复杂度为 $O(\log n)$，其中 n 为数据集中元素的个数。

证明：(正确性) 正确性就是要证明该算法能正确地求出给定查询点的反向最

近邻。算法执行过程中，该算法首先调用算法 Insert 将查询点 q 插入数据集对应的 Delaunay-Tree 中，再调用算法 Adjacent 得到点 q 的邻接顶点集并赋给 S。由命题 6.27 知，q 的反向最近邻若存在必在 S 中。该算法对 S 中的每个点执行一个 for 循环，调用子算法 MIN_Sea 在 s 的邻接顶点集中找到距离 s 最小的点，由命题 6.15 知，该点即为 s 的最近邻并通过 if 语句进行判断，若 s 的最近邻为点 q 即 s 为 q 的反向最近邻，则将点 s 并入集合 C，循环结束时集合 C 记录着 q 所有的反向最近邻，故该算法 D_RNN 是正确的。

(可终止性) 算法 D_RNN 中调用子算法 Adjacent，其可终止性在命题 6.30 中已经证明，剩余的部分只有一个 for 循环结构，由于 Delaunay 三角网中任意一顶点的邻接顶点集中最多包含 6 个点，所以该循环及循环体中调用子算法 MIN_Sea 的过程均可自行终止，故该算法是可终止的。

(时间复杂度分析) 该算法首先调用子算法 Insert 将点 q 插入 Delaunay-Tree 中，该过程的时间消耗为 $O(\log n)$。由命题 6.30 知，算法 Adjacent 的时间复杂度为常数级。由命题 6.5 得，执行 for 循环时算法 Adjacent 和算法 MIN_Sea 最多调用 6 次且 MIN_Sea 中唯一的 for 循环最多执行 6 次，故该算法中执行 for 循环的时间复杂度为常数级，因此该算法总的时间复杂度为 $O(\log n)$。

证毕。

该算法的时间复杂度主要取决于在 Delaunay-Tree 中查找包含查询点 q 的叶子结点并对该索引结构进行更新的过程。

该算法并不是单纯地将整个数据空间上 Delaunay 三角网封装好作为查询的工具而是基于其生成过程，利用增量生成 Delaunay 三角网的历史信息，快捷地将查询点插入 Delaunay-Tree 中作为 Delaunay 三角网的一个顶点，进而利用 Delaunay 三角网中顶点与其邻接顶点之间的关系确定查询候选集，并对该集合中的点逐个进行筛选得到查询的结果。查询结束后执行 Delete 操作将 Delaunay-Tree 中恢复到查询前以便下一次查询，其时间复杂度为 $O(\log n)$ 级。

该算法宜于解决动态反向最近邻查询。Delaunay-Tree 作为 Delaunay 三角网的存储结构，数据插入或删除时 Delaunay 三角网的拓扑维护很容易实现。当数据插入时，对当前的 Delaunay-Tree 执行 Insert 操作，只需对该数据结构进行局部极小范围的更新，其时间复杂度为 $O(\log n)$ 级；当数据删除时，只需对当前的 Delaunay-Tree 执行 Delete 操作，该操作的时间复杂度为 $O(\log n)$ 级。这样，数据库中总是保存着当前数据集的 Delaunay 三角网，每当有查询需求时执行 D_RNN 算法即可。因此，把 Delaunay-Tree 作为查询的索引结构能有效解决数据插入或删除时给定查询点的反向近邻查询。基于 Delaunay 三角网的动态反向最近邻查询的具体流程如图 6.29 所示。

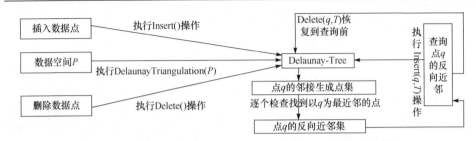

图 6.29　插入或删除基于 Delaunay 三角网的反向最近邻查询流程图

相关内容可参见《基于 Delaunay 图的反向最近邻查询的研究》、《不确定性对象的反向最近邻查询》、《移动查询点的最近邻查询方法研究》、《基于 Voronoi 图的反向最近邻查询方法研究》和《移动对象的动态反向最近邻查询技术》等文献。

6.4.6　基于 Voronoi 图的线段反向最近邻查询

有关反向最近邻查询主要集中在点对象的研究上，然而有些空间对象无法抽象为点，如河流、道路等，为此将这些空间对象抽象为平面线段。给定一个线段集，根据查询线段是否与线段集相交可分成两种情况，如果查询线段与线段集中的某线段相交，则相交的线段即为查询线段的反向最近邻；如果查询线段与线段集不相交，还要判断线段集中的线段是否相交，如果有相交的线段，则相交的线段不可能成为查询线段的反向最近邻，可以从线段集中删去，线段集中剩余线段都为不相交的线段且与查询线段也不相交，借助不相交线段的 Voronoi 图，求出线段的反向最近邻。

1. 线段 Voronoi 图的定义和性质

定义 6.18 (线段 Voronoi 图)　给定一组互不相交的生成线段 $L=\{l_1,\cdots,l_n\}$，每一线段的两个端点已知，其中 $2 < n < \infty$，且当 $i \neq j$ 时 $l_i \neq l_j$，$i, j \in I_n = \{1,\cdots,n\}$。线段 Voronoi 图将平面分成若干个相连 Voronoi 区域。每个 Voronoi 区域由以下公式给出：$VL(l_i) = \{p | d(p, l_i) \leqslant d(p, l_j)\}$，其中，$j \neq I, j \in I_n$，$d(p, l_i)$ 为 p 与线段 l_i 之间的最小距离。由 l_i 所决定的区域称为 Voronoi 多边形。而由 $VL(L)=\{VL(l_1),\cdots,VL(l_n)\}$ 所定义的图称为线段 Voronoi 图。图 6.30 给出了 10 条线段 $A \sim J$ 的线段 Voronoi 图。

根据 Voronoi 图定义及性质命题和线段 Voronoi 图定义类推可得如下性质。

性质 6.3　一个线段 Voronoi 图的每条棱是由直线段和抛物线段组成的，每条棱最多由 7 个部分组成。

性质 6.4　最近邻近特性生成线段 l_i 的最近邻在 l_i 的邻接生成线段之中。

性质 6.5　令 n_v 和 n_e 分别为生成线段和 Voronoi 棱的数量，则 $n_e \leqslant 3n_v - 6$。

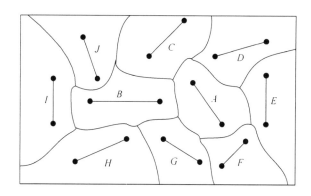

图 6.30　线段 Voronoi 图

性质 6.6　每个 Voronoi 棱由两个 Voronoi 多边形共享，而每个 Voronoi 多边形的 Voronoi 棱的平均个数最多是 6。因此，每个生成线段最多有 6 个邻接的生成线段。

定义 6.19(k 级邻接生成线段)　给定一组生成线段 $L=\{l_1,\cdots,l_n\}$ 生成的 Voronoi 图。l_i 的 k 级邻接生成线段定义如下：

$$AG_k(l_i)=\{l_j|VL(l) \text{ 和 } VL(l_j) \text{ 有公共边}\}, \quad l\in AG_{k-1}(l_i)\}$$

2. 基于线段的反向最近邻

定义 6.20(线段间最近距离)　已知线段 L 和线段 K，点 l, l_i, $l_j\in L$，点 k, k_i, $k_j\in K$，$dist(l,k)$ 表示点 l 到点 k 的距离，设线段 L 与线段 K 的最近距离为 $dist(L,K)$，则 $dist(L,K)=\{dist(l_i,k_i), dist(l_i,k_i)\leqslant dist(l_j,k_j)\}$。

由定义可知，$dist(L,K)=dist(K,L)$。若两条线段相交，则它们的最近距离为 0。

定义 6.21(线段最近邻查询(简记为 LNN))　已知线段 L 和线段集 H_s，线段 H_i, $H_j\in H_s$，则 $LNN(L)=\{H_i|dist(L,H_i)\leqslant dist(L,H_j)\}$。

定义 6.22(线段反向最近邻查询(简记为 LRNN))　已知线段 L 和线段集 H_s，线段 H_i, $H_j\in H_s$，则线段集中的 LRNN 查询就是找出 H_s 的子集 $LRNN(L)$，即 $LRNN(L)=\{H_i\in H_s|\forall H_j\in H_s: dist(L,H_i)\leqslant dist(H_i,H_j)\}$。

根据查询线段与线段集是否相交可分为两种情况：查询线段与线段集中的某些线段相交、查询线段与线段集中任意线段不相交。

命题 6.32　已知查询线段 L 和线段集 H_s，线段 $H_i\in H_s$。若线段 L 与线段 H_i 相交，则线段 H_i 为查询线段 L 的反向最近邻。

证明：因为线段 L 与线段 H_i 相交，可得线段 L 与线段 H_i 之间的最近距离为 0，所以线段 L 是线段 H_i 的最近邻，即线段 H_i 为查询线段 L 的反向最近邻。

证毕。

如果查询线段与线段集中任意线段不相交，则根据线段集中线段是否相交分成两种情况：线段集中线段相交、线段集中线段不相交。

命题 6.33　已知查询线段 L 和线段集 H_s，线段 L 和线段集 H_s 中的任意线段不相交，线段 $H_i, H_j \in H_s$。若线段 H_i、H_j 相交，则线段 H_i、H_j 不可能为查询线段 L 的反向最近邻。

证明：因为线段 H_i、H_j 相交，可得线段 H_i、H_j 之间的最近距离为 0，H_i、H_j 互为最近邻，而线段 L 和线段集 H_s 中的任意线段不相交，则线段 L 和线段 H_i、H_j 也不相交，所以线段 L 不可能是线段 H_i、H_j 的最近邻，即线段 H_i、H_j 不可能为查询线段 L 的反向最近邻。

证毕。

不相交的情况最为复杂，查询线段与线段集不相交，且线段集中的线段也互不相交，利用线段的 Voronoi 图及其优良特性来计算查询线段的反向最近邻，本节主要研究这种情况。

命题 6.34　查询线段 L 若有反向最近邻，则反向最近邻必在线段 L 的二级 Voronoi 邻接生成线段中。

证明：(反证法) 假设线段 L 有反向最近邻，且不在 L 的二级邻接生成线段中，这里假设 L 的反向最近邻在三级邻接生成线段中，不失一般性，设为线段 K。而由线段 Voronoi 图性质 6.4 可知，线段 K 的最近邻一定在 K 的二级邻接生成线段中，而 L 为 K 的三级邻接生成线段，所以 L 一定不是 K 的最近邻，这与假设 K 是 L 的反向最近邻矛盾。

证毕。

3. 线段的查询区域

定义 6.23 (线段的查询区域(简记为 QA_L))　已知查询线段 L 和线段集 H_s，线段 $H_i \in H_s$，则线段 H_i 关于查询线段 L 的查询区域定义为距离线段 H_i 上所有点的距离小于或等于 L 与 H_i 的最近距离的点的集合，即 $QA_L(H_i) = (p|dist(p, H_i) \leqslant dist(H_i, L))$。如图 6.31 中的阴影区域为线段 B 关于线段 A 的查询区域。

命题 6.35　给定一个生成线段集 S 生成的 Voronoi 图。线段 $L \in S$，设线段 L 的二级邻接生成线段集为 H_s，线段 $H_i \in H_s$，线段 H_i 的二级邻接生成线段集为 H_t，如果 $QA_L(H_i)$ 不与 H_t 中的线段相交，则线段 H_i 是线段 L 的反向最近邻。

证明：假设线段 H_i 到线段 L 的最小距离为 d，由 $QA_L(H_i)$ 的定义可知，$QA_L(H_i)$ 内的点到线段 H_i 的距离小于 d，即只有线段上的点落入 $QA_L(H_i)$ 内，此线段才可能成为线段 H_i 的最近邻，如果 $QA_L(H_i)$ 不与任何其他线段相交，则说明 L 是 H_i 的最近邻，即线段 H_i 是线段 L 的反向最近邻。由命题 6.32 可知，线段 L 的反向

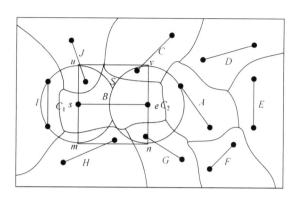

图 6.31　线段查询区域

最近邻在 H_s 中，所以只需判定 H_s 中的线段关于 L 的查询区域是否与其他线段相交即可。而下面的问题是证明能与 $QA_L(H_i)$ 相交的线段只能在 H_i 的二级邻接生成线段集 H_t 中，这样可免去不必要的线段的判定。由线段 Voronoi 图的性质 6.4 可知，H_i 的最近邻只能在 H_i 的二级邻接生成线段中，所以只有 H_i 的二级邻接生成线段集中的线段可能与 $QA_L(H_i)$ 相交，所以只需判定 $QA_L(H_i)$ 是否与 H_t 中的线段相交即可。

证毕。

4. 判断线段与查询区域相交的方法

在图 6.31 中，假设线段 B 和 C 的两个端点分别是 s、e 和 a、b，将线段的两个端点按 x 值升序排序，x 值相同的按 y 值升序排序，这样把线段的第一个端点设为 s 点，另一个端点设为 e 点。s、e 的坐标分别为 $(s.x, s.y)$、$(e.y, e.y)$。假设 $dist(A, B)=d$，则线段 B 关于某线段 A 的查询区域 $QA_A(B)$ 由三个部分组成：一个矩形(S)和两个半圆(C_1 和 C_2)。判断线段 C 是否与查询区域 $QA_A(B)$ 相交转化为判断线段 C 是否与 S、C_1、C_2 相交。下面分两种情况。

(1) 线段 B 是水平的。判断线段 C 是否与 S 相交的方法：如果 C 的两个端点至少有一个落入 S 中，则 C 与 S 相交。如果 C 的两个端点都不在 S 中，则判断 C 是否与 S 的四条边相交，如果 C 与其中一条边相交，则 C 与 S 相交，否则不相交。因此，问题转化为判断端点落入 S 中的问题和判断两条线段是否相交的问题。

判断线段 C 是否与 C_1 和 C_2 相交的方法：计算 B 的两个端点 s、e 到线段 C 的最近距离，如果此距离小于 d，则线段 C 与 C_1 和 C_2 相交，否则相交。

(2) 线段 B 的方向是任意的。利用坐标变换，变换后线段相对于新的坐标轴是水平的，后面的讨论同第一种情况。

5. Voronoi 图的线段反向最近邻查询算法

算法 6.13　基于 Voronoi 图的线段反向最近邻查询

　　输入：线段集 $L=\{l_1,l_2,\cdots,l_n\}$，查询线段 Q;

　　输出：线段 Q 的反向最近邻(Q, R);

　　procedure V_L_NN(L, Q)

　　begin

　　　　$R:=\varnothing$;

　　　　$H:=\varnothing$;

　　　　$E:=\varnothing$; /*R 为当前反向最近邻集, H 是线段 Q 的二级邻接生成线段

　　　　　　　集，E 是 H 中线段的二级邻接生成线段集*/

　　　　for　$l_i \in L$　**do**

　　　　　　if　intersect(l_i, Q)　**then**

　　　　　　　　$R:=R \cup \{l_i\}$;

　　　　　　　　return(Q, R);

　　　　　　　　if　$L \cap Q=\varnothing$　**then**

　　　　　　　　　　begin

　　　　　　　　　　$F:=$求出线段集交点;

　　　　　　　　　　$L:=L-F$;

　　　　　　　　　　生成 $L \cup Q$ 的线段 Voronoi 图,将线段及其二级邻接生成

　　　　　　　　　　线段存储在 Table 表中;

　　　　　　　　　　定位包含线段 Q 的 Voronoi 区域;

　　　　　　　　　　在 Table 表中查找线段 Q 的二级 Voronoi 生成线段集

　　　　　　　　　　$\{l_k,\cdots,l_m\}$;

　　　　　　　　　　$H:=\{l_k,\cdots,l_m\}$;

　　　　　　　　　　end;

　　　　　for　$l_j \in H$　**do**

　　　　　　　begin

　　　　　　　计算 l_j 的查询区域 $QA_Q(l_j)$;

　　　　　　　在 Table 表中查找线段 l_j 的二级 Voronoi 生成线段集$\{l_u,\cdots,l_v\}$;

　　　　　　　$E_j:=\{l_u,\cdots,l_v\}$;

　　　　　　　end;

　　　　　if　$QA_Q(l_j) \cap E_j=$true　**then**

　　　　　　　$R:=l_j$;

else

　　　　$U:=l_j;$ /*将线段 l_j 加入非反向最近邻集*/

　　return$(Q, R);$

　end.

　命题 6.36　算法 V_L_NN 是正确的、可终止的，其时间复杂度为 $O(n\log n)$，其中 n 为线段个数。

　证明: (正确性) 正确性就是要证明该算法能正确地求出查询线段 Q 的反向最近邻。算法执行过程中，当存在线段与查询线段相交时，输出线段的反向最近邻，故正确；当线段与查询线段不相交时，在生成所有线段 Voronoi 图后，计算每个查询线段 Q 的二级生成线段的查询区域，由命题 6.34 和命题 6.35 可知，算法可正确得到查询线段 Q 的反向最近邻。

　(可终止性) 如果查询线段不存在反向最近邻，则算法 V_L_NN 输出空集，当存在反向最近邻时，算法可给出正确结果。算法中的循环是针对查询线段的二级生成线段的，由线段 Voronoi 图的性质 6.6 可知，邻接生成线段最多为 6 条，而判断与查询区域相交的线段个数也是 6 条，所以循环是可以终止的。

　(时间复杂度分析) 计算线段 Voronoi 图与计算线段集中的相交线段的时间复杂度都为 $O(n\log n)$，在查询表中找到查询线段的时间复杂度为 $O(\log n)$，计算某条线段的查询区域和判断查询区域是否与线段相交的时间复杂度均为 $O(1)$，所以算法 V_L_NN 的时间复杂度为 $O(n\log n)$。

　证毕。

　相关内容可参见《空间数据库平面线段近邻查询问题研究》和《时空数据库新理论》等文献。

6.5　移动对象 Voronoi 图的维护机制与策略

　前面已经指出，基于 Voronoi 图的近邻及反向最近邻查询算法只适用于静态数据。将这些算法扩展到移动环境下，实现移动环境下基于 Voronoi 图的最近邻查询，首先要解决随时间不断改变的移动点 Voronoi 图的拓扑结构维护问题。为此，本章在深入研究 Delaunay 三角网增量生成过程的基础上，构建了一套完整的移动点 Voronoi 图拓扑维护体系并给出了具体实现策略，同时对这些具体实现策略的正确性进行了证明。

6.5.1　移动对象 Voronoi 图随时间的变化过程

　Voronoi 图是一种很重要的近邻查询工具，如果要把它应用于移动环境下的近邻查询, 必须要解决随着时间不断变化的移动点 Voronoi 图的拓扑结构维护问题。为此, 必须要对移动点 Voronoi 图的变化过程进行分析: 从 $t=0$ 开始, Voronoi 图的改变仅限于 Voronoi 点的位置及 Voronoi 边的长短发生变化, 而 Voronoi 图的拓扑结构仍然保持不变。在这个过程中它的对偶图 Delaunay 图的拓扑结构也不发生变化。在一个足够长的时间后, 将出现 Voronoi 边的消失和新的 Voronoi 边的产生, 从而导致 Voronoi 图拓扑结构的改变, 那么其对偶图 Delaunay 图的拓扑结构也将发生相应的改变。在此之后, 一段足够长的时间内 Voronoi 图及其对偶图 Delaunay 图的拓扑结构保持不变直到下一个拓扑事件到来。因此, 在整个运动过程中 Voronoi 图及其对偶图只发生两种类型的改变: 第一种类型, 形状不断改变, 但其拓扑结构不发生改变; 第二种类型, 拓扑结构发生改变。移动点 Voronoi 图及其对偶图无时无刻不经历着由拓扑保持到拓扑改变这一循环运动往复的过程。

6.5.2 移动对象 Voronoi 图的维护机制

通过对移动对象 Voronoi 图的变化过程分析可知, 移动对象 Voronoi 图随时间变化的过程是由形变到拓扑改变循环交替的过程。对于形变过程中的 Voronoi 图的维护, 可通过移动对象数据结构的相关属性提供的初始位置及速度等信息计算出形变过程中不同时刻的 Voronoi 图。对于拓扑改变需要设计相应的拓扑维护机制来实现。

由移动对象 Voronoi 图随时间变化的过程可知, 在其对应的 Delaunay 三角网中具有公共边的两个三角形中的一个三角形的非公共顶点进入另一个三角形的外接圆是导致拓扑结构发生改变的直接原因, 称以上过程为一个拓扑事件。下面给出其形式化定义。

定义 6.24 (拓扑事件) 已知 $T(P(t))$ 为移动点集 $P=\{p_1,\cdots,p_n\} \subset \mathbf{R}^2$ 上的 Delaunay 三角网, 在 $T(P(t))$ 中对于任意有公共边 bc 的两个三角形 $\triangle abc$ 和 $\triangle bcd$, 如果 a 从 $\triangle bcd$ 的外接圆外进入该外接圆内或 d 从 $\triangle abc$ 的外接圆外进入该外接圆内, 称以上过程为一个拓扑事件。

下面给出拓扑事件发生的临界时刻的概念, 其形式化定义如下。

定义 6.25 (临界时刻) 在移动点集 $P=\{p_1,\cdots,p_n\} \subset \mathbf{R}^2$ 上的 Delaunay 三角网 $T(P(t))$ 中, 如果点 a 从 $\triangle bcd$ 的外接圆外进入该外接圆内, 若对于时刻 t, 存在一个正数 μ, 无论它多么小, $t-\mu$ 时刻 a 在 $\triangle bcd$ 的外接圆外; t 时刻 a 在 $\triangle bcd$ 的外接圆上; $t+\mu$ 时刻 a 在 $\triangle bcd$ 的外接圆内。则此时有一拓扑事件发生, 称时刻 t 为该拓扑事件发生的临界时刻。

命题 6.37 在移动点集上的 Delaunay 三角网中, 在某拓扑事件发生的临界时刻, 对该事件对应的两个有公共边的三角形进行换边操作后, 得到 Delaunay

三角网的拓扑结构为该临界时刻到下一拓扑事件的临界时刻这一时间段的拓扑结构。

　　证明：假设对应的拓扑事件为点 a 从△bcd 的外接圆外进入该外接圆内，那么在临界时刻时 a 在△bcd 的外接圆上，如图 6.32 所示。那么进行换边操作用 ac 取代 bd。由推论 6.5 知，换边操作后得到的 bd 是满足局部 Delaunay 的，即在临界时刻到下一事件的临界时刻以 bd 为公共边的两个三角形的拓扑结构不发生改变。由于换边操作导致分别以 ab、bc、cd、da 为公共边的两个三角形发生改变，则导致 ab、bc、cd、da 可能不满足局部 Delaunay。其他所有的边在临界时刻到下一拓扑事件的临界时刻这一时段内仍然为局部 Delaunay 的，即以这些边为公共边的三角形对应的区域不发生拓扑结构的改变。对于边 cd，以 cd 为公共边的两个三角形△bcd 和△cdh 被△acd 和△cdh 取代。在临界时刻，h 显然在△bcd 的外接圆外，由于此时 a 在△bcd 的外接圆上即四点共圆，所以△bcd 的外接圆与△acd 的外接圆相同，那么 h 也在△acd 的外接圆外。由于运动的连续性，在临界时刻到下一拓扑事件的临界时刻这一事段内，h 仍在△acd 的外接圆外，故在这段时间内边 cd 是局部 Delaunay 的。同理可知，在该段时间内 ab、bc、da 均是局部 Delaunay 的，即在该时段内以 ab、bc、cd、da 为公共边的三角形形成的图形拓扑结构也不会发生改变。因此，在临界时刻进行操作后得到的三角网为 Delaunay 三角网，且在下一拓扑事件到来之前这段时间内拓扑结构不发生改变。

　　证毕。

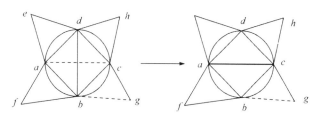

图 6.32　拓扑事件发生的临界状态

　　由命题 6.37 可知，在某拓扑事件的临界时刻，对该事件对应的具有公共边的两个三角形，执行换边操作得到的三角网的拓扑结构即为拓扑事件发生后的 Delaunay 三角网的拓扑结构。因此，每逢拓扑事件发生的临界时刻，对该拓扑事件对应的两个三角形进行一次换边操作便可以实现移动对象 Delaunay 三角网的拓扑结构的维护。那么，对于拓扑结构的改变，可以通过设计一个触发器来实现，每当一个拓扑事件到来时，执行相应换边操作。

　　由以上论述可知，有效地预测即将发生的拓扑事件是移动对象 Voronoi 图拓扑维护机制的核心。本节是通过维护一个拓扑事件队列来实现的。在该队列中拓扑事件按照其临界时刻的先后排列，队头事件始终是即将发生的正确的拓扑事件，在每个队头事件的临界时刻，触发器触发，执行相应的操作。该拓扑维护机制的具体处理流程如图 6.33 所示。

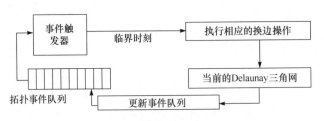

图 6.33 拓扑维护体系的处理流程

6.5.3 移动对象 Voronoi 图维护的具体策略

本节给出的移动对象 Voronoi 图拓扑维护机制中，每当队头事件的临界时刻到来时，触发机制根据事件信息，对当前的 Delaunay 三角网执行换边操作，依据换边操作后的 Delaunay 三角网对拓扑事件队列进行更新，通过维护该拓扑事件队列，实现移动对象 Voronoi 图拓扑结构的维护。那么，在该拓扑维护机制中如何计算拓扑事件的临界时刻，如何初始化拓扑事件队列及如何在触发机制执行完队头事件对应的换边操作后，由更新后 Delaunay 三角网更新拓扑事件队列，以确保拓扑事件队列中队头事件总是即将发生的拓扑事件，从而实现移动对象 Voronoi 图拓扑结构的维护。

下面对以上问题给出具体实现方法。

首先给出计算拓扑事件临界时刻的计算方法，该方法如下：假设一拓扑事件为点 a 从 $\triangle bcd$ 的外接圆外进入该外接圆内，可通过构造一个函数 $l(t)$ 计算该事件的临界时刻，其中，$l(t)$ 为点 a 到 $\triangle bcd$ 的外接圆的圆心与该外接圆的半径之差在时间 t 上的函数。通常移动对象在某个时间段轨迹的描述为 $p(t)=s+vt$。其中，点 s 为点 p 在该时间段的初始时刻的位置，v 为点 p 在该时间段内的运动速度。因此，$l(t)$ 是一个多项式，因此它是连续可导的。求得 $l(t)$ 等于零时 t 的值，在这些 t 值中找出使得 $l(t)$ 的导函数 $dl(t)<0$ 的值，即为该拓扑事件的临界时刻。

命题 6.38 拓扑事件临界时刻的计算方法是正确的。

证明：对于拓扑事件，点 a 从 $\triangle bcd$ 的外接圆外进入 $\triangle bcd$ 的外接圆内，根据上面给出的计算拓扑事件临界时刻的方法，首先构造一个函数 $l(t)$，它为点 a 到 $\triangle bcd$ 的外接圆的圆心与该外接圆的半径之差在时间 t 上的函数。假设由上述方法得到该拓扑事件的临界时刻为 t_1，则有 $l(t_1)=0$ 且 $dl(t_1)<0$。由 $l(t_1)=0$ 及函数 $l(t)$ 的定义可知，在 t_1 时刻 a 在 $\triangle bcd$ 的外接圆上。$dl(t_1)<0$，即如下不等式成立：

$$\lim_{t \to t_1} \frac{l(t) - l(t_1)}{t - t_1} < 0 \tag{6-18}$$

由式(6-18)及极限的定义可得，在 t_1 的某去心邻域($t_1-\mu$, $t_1+\mu$)内有如下不等式成立：

$$\frac{l(t) - l(t_1)}{t - t_1} < 0 \tag{6-19}$$

且此时 $l(t_1)=0$，由式(6-19)可得，当 $t \in (t_1-\mu, t_1)$ 时 $l(t)>0$，由函数 $l(t)$ 的定义可知，在时段($t_1-\mu$, t_1)内 a 在 $\triangle bcd$ 的外接圆外；当 $t \in (t_1, t_1+\mu)$ 时 $l(t)<0$，由函数 $l(t)$ 的定义可知，在时段(t_1, $t_1+\mu$)内 a 在 $\triangle bcd$ 的外接圆内。由以上结论及定义 6.25 可知，t_1 确为该拓扑事件的临界时刻。因此，本节给出的拓扑事件临界时刻的计算方法是正确的。

下面给出拓扑事件队列的初始化方法，在给出该方法之前，先给出一个定理。

命题 6.39　在移动点集 P 上的 Delaunay 三角网 $T(P(t))$ 中，对于任意两个有公共边的三角形 $\triangle abc$ 和 $\triangle bcd$，则有拓扑事件：点 a 从 $\triangle bcd$ 的外接圆外进入 $\triangle bcd$ 的外接圆内，点 d 从 $\triangle abc$ 的外接圆外进入 $\triangle abc$ 的外接圆内同时发生。

证明：假设事件"点 a 从 $\triangle bcd$ 的外接圆外进入 $\triangle bcd$ 的外接圆内"与事件"点 d 从 $\triangle abc$ 的外接圆外进入 $\triangle abc$ 的外接圆内"不同时发生，则在某时刻会出现一个三角形的非公共顶点在另一个三角形的外接圆内，而另一个三角形的非公共顶点在另一个三角形的外接圆外，这与命题 6.11 矛盾，故假设错误，原命题成立。

证毕。

拓扑事件队列的初始化方法如下。

(1) 调用 Voronoi 图生成算法，生成一个起始时刻移动对象集上的 Voronoi 图，由该图中邻接生成点的信息得到起始时刻的 Voronoi 图对应的 Delaunay 三角网。

(2) 在步骤(1)得到的 Delaunay 三角网中，对于任意两个有公共边的三角形，根据各顶点的运动轨迹，按本节给出的计算拓扑事件临界时刻的方法计算相对初始时刻即将发生的一个三角形的非公共顶点进入另一个三角形的外接圆内的临界时刻。由命题 6.39 可知，对于任意两个有公共边的三角形，只需计算其中一个三角形的非公共顶点进入另一个三角形的外接圆内的临界时刻即可。

(3) 步骤(2)中每计算出一个拓扑事件的临界时刻，按照该临界时刻到来的先后顺序，将一个用来描述该事件的元组插入拓扑事件队列中，该元组包含该拓扑事件的临界时刻及导致该拓扑事件发生的两个具有公共边的三角形的信息。

下面通过分析分别给出拓扑事件发生后及对象的运动轨迹发生改变时对拓扑事件队列的更新方法。

在某拓扑事件的临界时刻，对该事件对应的两个具有公共边的三角形执行换边操作，从而导致 Delaunay 三角网中某些三角形的邻接关系发生改变，导致拓扑事件队列中某些拓扑事件被新的拓扑事件代替，因此必须对拓扑事件队列进行更新。

通过一个实例分析说明需要对拓扑事件队列进行何种更新。

假设一个拓扑事件：点 a 从 $\triangle bcd$ 的外接圆外进入 $\triangle bcd$ 的外接圆内发生，在临界时刻进行换边操作，如图 6.32 所示，bd 被 ac 取代，从而导致分别以 ab、bc、cd、da 为公共边的两个三角形均被两个新的三角形取代。例如，在图 6.32 中以 cd 为公共边的两个三角形 $\triangle bcd$ 和 $\triangle dch$ 在执行完换边操作后被两个新的三角形 $\triangle acd$ 和 $\triangle dch$ 所取代，因此在拓扑事件队列中，$\triangle bcd$ 和 $\triangle dch$ 对应的事件已经不存在，需要从队列中删除且需要将 $\triangle acd$ 和 $\triangle dch$ 对应的事件插入。对另外的三条边需要做同样的操作。在整个三角网只有这四对三角形的邻接关系发生改变，其他均不发生改变，因此只需要对这四对三角形对应的拓扑事件进行更新。

下面给出拓扑事件发生后对拓扑事件队列进行更新的具体方法。

(1) 在拓扑事件队列中，找出在换边操作前的三角网中以该拓扑事件对应的四边形的边为公共边的两个三角形对应的事件，并将其删除。

(2) 计算换边操作后，以该拓扑事件对应的四边形的边为公共边的两个三角形对应的即将发生的拓扑事件的临界时刻，按照它们临界时刻的值将它们插入拓扑事件队列中。

在某时刻某个移动对象的运动轨迹发生变化，如果事件队列中事件对应的四边形以该点为顶点，则该拓扑事件的临界时刻可能发生改变，需要对拓扑事件队列进行如下更新。

① 在拓扑事件队列中，找出所有满足如下条件的拓扑事件：运动轨迹发生变化的点为该拓扑事件对应的四边形的一个顶点。根据该点新的运动轨迹，计算出这些拓扑事件新的临界时刻并对描述该事件的元组中临界时刻的值进行更新。

② 对于步骤①中得到的每个拓扑事件，按照更新后的临界时刻的值，调整它们在队列中的位置，使得队列中的所有拓扑事件按照它们临界时刻到来的先后顺序进行排列。

以上给出了拓扑事件临界时刻计算方法、拓扑事件队列初始化方法及拓扑事件队列的更新方法，基于以上方法，下面给出移动对象 Voronoi 图拓扑维护的具体步骤。

(1) 计算初始时刻移动对象的 Voronoi 图，由该 Voronoi 图中生成点间的邻接关系得到初始时刻的 Delaunay 三角网。

(2) 对步骤(1)得到的 Delaunay 三角网中每两个有公共边的三角形，按照前面给出的临界时刻计算方法，计算出这两个三角形对应的拓扑事件发生的临界时刻，按照该临界时刻到达的先后顺序，将这两个三角形对应的拓扑事件插入拓扑事件队列，完成拓扑事件队列的初始化过程。

(3) 触发器监测到当前拓扑事件队列的队头事件的临界时刻到来时，将该拓扑事件从队列中删除并对该拓扑事件对应的四边形进行换边操作，修改当前的 Delaunay 三角网。

(4) 按照前面给出的方法，更新拓扑事件队列。

(5) 返回步骤(3)继续执行。

命题 6.40　上述移动对象 Voronoi 图拓扑维护方法是正确的。

证明：该方法首先初始化一个拓扑事件队列，该队列是在 $t=0$ 时刻的移动对象 Voronoi 图拓扑结构下对未来将要发生的拓扑事件的预测，其中可能有不正确的预测，但队头事件是正确的，它是相对初始时刻即将发生的第一个拓扑事件。当队头事件发生后，执行换边操作使得拓扑结构发生改变，拓扑事件队列中某些事件可能不正确，该方法每当执行完当前拓扑事件队列的队头事件后，对拓扑事件队列进行更新，使其始终为当前拓扑结构下对未来将要发生的拓扑事件的预测。因此，拓扑事件队列中的队头事件始终是相对当前时刻即将发生的拓扑事件的正确预测。

拓扑事件队列的队头事件始终是相对当前时刻即将发生的拓扑事件，且每当拓扑事件队列的队头事件的临界时刻到来时，对该队头事件对应的四边形进行换边操作，由命题 6.37 可知，进行换边操作后得到的拓扑结构即为该拓扑事件发生之后 Voronoi 图的拓扑结构。因此，以上过程即对初始时刻的 Voronoi 图的拓扑结构，每当一个拓扑事件发生时进行相应的调整使其成为下一个拓扑事件的临界时刻到来之前的拓扑结构。因此，在整个过程中始终保存着移动对象 Voronoi 图的拓扑结构，故给出的移动对象 Voronoi 图的拓扑维护方法是正确的。

证毕。

6.5.4　插入和删除对象时移动对象 Voronoi 图的维护

当有顶点插入和删除时，移动对象 Voronoi 图的拓扑结构立即发生改变，由于拓扑事件的队列始终是在当前拓扑下对未来可能发生的拓扑事件的预测，所以在顶点插入或删除的时刻不仅对当前的 Voronoi 图进行更新，而且需要对拓扑事件队列做相应的修改。在给出对拓扑事件队列进行修改的具体方法之前，首先给出一个定理。

由命题 6.17 可知，每当插入一个新的顶点后，导致原三角网中所有满足如下条件的具有公共边的两个三角形组成的三角对消失：这两个三角形的公共边为外接圆包含插入点的三角形的边。因此，如果当前拓扑事件队列中存在这些三角形对应的拓扑事件，则将其从事件队列中删除。当新的顶点插入后，以删除所有外接圆包含该插入顶点的三角形得到的空凸壳的边为公共边的三角对为插入后新加入的三角对。因此，应将这些三角对对应的拓扑事件加入队列中，而原图中任何其他的三角对均不发生改变。由以上论述，下面给出顶点插入时移动对象 Voronoi 图拓扑结构维护的具体方法。

(1) 在当前时刻的 Delaunay 三角网中查找所有外接圆包含该插入顶点的三角形，将这些三角形从当前的 Delaunay 三角网中删除，将连接插入顶点到所有被删除的三角形形成的凸壳的顶点得到的三角形插入当前时刻的 Delaunay 三角网中。

(2) 如果当前拓扑事件队列中存在以步骤(1)中被删除的任意一个三角形的任意一条边为公共边的两个三角形对应的拓扑事件，则将该事件从队列中删除。

(3) 按照前面给出的拓扑事件的临界时刻的计算方法，计算出步骤(1)中将连接插入点到所有被删除的三角形形成的凸壳的顶点得到的所有新的三角形对应的拓扑事件的临界时刻，按照临界时刻到达的先后顺序，将这些拓扑事件插入事件队列中。

某时刻某移动对象被删除时，首先调用 Delaunay 三角网的顶点删除算法，对当前保存的 Delaunay 三角网进行更新。由于拓扑结构的改变，同时需对拓扑事件队列进行更新，根据拓扑结构的变化，进行与插入对象时类似的操作，不再详述。

6.5.5　基于移动对象 Voronoi 图近邻查询的数据库实现模型

利用 Voronoi 图实现移动环境下最近邻及反向最近邻查询问题，则需数据库系统能提供任一时刻数据集上的 Voronoi 图的查询。本节通过在数据库中存储已发生事件列表 Eventtable 实现以上功能，每当拓扑事件队列中的队头事件发生时，出队后将其插入该事件列表 Eventtable 中，而在数据库中仅存储初始时刻移动对象的 Voronoi 图。

那么，对于在某时刻给定查询点的最近邻或反向最近邻查询，首先在事件列表 Eventtable 中找出在该时刻之前的所有事件，依据以上每个事件对拓扑结构修改的说明及在数据库中存储的初始时刻移动对象 Voronoi 图的拓扑结构，得到查询时刻移动对象的 Voronoi 图，最后调用本节提出的或已有的基于 Voronoi 图的最近邻或反向最近邻查询算法，便可实现移动环境下基于 Voronoi 图的最近邻或反向最近邻查询。移动环境下基于 Voronoi 图近邻查询的数据库实现模型如图 6.34 所示。

相关内容可参见《基于动态创建局部 Voronoi 图的连续近邻查询》和《移动点 Voronoi 图拓扑维护策略的研究》等文献。

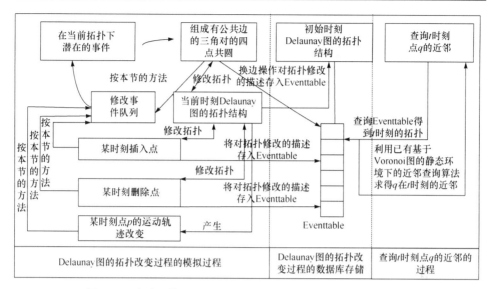

图 6.34　移动环境下基于 Voronoi 图近邻查询的数据库实现模型

6.6　本　章　小　结

本章介绍了 Voronoi 图的基本概念。对最邻近点一阶 Voronoi 图性质命题、最邻近点 k 阶 Voronoi 图性质命题、Delaunay 三角网性质命题等给出了证明。

深入分析了 Voronoi 图和空间数据库查询的关系。

(1) 提出了一种适于利用 Voronoi 图进行近邻查询的索引结构,该索引结构将空间数据集对应的 Voronoi 图的信息融入数据结构之中,且在该索引结构中实现了零覆盖和零交叠。基于该索引结构给出了一个 1NN 查询算法,该算法只需要进行一次遍历,避免了不必要的重复搜索。

(2) 提出基于 Voronoi 图的静态环境下的三种查询理论及算法:基于 Voronoi 图的 NN 查询理论及算法、基于 Voronoi 图的 kNN 查询理论及算法、基于 Voronoi 图的连续近邻查询理论及算法。在该索引结构基础之上, 这些算法利用 Voronoi 图的性质把查询的搜索空间限定在一个特定的区域, 分别对各种查询理论及算法进行了解析。结果表明, 大大缩小了查询范围, 特别是在海量空间数据库查询中能够大大缩小查询范围,降低了查询的时间复杂度。

(3) 提出了动态创建局部 k 阶 Voronoi 子图的连续 k 近邻查询理论及算法和动态创建局部基于 Delaunay 三角网的反向最近邻查询理论及算法,分别对这两种查询理论及算法进行了解析。结果表明, 在这些索引结构基础之上, 这些算法利用

Voronoi 图的性质把查询的搜索空间限定在一个特定的区域,分别对各种查询理论及算法进行了解析。结果表明,大大缩小了查询范围,降低了查询的时间复杂度。对进一步丰富和提高空间数据库的空间查询能力具有极其重要的意义。

(4) 本章给出的所有的重要理论命题、概念、定义和算法等均按证明前命题解析的要求做了重点解析。

(5) 基于 Voronoi 图的近邻及反向最近邻查询算法只适用于静态数据,要将这些算法扩展到移动环境下,实现移动环境下基于 Voronoi 图的最近邻查询,首先要解决随时间不断改变的移动点 Voronoi 图的拓扑结构维护问题。为此,本章在深入研究 Delaunay 三角网增量生成过程的基础上,通过维护其对偶图 Delaunay 图构建了一套完整的移动点 Voronoi 图拓扑维护体系,并给出了具体实现策略,同时对这些具体实现策略的正确性进行了证明,实现了对随时间不断变化的移动点 Voronoi 图拓扑结构的维护,并给出了在该体系的移动环境下基于 Voronoi 图的近邻查询的数据库实现模型。

第7章　曲面和数据库查询的关系

如今,空间数据对象的最近邻查询的研究范围已经拓展到高维空间的最近邻、最近对、近似最近邻、网络最近邻、约束最近邻、移动对象最近邻、反向最近邻等多方面。这些研究课题一般都是针对通常的理想空间中的数据集的,但在现实的生产生活中,大量的数据点往往处在曲面上,因此如何高效查询曲面上给定数据点的最近邻问题即成为当前计算机科学学术研究中一个新的理论性、实用性很强的课题。同时,作者对反向最远邻查询问题做了深入研究,有的研究者认为,反向最远邻查询可看作和反向最近邻查询相对的问题,但是作者多年的理论研究表明,"反向最远邻查询可看作和反向最近邻查询相对的问题"是不对的。其原因之一是最近邻所涉及的量一定是有限的,而最远邻所涉及的量是无限的。就其研究成果表面上看是相对的,但实际上不是有了最近邻的解决方法或结论后一"反"就可以解决最远邻的问题。国内外对该问题的研究还较少,如何有效查询数据点集中的反向最远邻也是一个有意义的课题,如在空间科学的探索上。

本章主要对新扩展的两类查询问题进行探讨:典型曲面上的数据点集的最近邻查询和反向最远邻查询。

7.1　柱面及锥面上点的最近邻查询

在客观世界中所存在的物体大多不是规整的,为了研究这些物体的相关特征或特性,必须将它们分割成若干个有限或无限(用极限求解的问题)。还有些物体的表象直接就是柱体、锥体和球体。柱面、锥面和球面是客观世界中常见的光滑曲面,当研究柱面点之间、锥面点之间以及球面点之间的距离特性时,就必须根据柱面、锥面各自的特性分别将它们展开成平面,即使用降维方式去解决高维的问题,如图 7.1 和图 7.2 所示。

柱面、锥面和球面是客观世界中常见的光滑曲面。如无特别说明,本节所研究的查询点及数据对象点集都在柱面、锥面的曲面上。

传统的基于空间直线距离的方法将不再适用于解决柱面或锥面上的最近邻问题。如图 7.1 所示,在三维空间中,q 到 p_1 的距离小于 q 到 p_2 的距离,但在柱面上,p_1 比 p_2 离 q 更远。若基于 R-Tree 建立空间索引结构,其最小外包矩形 MBR

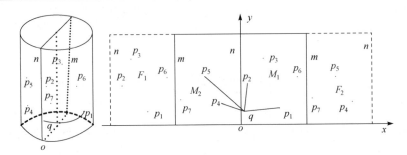

图 7.1　柱面及展开平面

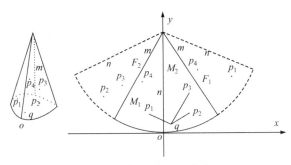

图 7.2　锥面及展开平面

及最大最小距离 MinMax*dist* 等的确定在曲面上将是低效的，尤其是在移动对象数据集的情况下，空间索引结构的更新效率极低。

　　若仅需要在静态数据点集中查询柱面或锥面上给定点 q 的单个最近邻，可以在柱面或锥面上构造出静态数据点集的 Voronoi 图，利用 Voronoi 图的特性求出 q 的最近邻。先确定查询点 q 处在哪个 Voronoi 图单元内，再返回此 Voronoi 图单元所围的生成点 p_i，p_i 即为 q 的最近邻。利用柱面或锥面上的 Voronoi 图还可进一步求解给定点的反向最近邻和柱面或锥面上的最近对的问题。但利用 Voronoi 图很难查询曲面上给定点的多个最近邻，不能有效地解决动态数据集的问题，向高维扩展也很不容易，空间索引结构的建立也非易事。为了弥补 Voronoi 图的不足，可以运用柱面及锥面的数学特征对其进行优化处理，使之能更有效地进行最近邻的查询。稍有相关知识的人都知道存在如下公理。

　　公理 7.1　圆柱的侧面展开图是以圆柱的底面周长为一边、圆柱的母线为另一边的矩形。圆锥的侧面展开图是以圆锥的底面周长为弧、母线为半径的扇形。

　　由公理 7.1 可知，可将圆柱面及圆锥面展开成矩形和扇形(图 7.1 和图 7.2)，由此可将柱面和锥面上的点的关系问题转换成有界平面上的点的关系问题。以下讨论计算机进行具体处理时所需的定义规则。

　　定义 7.1 (柱面坐标系)　以圆柱面的一条母线为纵轴，以此母线与底面圆周的

交点 o 为中心原点, 以底面圆周为横轴而构成的坐标系称为柱面坐标系。

定义 7.2 (锥面坐标系)　以圆锥面垂直于 x 轴的母线为纵轴, 以此母线和底面圆周的交点 o 为中心原点, 以底面圆周为横轴而构成的坐标系称为锥面坐标系。

如无特殊说明, 本章所讨论的柱面和锥面坐标系两轴上的刻度采用和笛卡儿坐标系一样的刻度。

由定义 7.1 可知, 柱面坐标系对应着局部的笛卡儿坐标系。将柱面坐标系中的纵轴(和横轴)对应映射到笛卡儿坐标系的纵轴(和横轴)上, 柱面坐标系中的数据点也相应转换到笛卡儿坐标系中, 如图 7.1 所示。

由于锥面坐标系不能完全对应局部笛卡儿坐标系, 先以锥面坐标系的纵轴为基线将锥面展开成扇形, 然后将纵轴投影映射到笛卡儿坐标系的 y 轴上, 扇形上的数据点同时做相应映射, 如图 7.2 所示。

由于柱面及锥面都是光滑闭合曲面, 当由转换规则将其转成有界平面时, 柱面及锥面上的最近邻关系将不能很好地得到对应。如图 7.1 所示, 柱面上点 p_6 的最近邻是 p_7, 若单纯转成平面后, 点 p_6 的最近邻则成为 p_3, p_7 变为 p_6 的最远邻了。为了解决此问题, 特补充以下定义。

定义 7.3 (实平面)　由柱面及锥面经过一次转换所成的平面称为实平面。

定义 7.4 (扩展虚半平面)　以实平面上的两个边界为起始边而向外进行相似性扩展所得的平面称为扩展虚半平面。如图 7.1 和图 7.2 所示, F_1 是 M_1 的扩展虚半平面, F_2 是 M_2 的扩展虚半平面。

性质 7.1　扩展虚半平面和相对象限的实半平面是一致的。如图 7.1 和图 7.2 所示, F_1 和 M_1、F_2 和 M_2 都是对应一致的。

性质 7.2　查询点 q 的位置只在实平面内有效; q 的最近邻在实平面和扩展虚半平面内都有效。

在柱面或锥面上处理给定查询点 q 的最近邻与在其所转换的实平面及扩展虚平面上处理 q 的最近邻是等同的, 可将柱面及锥面上的最近邻问题转变为求解有界平面内数据点集的最近邻问题。

7.2　球面上点的最近邻查询

在现实世界中, 大量的数据对象都是在球面上的, 我们生活的地球也可近似看成一个球体, 因此对球面上点之间的关系的研究也是一个很有意义的课题。本节所研究的查询点及数据对象点集都在球面的曲面上, 讨论球面上给定点的最近邻的计算查询问题。

为解决球面上给定点的最近邻问题，本节给出以下几种方法。

7.2.1 利用球面 Voronoi 图计算最近邻

如果仅需查询静态数据集中给定点的最近邻，如图 7.3 所示，可以在球面上构造 Voronoi 图，利用 Voronoi 图来计算查询给定点的最近邻。球面 S^2 为非欧氏空间，以下给出球面 Voronoi 图的定义。

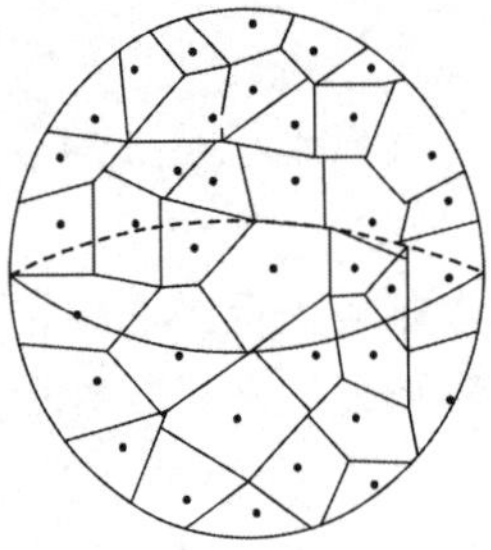

图 7.3 球面 Voronoi 图

定义 7.5 (球面 Voronoi 图) 设 $P=\{p_1, p_2, \cdots, p_n\}$ $(2 \leqslant n < \infty)$ 为球面 S^2 上的点集，X_i 和 X_j 分别为点 $p_i \in S$ 和 $p_j \in S$ 的位置矢量，点 p_i 和 p_j 之间的最短距离定义为通过点 p_i 和 p_j 的大圆(其中心点即为球的中心)中较小弧段的长度。这个距离用公式表达为 $d(p_i, p_j)=\arccos(X_i^{\mathrm{T}} X_j) \leqslant \pi$，称此距离为点 p_i 和 p_j 之间的球面距离；称 $V(p_i)=\{p| d(p, p_i) \leqslant d(p, p_j), i \neq j, j \in I_n, p \in S\}$ 为关于 p_i 的球面 Voronoi 多边形，称球面 Voronoi 多边形的集合为球面 S 上点集 P 的球面 Voronoi 图。

现有的球面 Voronoi 图生成算法大部分是基于球面点集的矢量算法，如用插入法，其时间复杂度为 $O(n^2)$，用分治法，其时间复杂度可降为 $O(n\log n)$；利用构造好的球面 Voronoi 图查找给定点的单个最近邻，其时间复杂度为 $O(\log n)$，空间复杂度为 $O(n^2)$。通过构造球面 Voronoi 图，还可以很好地解决球面上给定点的反向最近邻和球面上移动查询点的静态最近邻问题。

7.2.2 欧氏空间内的空间数据索引结构

为了能运用理想欧氏空间内的数据集中给定点的最近邻解决办法，本节先给出如下命题。

命题 7.1 球面 S^2 上数据点之间的距离大小关系的判定可转换为欧氏空间内的数据点之间的距离大小关系的判定。

(1) 首先要根据具体命题的语义描述判断和确定命题的前提条件和结论。根据具体命题 7.1 的语义描述"球面 S^2 上数据点之间的距离大小关系的判定可转换为欧氏空间内的数据点之间的距离大小关系的判定"，表明"欧氏空间内的数据点之间的距离大小关系的判定"是所要证明的结论，而"球面 S^2 上数据点之间的距离大小关系的判定"是前提条件。

(2) 根据命题 7.1 的条件、结论之间关系的语义描述"已知…那么…"和各种证明方法适用范围，一般可以确定利用演绎推理证明该命题正确性。

证明：由定义 7.5 所定义的球面距离可知，球面上任意两点 p_i 和 p_j 之间的最短距离为通过点 p_i 和 p_j 的大圆(其中心点即为球的中心)中较小弧段的长度。又由球的特征可知，以球心为圆心通过球面上任意不重合的两点的大圆都具有相同的半径。又由圆的性质可知，在相同半径的圆内，两点之间的弧越长，其对应的弦也越长。因此，判断球面上点集之间的弧的长短就可以转化为判断欧氏空间内的直线段的大小。

证毕。

由命题 7.1 可知，可用传统的解决三维空间内数据点的最近邻的空间数据结构 R-Tree 及其变种 TPR-Tree 来查询处理球面上给定点的最近邻问题。R-Tree 空间数据结构可适用于进行球面上静态数据集的最近邻的查询索引，但由于数据对象点都分布在球面上，所以在中间结点及叶子结点将会产生很大的空白区，极大地降低了存储效率；若数据集是动态的，各数据对象在球面上以圆弧轨迹运动，则 TPR-Tree 的更新效率也是极为低下的，其空间查询效率也较低；同时，也不易扩展到移动对象的 k 最近邻查询及第 k 个最近邻查询。

7.2.3　降维方法

为了克服 7.2.1 节和 7.2.2 节两种方法的不足，本节引入降维的思想来优化处理球面上给定点的最近邻查询问题。这种方法主要针对球面上查询点 q 的更新频率较低，其他数据对象点是静态或动态的情况来进行讨论。

定义 7.6 (查询轴)　过查询点 q 和球心 o 的直线称为 q 的查询轴，q 的查询轴具有唯一性。q 的查询轴与球面相交的另一点 q' 称为 q 的球面对称点。以查询轴作为一维刻度轴，查询轴上的数据点到点 q 的距离称为轴查询距离。球面上的数据点在查询轴上的投影称为轴投影点。如图 7.4 所示，直线 qp 是查询轴，查询轴上的点 t_1 是球面上的点 p_9 的轴投影点。

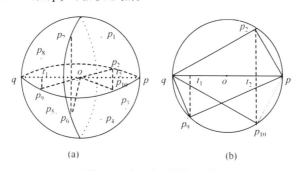

图 7.4　球面点及其投影轴

定义 7.7 (同径圆簇)　以球心 o 为圆心，过查询点 q 和球面上任意点的圆称为 q 的同径圆簇。q 的同径圆簇中的圆称为同径圆，同径圆的半径即为球的半径。

命题 7.2 (距离关系守恒定理)　球面上的点到查询点 q 之间的球面距离大小

关系在 q 的查询轴上投影后保持不变。

(1) 首先要根据具体命题的语义描述判断和确定命题的前提条件和结论。根据具体命题 7.2 的语义描述，"球面上的点到查询点 q 之间的球面距离大小关系"是前提条件，"在 q 的查询轴上投影后保持不变"是所要证明的结论。

(2) 命题 7.2 语义描述中涉及两个定义：轴投影点、同径圆簇，没有这两个概念是无法理解这个命题的。因此，必须掌握它们的内涵和外延。

(3) 根据命题 7.2 的条件、结论之间关系的语义描述，显然与命题 7.1 的条件、结论之间关系的语义描述相关。

(4) 根据命题 7.2 的条件、结论之间关系的语义描述和各种证明方法适用范围，一般可以确定利用演绎推理证明该命题正确性。

证明：由命题 7.1 可知，对查询点 q 到球面上点集的球面距离大小的判定可转化为对欧氏空间内直线段大小的判定，即为对同径圆的弦长大小的判定。现在讨论以 q 为端点的同径圆的弦长大小和弦在查询轴上的投影大小的关系。如图 7.4(b)所示，直线段 qp 为查询轴，$|qp_9|<|qp_{10}|$，弦 qp_9 和 qp_{10} 在查询轴上的投影分别为直线段 qt_1 和 qt_2。由圆的性质可知，$\triangle qp_9p$ 和 $\triangle qp_{10}p$ 都是直角三角形，又因为 $|qp_{10}|>|qp_9|$，由余弦定理可得，$\angle pqp_9>\angle pqp_{10}$，又因为 $|qt_1|=|qp_9|\cos\angle pqp_9$，$|qt_2|=|qp_{10}|\cos\angle pqp_{10}$，由此可得 $|qt_1|<|qt_2|$。

证毕。

性质 7.3 (移动定理)　由命题 7.1 和命题 7.2 可得，查询点 q 的位置固定，球面上其他数据点在球面上移动，移动点到查询点 q 的距离关系在查询轴上因数据点的移动而做相应变化，其变化情况与球面上的一致。

性质 7.4 (共点定理)　由命题 7.2 可得，球面上到查询点 q 距离相等的点在 q 的查询轴上投影后必共点。

定义 7.8 (轴速度)　移动对象点在球面上的速度矢量在 q 的查询轴上的投影称为移动对象点的轴速度。

性质 7.5 (轴速度性质)　由性质 7.3 可得，若球面上的点在球面上沿垂直于查询轴的圆的圆周运动，则其轴速度为零。

由以上给出的定义、性质、命题，可将非欧氏空间内的球面 S^2 上的点集投影到一维空间，再在一维空间内研究查询点 q 的最近邻问题，从而简化了问题的难度，提高了查询效率。以下是计算机在 q 的一维查询轴上处理查询点 q 的最近邻的方法。

若球面 S^2 上数据集中的数据点是静态的，数据集的变动主要限于增加或删除数据点，此时针对一维查询轴空间内的最近邻查询，可用二叉树或 B-Tree 进行处理。利用二叉树或 B-Tree 能查询给定点 q 的 $k(k\geqslant 1)$ 个最近邻及第 k 个最近邻。

当数据点集为静态时，求 q 的 k 个最近邻算法如下。

算法 7.1 静态数据对象点集 P 时求 q 的 k 个最近邻算法

输入：球面上的静态数据对象点集 P，查询点 q;

输出：q 的 k 个最近邻;

procedure SPA_SNN(q, P)

begin

    $S[]:=\varnothing$;　　/*数组 $S[]$初始化*/

    if 　没有构造 q 的查询轴　**then**

      Con_PSA(q); /*构造 q 的查询轴*/

    Proj$A$(P);　　/*将数据集 P 中的数据对象点向查询轴上投影*/

    for 　$p_i \in P$ 　**do**

      $S[]:=D(p_i, q)$; /*计算各数据点到 q 的轴查询距离*/

    Construct(BST_TREE, $S[]$);/*建立二叉排序树*/

    利用二叉排序树查询 q 的 k 个最近邻;

    end.

命题 7.3 算法 SPA_SNN 是正确的、可终止的,时间复杂度为 $O(n+(n+k)\log n)$,其中 n 是数据对象点的数目, k 是要求的最近邻点的个数。

证明:(正确性) 正确性就是要证明当数据点集为静态时求出 q 的 k 个最近邻。算法执行过程中, 依据本节给出的距离关系的守恒定理及其推论, 算法 SPA_SNN 首先将球面上的数据点集投影到查询轴, 从而在一维空间内运用二叉排序树处理查询点 q 的最近邻问题, 可较为便捷地得到准确的查询结果, 故该算法是正确的。

(可终止性) 由于球体大小和球面范围都是有限的, 生成的查询轴长度和投影所得的数据对象点都是有限的, 算法在有限的数据对象点中必定能得到查询点的 k 最近邻, 故该算法是可终止的。

(时间复杂度分析) 算法 SPA_SNN 将数据集 P 中的数据对象点向查询轴上投影的时间复杂度为 $O(n)$, 建立二叉排序树的时间复杂度为 $O(n\log n)$, 利用二叉排序树查询 q 的 k 最近邻的时间复杂度为 $O(k\log n)$, 故算法的总时间复杂度为 $O(n+(n+k)\log n)$。

证毕。

若球面上查询点 q 是静态的, 数据集中其他点在球面上是沿圆弧轨迹进行连续移动, 则在 q 的查询轴上分两步查询 q 的 k 个最近邻。首先, 运行限距查询在给定的距离内找到所有投影对象; 其次, 运行 k 最近邻查询找到查询点 q 的 k 个最近邻。为了维持所得的查询结果, 需要定义两种基本的事件类型:限距事件和次序更替事件。这些事件随着时间的变化用来维持查询结果。当移动对象运动时,计算机处理这些事件以保持查询结果的一致性和正确性。当一个移动对象点 p_i 的轴投影点移动到离查询点 q 的距离为给定距离 d 时，就会触发限距事件；当移动对象点 p_i 的轴投影点移动到离查询点 q 更近或更远时，也可能触发限距事件。当两个移动对象点的轴投影点到查询点的距离的远近次序发生变化时，将会触发次序更替事件。

当数据点集为动态时，求 q 的 k 个最近邻算法如下。

算法 7.2　动态数据对象点集 P 时求 q 的 k 个最近邻算法

　　输入：球面上的动态数据对象点集 P，查询点 q;

　　输出：q 的 k 个最近邻 S;

procedure DPA_SNN(P, q)

　begin

　　　　if　没有构造 q 的查询轴　**then**

　　　　Con_PSA(q);　　　/*构造 q 的查询轴*/

　　　　Proj$A$(P);　　　/*将数据集 P 中的数据对象点向查询轴上投影*/

　　　　M:=PO(P, d);　　　/*在限距 d 内找到所有投影对象集 M*/

　　　　S:=NN(q, k, M);　　　/*查询 q 的 k 个最近邻*/

　　　　while　到下一时刻　**do**

　　　　　for　$p_i \in P$　**do**

　　　　　　　if　数据点 p_i 离开限距范围或进入限距范围　**then**

　　　　　　　　更新 M;

　　　　　　　　S:=NN(q, k, M);

　　　　　for　$p_j, p_k \in S$　**do**

　　　　　　　if　$j<k$ and $|p_jq|>|p_kq|$　**then**

　　　　　　　　S':=p_j, p_j:=p_k, p_k:=S';　　/*次序更新*/

　　　　　　　　更新最近邻集 S;

　　　　return(S);

　　end.

　　命题 7.4　算法 DPA_SNN 是正确的、可终止的，时间复杂度为 $O(n+m+k\log m+fm')$，其中 n 是数据对象点的个数，m 是限距范围内数据对象点的个数，k 是要求的最近邻点的个数，m' 是需要更新的对象点个数，f 是对象更新频率。

　　证明：(正确性) 正确性就是要证明当数据点集为动态时求出 q 的 k 个最近邻。算法执行过程中，依据本节给出的距离关系的守恒定理及其推论，算法 DPA_SNN 首先将球面上的数据点集投影到查询轴，再运行限距查询在给定的距离内找到所有投影对象，最后运行 k 最近邻查询找到查询点 q 的 k 个最近邻。最近邻的更新由限距事件和次序更替事件所触发。该算法可得到查询点 q 在动态数据集中的 k 最近邻，故该算法是正确的。

(可终止性) 由于球体大小和球面范围是有限的，生成的查询轴长度和投影所得的数据对象点是有限的，动态对象的运动范围和最近邻结果集的更新频率也都是有限的，算法在有限的数据对象点中必定能得到查询点的 k 最近邻，故该算法是可终止的。

(时间复杂度分析) 该算法将数据集 P 中的数据对象点向查询轴上投影的时间复杂度为 $O(n)$，确定限距范围内的数据对象点的时间复杂度为 $O(m)$，初始查询 q 的 k 个最近邻的时间复杂度为 $O(k\log m)$，更新查询代价为 $O(fm')$，故该算法的总时间复杂度为 $O(n+m+k\log m+fm')$。

证毕。

7.2.4　曲面投影于平面

为了解决球面上给定点 q 的最近邻问题，降维方法将球面上的所有点都投影到 q 的查询轴上，在查询轴上进一步处理投影点与查询点之间的远近关系，但球面上原始数据点的定位及其之间的方位关系在查询轴上将得不到体现。因此，降维方法并不适用于带有定向性质的约束最近邻查询。为了弥补降维方法的不足，本节引入曲面转换平面的思想来解决球面上给定点的最近邻问题。

定义 7.9 (远、近查询圆面)　如图 7.5 所示，过球心 o 和查询点 q 的查询轴垂直的平面与球面相交而成的圆面称为查询圆面。查询圆面有两面，正对 q 的一面称为 q 的近查询圆面；背对 q 的一面称为 q 的远查询圆面。除直角坐标系外，查询圆面还可采用极坐标系，设圆心 o 为极点，圆面上垂直查询轴的一条半径可选为极径。如图 7.6(a)所示，oq 为极点，线段 oq_x 即为极径。

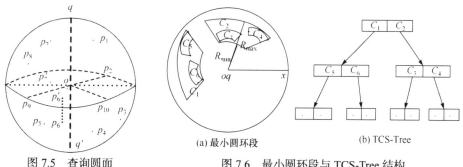

图 7.5　查询圆面　　　　(a) 最小圆环段　　　　(b) TCS-Tree

图 7.6　最小圆环段与 TCS-Tree 结构

定义 7.10 (远、近半球面)　查询圆面将球面分成两个半球面，以查询点 q 为顶点的半球面称为近半球面，以 q 的球面对称点 q' 为顶点的半球面称为远半球面。

近半球面在查询圆面的投影即为近查询圆面，远半球面在查询圆面的投影即为远查询圆面。

定义 7.11 (远、近查询投影点)　查询点 q 在近查询圆面上的投影 oq 和球心 o 重合，称为 q 的近查询投影点；q 的球面对称点 q' 的投影 oq' 也和球心 o 重合，称为 q 的远查询投影点。

命题 7.5 (一致性定理)　近半球面上的数据点在 q 的近查询圆面上投影后，投影点到近查询投影点 oq 之间的球面距离大小关系和球面上的原始距离对应关系一致。

命题 7.6 (相反性定理)　远半球面上的数据点在 q 的远查询圆面上投影后，投影点 p_i' 到远查询投影点 oq' 之间的球面距离大小关系和球面上的原始点 p_i 到 q 的原始距离大小对应关系相反。

证明(略)。

转换策略 7.1 (最近邻查询)　由命题 7.5 和命题 7.6 得，若在查询圆面上进行最近邻查询，则先处理最近邻查询圆面上的投影点，后处理远查询圆面上的投影点。

转换策略 7.2 (最远邻查询)　由命题 7.5 和命题 7.6 得，若在查询圆面上进行最远邻查询，则先处理最远邻查询圆面上的投影点，后处理近查询圆面上的投影点。

由以上定义、定理与规则可知，要查询球面上给定点 q 的最近邻，可把球面上的点都投影到两个圆面上，再在圆面上对投影点进行处理，可以极大地提高查询效率。以下是计算机在圆面上处理查询点 q 的最近邻的方法。

针对圆面上的投影点，可以用类似传统的空间查询方法进行空间数据库的最近邻查询及受约束最近邻查询。不同的是由于涉及两个投影圆面，需要建立两个相应的树索引结构进行索引处理：近查询树 NST，用来查询近查询投影点在近查询圆面的最近邻，查询结果的列表记为 $S=[s_1,s_2,\cdots,s_n]$；远查询树 FST，用来查询远查询投影点在远查询圆面的最远邻，查询结果列表记为 $F=[f_1,f_2,\cdots,f_n]$。根据转换策略 7.1 和转换策略 7.2，需要定义两种事件类型：近查询事件和远查询事件。当所要查寻的最近邻个数 k 小于等于近查询圆面上的数据投影点的个数时，只需触发近查询事件，只进行 NST-Tree 查询；若要查寻的最近邻个数 k 大于近查询圆面上的数据投影点的个数，则在进行完 NST-Tree 查询后还要进一步触发远查询事件，需要调用 FST-Tree 做进一步处理，最后将所查结果列表 F 连接到近查询所得列表 S 之后即为最终查询结果 K 集。

为了进一步提高在圆面上进行空间数据库查询的处理效率，本节设计了一种针对特定圆面上数据集的新的查询索引结构，即 TCS-Tree，如图 7.6(b) 所示。TCS-Tree 是和 R-Tree 及其变种树较为类似的一种空间数据结构，它是一个高度平衡树，其主要性质与 R-Tree 类似。TCS-Tree 是一种动态的索引结构，其插入与删除操作可以和查询混合进行。

　　与 R-Tree 不同的是，TCS-Tree 是一种由最小圆环段而不是最小矩形来近似表达空间对象的结构，可以直接对特定圆面空间中占据一定范围的空间对象进行索引。TCS-Tree 上有两类结点：叶子结点和非叶结点。其每个结点 N 都对应着一个磁盘页面 $D(N)$ 和区域 $I(N)$，如果结点不是叶子结点，则该结点的所有子结点的区域都在区域 $I(N)$ 的范围之内，且存储在磁盘页 $D(N)$ 中；如果结点是叶子结点，则磁盘页 $D(N)$ 中存储的将是区域 $I(N)$ 范围之内的一系列子区域，子区域紧紧围绕空间对象，一般是空间对象的外接最小圆环段(MTCS)。

　　每个结点都由若干个索引项构成。对于叶子结点，索引项形如($MTCS$, $Obj\text{-}ID$)。其中，$MTCS$ 表示包围空间数据对象的最小外接圆环段，$Obj\text{-}ID$ 标识一个空间数据对象，一般为指向空间对象的指针，通过该指针可得到对应空间对象的详细信息。例如，在查询圆面的极坐标系下，$MTCS$ 通常用其左下角和右上角的坐标(R_{low}, R_{high}, θ_{low}, θ_{high})来表示。对于一个非叶结点，它的索引项形如($MTCS$, $Child\text{-}Pointer$)。$Child\text{-}Pointer$ 指向该结点的子结点，$MTCS$ 仍指向一个圆环段区域，该圆环段区域包围了子结点上所有索引项 $MTCS$ 的最小圆环段区域。

　　相关内容可参见《球面上空间关系处理方法》等文献。

7.3　反向最远邻的过滤与查询

　　有关影响集方面的一个变种是反向最远邻(reverse furthest neighbors, RFN)问题，它是和反向最近邻相对应的一个概念。某一数据点 q 的反向最远邻就是找到数据集中将 q 作为其最远邻(FN)的对象点。它是一个很新的研究领域，可以运用到抢险营救、生态研究、军事部署等多方面。Flip Korn 等在 1999 年研究反向最近邻时仅仅简要介绍了反向最远邻的相关概念，但没有对此问题进行更深入的研究。本节对反向最远邻问题进行系统的探讨。

　　定义 7.12(离散边界点)　在 d 维数据集中，处于数据集边界上的点称为离散边界点。

　　定义 7.13(四分邻域区)　经过数据点 q 且互相垂直的直线 L_1 和 L_3，把点 q 的邻域内的点所在的区域分成 M、N、T 和 Q，这四个区即为点 q 的四分邻域区。

　　如图 7.7 所示，直线 L_1 和 L_3 称为四分邻域边界。四分邻域边界在每个区的夹角称为点 q

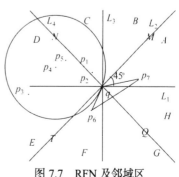

图 7.7　RFN 及邻域区

的四分邻域角，每个四分邻域角都是 90°。每个四分邻域角都有对角的区域，称为点 q 的四分对角区。

同理，可细化为八分邻域区、十二分邻域区等。没有数据点的邻域区称为空白区。图 7.7 中，$A \sim H$ 八个区域即为 q 的八分邻域区。相对应地有八分邻域角和八分对角区。

定义 7.14 (反向最远邻查询)　与反向最近邻查询类似，假设 d 维数据集 P 和一查询点 q，反向最远邻查询就是找出 P 的子集 RFN(q)，满足：RFN(q)={$r \in P$| $\forall p \in P$: $VR(q, r) \geqslant WD(r, p)$}，记为 RFN 查询。如果仅考虑 FN 和 RFN 的关系，还可以有另外一种定义形式：RFN(q)={$p \in P$| $\forall q \in$ FN(p)}。相关内容可参见《反向最远邻的有效过滤和查询算法》等文献。

考虑一种实际的情况，假设 q 是地震的震中，P 是一些疏散安置群众的位置点集合，要在 P 中找到以 q 为最远邻的位置点 p，也就是找到与震中距离大于疏散点之间距离的位置来安置受灾民众。距离度量综合地考虑到了不同位置的影响程度。同时，如果在疏散点之间继续利用 RFN 查询，则可以找到合适的位置以避免因安置点之间相互的影响而带来的潜在疫情威胁。因此，RFN 查询问题在实际应用中具有重要的现实意义。

由以上定义和定理可知，查找数据集中给定点的 RFN 无需将所有点的 FN 都找到，再进行判断。大量数据点可以通过过滤判断进行筛选，这样在实现查询时，一些查询子树分支可以通过剪枝策略直接去除。

7.3.1　查询点的 RFN 过滤判断

查找数据集中给定点的 RFN 的一种最直接的方法是把数据集中所有点的 FN 都找出来，然后进行判断，在数据点数量较大的情况下，计算代价较高。因此，为了确保 RFN 查询的效率提出以下性质和定理，并给出过滤判定算法。

性质 7.6　在 d 维数据集 P 中，给定查询点 q 的 RFN 数量是不确定的。

证明：由定义 7.14 可知，显然，RFN(q)的数量可能很大，当然也可能是空集。因此，其数量是不确定的。

证毕。

由性质 7.6 可知，由于给定查询点 q 的 RFN 数量的不确定，查询的数据点的数量可能很大，因此对数据点进行过滤判定是必要的。

命题 7.7　RFN(q)与 FN(q)具有不对称性，即一个数据点 p 的最远邻是 q，但点 q 不一定是点 p 的 RFN；反之亦然。

证明：该命题的正确性是显然的。证毕。

如图 7.7 所示，设查询点为 q，在以 L_3 为边界的左半四分区域中，q 的 RFN

是 p_4，而 p_4 却不是 q 的 FN。需要说明的是，虽然例子中数据集是在二维空间内，但可以扩展到多维空间。

性质 7.7　若点 q 的一个四分邻域区域内不含离散边界点，则点 q 必是离散边界点。进一步，若点 q 的八分邻域区域中有两个相邻区域为空白区，则点 q 必是离散边界点。

性质 7.7 提供了离散边界点的一种判定方法：要判定 q 是否是离散边界点，可将 q 的邻域分成四分邻域区，若其中有一个或多个四分邻域区内没有其他点，就可判定 q 是离散边界点；为了更精确地判定，可将四分邻域区进一步细分成八分邻域区，若两个相邻的八分邻域区不含其他点，则可判定 q 是离散边界点。

命题 7.8　若查询点 q 在数据集中存在 RFN，则此 RFN 所在区的对角区必是空白区；若查询点 q 的四分邻域区都有数据点，则 q 没有 RFN。

证明：如图 7.7 所示，若 q 的一对对角区内都有数据点，则在 M 区任选一点 p_7，在 M 区的对角区 T 区内任选一点 p_6，连接 p_7 与 p_6、p_7 与 q、p_6 与 q。因为 q 的四分邻域角为 90°，可知 $\angle p_7 q p_6$ 必大于 90°，易知 $p_7 p_6$ 的长度必大于 $p_7 q$ 和 $p_6 q$。故可得出 q 的四分对角区内任意两点之间的距离必大于这两点到 q 的距离，所以由定义 7.14 可知，p_7 和 p_6 必不是 q 的 RFN。因此，可得出点 q 的 RFN 所在区的对角区内必不存在数据点。

证毕。

由以上讨论知，可先对查询点是否有 RFN 做出预先判断，然后根据判断的结果对平面数据集进行逐级细化过滤。利用离散边界点的预判断可直接对查询点有无 RFN 进行定性的判断。这样就过滤出大量的数据点，很大程度上缩小了查询范围。过滤算法如下。

算法 7.3　过滤判断算法

　　输入：数据集 P 集，查询点 q ($q \notin P$)；

　　输出：具有 $(q, p_1, \cdots, p_k)$ 形式的一系列数据；

procedure FILTER(P, q)

begin

　　$K := \varnothing, V := \varnothing, U := \varnothing$;　　/*$K$ 为开始时的 RFN 集*/

　　/*V 是过滤掉的数据集，U 是过滤而得的候选集*/

　　if　q 点不是离散边界点　**then**

　　　　return($\varnothing$);

　　else

　　　　将数据点所在区域分成 q 的四分邻域区；

　　　　if　(($M \neq \varnothing$) and ($T \neq \varnothing$)) or (($N \neq \varnothing$) and ($Q \neq \varnothing$))　　**then**

$V:=M \cup T$ or $V:=N \cup Q$;　/*过滤掉对角区内的数据点*/

else

$U:=\{M$ or T or N or $Q\}$;　/*将数据点加入候选集*/

if 过滤而出的点集分布在两个邻域区内 **then**

将过滤出的四分邻域区进一步细化为 q 的八分邻域区;

if $((C \neq \varnothing)$ and $(F \neq \varnothing))$ **then**

$V:=C \cup F$, $U:=U-(C \cup F)$;　/*进一步过滤候选结果*/

return(V);

else return(U);

else return(K);

/*返回不同过滤条件下所得的候选集*/

end.

命题 7.9 FILTER(P, q)算法是正确的、可终止的,其时间复杂性为 $O(n)$,其中 n 是数据集中数据点的个数。

证明:(正确性) 正确性就是要证明算法可正确过滤出大量无用点。算法执行过程中,FILTER 算法根据性质 7.7 判断给定的查询点是否为离散边界点,若不是离散边界点,则判定查询点 q 必没有 RFN;由定义 7.13 的四分邻域区,若查询点 q 在一个四分邻域区中有反向最远邻,则点 q 必是离散边界点。若过滤出的候选集分布在相邻的两个八分邻域区内,则可根据细化的邻域区再进一步过滤判断。因此,算法能正确过滤出无用点,得到候选集。

(可终止性) 由于所分邻域区数、离散边界点的个数和 P 内数据点的个数都是有限的,故算法是可终止的。

(时间复杂性分析) 过滤算法的时间复杂性主要取决于离散边界点的确定及邻域区的划分,其中确定查询点是否为边界点的时间复杂性是 $O(n)$级,划分邻域区的时间复杂性也是 $O(n)$级,故算法的时间复杂性是 $O(n)$级。

证毕。

7.3.2　过滤后给定点的 RFN 查询

命题 7.10 已知数据集合 P 和一查询点 $q(q \notin P)$,点 $p_i(p_i \in P)$是 q 的 RFN,当且仅当 q 在圆 $C(p_i, WDFN(p_i))$的外部或圆周边界上。其中,$WDFN(p_i)$表示点 p_i 到其在数据集 P 中 FN 的距离,圆 $C(p_i, WDFN_s(p_i))$是以 p_i 为圆心、$WDFN_s(p_i)$为半径的圆。

证明:若 p_i 是 q 的 RFN,由定义 7.14 可知,q 是 p_i 的 FN,故 $WD(q, p_i) \geqslant WDFN_s(p_i)$。因此,可得 q 必不在 $C(p_i, WDFN_s(p_i))$的内部。

证毕。

由命题 7.10 可得，要查询给定点 q 的 RFN，只需计算由过滤算法得到的数据集 U 中的数据点 p_i。整个查询过程分两步。

(1) 对过滤而得的 q 的 FN 候选集 U 中的每个点 p_i，确定 p_i 到其最远邻 $p_s(p_s \in U)$ 的距离 $WDFN_s(p_i)$，作以 p_i 为圆心、$WDFN_s(p_i)$ 为半径的圆，其中 $WDFN_s(p_i) = \max\{WD(p_i, p_s)\}, p_s \in U - \{p_i\}$；

(2) 对查询点 q，找出不含 q 的所有的圆 $C(p_s, WDFN_s(p_i))$，并返回圆心 p_i 作为 RFN 的查询结果。

综上，可得过滤后给定查询点 q 的 F_RFN 查询算法。

算法 7.4　定点反向最远邻查询算法

　　输入：数据集 P，查询点 $q\ (q \notin P)$；

　　输出：具有 $(q, p_1, \cdots, p_i)$ 形式的一系列数据；

　　procedure F_RFN(P, q)

　　begin

　　　　$K := \varnothing$;　/* K 为开始时的 RFN 集*/

　　　　for　$p_i \in U$　**do**　/*选择数据点 p_i*/

　　　　　for　$p_j \in (U - p_i)$　**do**

　　　　　　$WDFN_s(p_i) := \max(WD(p_i, p_j))$;

　　　　　　/* $\max(WD(p_i, p_j))$ 为数据点 p_i 到其在数据集 P 中的 RFN 距离*/

　　　　　　$C(p_i, WDFN_s(p_i))$;

　　　　　　/*作以 p_i 为圆心、以距 p_i 的最远点距离为半径的圆*/

　　　　　if　$q \notin C(p_i, WDFN_s(p_i))$　**then**

　　　　　　$K := p_i$; /*将 p_i 加入 RFN 集*/

　　　　　else

　　　　　　$V := p_i$;

　　　　return (K);　/*返回 q 的 RFN*/

　　end.

命题 7.11　F-RFN(P, q) 算法是正确的、可终止的，其时间复杂性为 $O(u^2)$，其中 u 为过滤后剩余数据点个数。

证明：(正确性) 正确性就是要证明算法可以正确查询给定点的 RFN。算法执行过程中，算法首先确定候选数据集 U 中的每个点 p_i 的 $WDFN_s(p_i)$，并生成以 p_i 为圆心、以 $WDFN_s(p_i)$ 为半径的圆，由于数据点 $p_i(p_i \in P)$ 是 q 的 RFN 的充要条件是 q 在圆 $C(p_i, WDFN_s(p_i))$ 的外部或圆周上，if 语句根据命题 7.10 可对 q 的 RFN 进行判定，故算法可正确查询给定点的 RFN。

(可终止性) 由于经过滤而得的数据点个数是有限的，而算法中仅包含 for 循环，故算法是可终止的。

(时间复杂性分析) 设过滤而得的数据点个数为 u，算法外层 for 循环选择候选集 U 中的数据点，其时间复杂性是 u 级的，内层 for 循环计算数据点 p_i 到其在数据集 P 中的 FN 的距离，并进行 RFN 的判断，其时间复杂性也是 u 级的，故算法的时间复杂性是 $O(u^2)$。

证毕。

若 u 与 n 的数量相差较大，从时间复杂性分析可以看出，过滤后查询效率提高是显著的。

7.3.3 RFF 查询及动态更新

基于最大平均距离的最优设施位置(optimal facility location, OFL)问题给出期望的 OFL 和非期望的 OFL，其中期望的 OFL 明氏距离函数的 m 值为 1 或 ∞，其 OFL 的确定是基于 RNN 的。在 d 维空间中，当各坐标的值相差悬殊时采用明氏距离并不合理，需要数据的标准化，即数据空间为 $ws=(0,1)^d$，将每维坐标之间的相关性也同时考虑到距离计算中。根据 RFN 的基本概念和命题衍生出度量方式更为完善的反向最远设施查询，在此基础上给出了反向最远设施查询的选择查询算法，并讨论了插入数据点和删除数据点时，反向最远设施查询结果的变化情况及处理方法。

从统计角度分析，欧氏距离要求每个对象的分量是不相关的且具有相同的方差，或者说各坐标对欧氏距离的贡献是同等的且变差大小也是相同的，这时使用欧氏距离才合适；否则就有可能无法正确反映情况，甚至导致错误结论。采用统计距离能够避免这种问题，其定义如下。

定义 7.15 与 RFN 查询定义类似，假设 d 维数据集 P 和一查询点 q，RFF 查询就是找出 P 的子集 RFF(q)，满足：$\mathrm{RFF}_s(q) = \{r \in P \mid \forall p \in P: SD(q, r) \geqslant SD(r, p)\}$。

由 RFF 查询的定义建立 RFF 的索引结构 RFF-Tree。RFF-Tree 的叶子结点包含形如(p, $SDFF$)的记录，其中 p 表示数据集 S 中的一个 d 维数据点，$SDFF$ 表示该点到其 FF 的距离值。中间结点包含形如(pt, rec, max_SDFF, min_SDFF)的一组记录。其中，pt 是指向其子结点的指针，如果 pt 指向的是叶子结点，rec 是该叶子结点内所有点的 MBR，如果 pt 指向的是中间结点，rec 是指向其子结点内包含所有点的 MBR；$max\_SDFF = \max\{SDFF_s(p)\}$，$min\_SDFF = \min\{SDFF_s(p)\}$，$p$ 是以 pt 指向的结点为根的子树内的点。

基于 RFF-Tree 的选择查询的算法如下。

算法 7.5 基于 RFF-Tree 的选择查询的算法

    输入： RFF-Tree 结点数据集 s, 查询点 q;

输出：q 的 RFF 集 K；

procedure RFFT_SEL_SEARCH(s, q)

begin

$K:=\varnothing$, $F:=\varnothing$; /* F 为删除的非 RFF 集*/

if $s \in$ LeafNode(RFFT) **then** /*s 是 RFF-Tree 的叶子结点*/

    for entry(p_i, $SDFF$)$\in s$ **do**

        if $D(q, p_i) \geqslant SDFF$ **then**

            $K:=p_i$; /*将 p_i 加入 RFF 集*/

        else $F:=p_i$; /*将 p_i 加入非 RFF 集*/

else if $s \in$ MidNode(RFFT) **then** /*s 是 RFF-Tree 的中间结点*/

    for entry(pt, rec, max_$SDFF$, min_$SDFF$)$\in s$ **do**

        if max_$SD(q, rec) <$ min_$SDFF$ **then**

            delete(rec); /*剪除分枝*/

        else if min_$SD(q, rec) \geqslant$ max_$SDFF$ **then**

            $K:=Child(pt)$; /*将其子结点内的所有点加入 K 集*/

    else return(K); /*返回 RFF 集*/

end.

命题 7.12 算法 RFFT_SEL_SEARCH 可基于 RFF-Tree 进行正确的 RFF 查询，其最坏情况下的查询时间复杂性是 $O(n)$ 级，其中 n 为数据点的个数。

证明：(正确性) 正确性就是要证明算法能基于 RFF-Tree 进行 RFF 查询。算法执行过程中，查询点为 q，若当前结点是叶子结点，则算法对结点中每一点 p，计算其到查询点的距离 $SD(q, p)$。如果 $SD(q, p) \geqslant SDFF_s(p)$，则 p 就是 q 的一个 RFF；若当前结点不是叶子结点，则算法对每个记录(pt, rec, max_$SDFF$, min_$SDFF$)，计算查询点到每个分枝的 max_$SD(q, rec)$，若 max_$SD(q, rec) <$ min_$SDFF$，则该分枝被剪除；计算查询点到每个分枝的最小距离 min_$SD(q, rec)$，若 min_$SD(q, rec) \geqslant$ max_$SDFF$，则可知此分枝内所有结果都是查询点的 RFF。若不是这两种情况，算法则进一步访问分枝结点，递归调用查询算法，直到遍历完整棵树，故该算法能基于 RFF-Tree 进行 RFF 查询。

(可终止性) 因为数据点个数和 RFF-Tree 的高度和结点个数是有限的，且并列的两个条件语句每个仅包含一个 for 循环，故算法 RFFT_SEL_SEARCH 是可终止的。

(时间复杂性分析) 在 RFF-Tree 已经建立的情况下，在其最坏情况下，因要遍历整棵树，故其查询时间复杂度是 $O(n)$ 级的。

证毕。

以二维空间情况为例，如图 7.8 所示，RFF-Tree 是高度平衡的索引树，利用深度优先策略对 RFF-Tree 进行查询可得出点 q 的 RFF 为 $\{p_3, p_4, p_9, p_{10}, p_{11}, p_{12}\}$。其中，对 R_1 分枝进行了递归查询，而 R_2 分枝则被整体剪除，R_3 分枝中的所有叶子结点中的数据点都是所查结果。

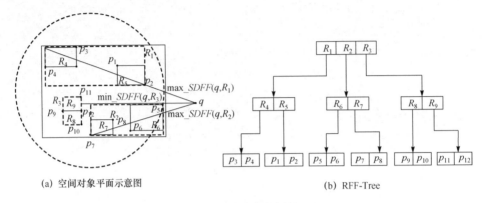

(a) 空间对象平面示意图　　　　　　　　　　(b) RFF-Tree

图 7.8　二维空间数据集实例及 RFF-Tree

RFF-Tree 的建立需要经过插入和删除点来实现，更新方式采用自底向上动态更新方式。实际上引入自底向上的更新策略是在 RFF 的查询效率和更新性能之间引入的一种折中思想，其并不能完全取代自顶向下的更新策略。

当在 RFF-Tree 中插入新点 w 时，首先对其进行 RFF 查询，找出 w 的距离最远点就能为 w 建立一个记录以备插入，w 的 RFF 就是在插入后以其为 FF 的点，这些记录相应的 $SDFF$ 需要重新计算，其父结点的 max_$SDFF$ 和 min_$SDFF$ 也要做相应的调整。相关内容可参见《一种基于受限网络的移动对象索引》、《受限网络移动对象不确定性轨迹的查询》和《一种基于道路网络的移动对象索引研究》等文献。

7.4　本 章 小 结

空间数据对象的最近邻查询的研究范围已经拓展到高维空间，这些研究课题一般都是针对通常的理想空间中的数据集，但在现实的生产生活中，大量的数据点往往处在曲面上，因此如何高效查询曲面上给定数据点的最近邻问题即成为学术研究中一个新的理论性、实用性很强的课题。本章主要对新扩展的两类查询问题进行了探讨：典型曲面上的数据点集的最近邻查询和反向最远邻查询。

深入研究了利用 Voronoi 图柱面、锥面和球面的点最近邻查询，利用欧氏空间内的空间数据索引结构深入研究了柱面、锥面和球面的点最近邻查询，利用降维方法深入研究了柱面、锥面和球面的点最近邻查询，详细讨论了动态数据对象点集 P 时求 q 的 k 个最近邻算法。

深入研究了反向最远邻的过滤与查询问题。有的研究者认为，反向最远邻查询可看作和反向最近邻查询相对的问题，但是作者多年的理论研究表明，将"反向最远邻查询可看作和反向最近邻查询相对的问题"是不对的。其原因之一是最近邻所涉及的量一定是有限的，而最远邻所涉及的量是无限的。就其研究成果表面上看是相对的，但实际上不是有了最近邻的解决方法或结论后一"反"就可以解决最远邻的问题。国内外对该问题的研究还较少，如何有效查询数据点集中的反向最远邻也是一个有意义的课题，如在空间科学的探索上。

第8章 如何培养研究生

本章的讨论主要是根据作者培养研究生三十年的经验、教训的总结。研究生主要包括硕士研究生(简称硕士生)和博士研究生(简称博士生)。对于计算机数据库、网络安全理论研究,选题大体上可分为两大类:一类是理论选题;另一类是理论命题应用的算法类(算法不是命题),但算法也必须进行证明。无论哪一类选题,都属于学术理论研究和学术理论应用研究范畴,这是因为学术理论研究有以下内容。

(1) 要产生及确定命题。导师和研究生需要掌握运用思维产生及确定命题的过程、客观世界需求产生及确定命题、产生及确定命题的基本方式、创新思维方式产生及确定命题、阅读文献方式产生及确定命题(批判阅读和吸收中产生及确定命题、比较阅读中产生及确定命题、阅文评价中产生及确定命题和阅读专著中产生及确定命题)。详见本书第 1 章。

(2) 要进行命题证明中的思维和推理解析。导师和研究生需要掌握命题证明的三个阶段、逻辑思维、形式逻辑、创新性思维、演绎推理(一般模式、推理逻辑性和推理结论正确的必备条件)、命题证明中的条件关系推理和归纳推理、命题证明中的类比推理等。详见本书第 2 章。

(3) 要进行命题证明方法解析。导师和研究生需要掌握运用命题证明的结构解析、各种常用证明方法证明模式和对命题证明的适用范围、理论命题推理证明法选择的层次、算法证明前证明方法和复杂度分析法的解析以及算法模拟实验检验法等。详见本书第 3 章。

(4) 要进行证明前命题解析。由于不同的创新型命题的解析有差异,所以导师和研究生需要掌握运用创新型命题的类型、构成命题的结构、命题解析的几个方面、证明前命题解析过程、证明前对不同方式确定的命题解析和原始创新问题中的命题解析及浅析等。详见本书第 4 章。

以上均是学术理论研究的核心内容,更是研究生在学术理论命题研究中,命题和证明方法实现"对接"的技术。本书第 5~7 章是第 1~4 章的学术理论研究方法的具体实例解析,另外也是《数据库理论研究方法》一书的内容补充。

而研究生所选定的数据库、网络安全理论研究选题,如果缺乏本书的知识进行研究是很困难的。由于导师和研究生是学术理论研究方法践行者,而学术理论选题则是学术理论研究方法践行的平台,所以本章讨论如何培养研究生进行学术理论研究。

8.1 导师应具有的道德品质

导师在研究生的成长、发展中扮演着一个重要的角色。研究生教育是国家教育体系中最高层次的教育，肩负着为国家培养高素质创新人才的职责。随着研究生规模的不断扩大，研究生导师的数量也不断增长。特别是一批年轻的硕士生导师、博士生导师加入指导研究生的队伍里来，担负起培养研究生的重任。

导师也是教师，只不过多了一种指导培养研究生的责任。指导培养研究生的责任不只是对研究生的选题进行学术理论研究方法的指导，而且研究生的思想道德素质会直接受到导师的影响。"学高为师，身正为范"。研究生导师作为教师中的优秀者，必须做到"学高"和"身正"才能培养指导学生，否则就是空谈。首先，讨论"身正"，下面即讨论导师应具有的道德品质。

8.1.1 导师应具有的基本道德品质

导师应以崇高的爱国情操、严谨的治学态度、高尚的学术道德、创新的学术追求、无私的育人情怀来提升学生的素质、人格和精神境界，在研究生素质教育中发挥主导作用。常说："言传身教"。拿什么"言传"，拿"学高""言传"。拿什么"身教"，拿"身正""身教"。

导师应做到以下几点。

(1) 爱国。爱国就是热爱自己的国家。爱国是一个公民起码的道德，也是中华民族的优良传统。任何一个人都有祖国，在任何一段时间都属于国家，因此在各项科研活动中体现国家意志，服从和服务于国家利益，对于学术研究(过程和结果)中涉密的部分一定要按保密法规定保守秘密。要保护好、应用好自己的知识产权，尊重他人的知识产权。要淡薄"官本位"、淡薄"名利"观念，绝对不能出卖国家利益。不做有损害国家的任何事情、坚守国家利益高于一切。

(2) 敬业。敬业就是专心致力于学业或工作。有强烈的事业心，尽职尽责，全心全意为学生服务。有勤勉的工作态度，脚踏实地，无怨无悔。有旺盛的进取意识，不断创新，精益求精。有无私的奉献精神，公而忘私，忘我工作。核心是无私奉献(鞠躬尽瘁，死而后已)。爱岗敬业是一个公民最基本的职业道德规范，是对人们工作态度的一种普遍要求。爱岗敬业是人类社会最为普遍的奉献精神。导师只有爱岗敬业、求真务实才能潜移默化对学生有良好的影响。

(3) 诚信。"诚"主要是从天道而言，"信"主要是从人道而言。以真诚之心，行信义之事。诚信是一个道德范畴。诚实无欺，信守诺言，言行相符，表里如一。诚信是为人之道，是立身处事之本。导师只有做到诚信(不欺骗、不狡猾、不虚伪、不虚假、不说谎),学生才能信服,才潜移默化对学生有良好的影响。

(4) 友善。友善是指人与人之间的亲近和睦,是处理人际关系的基本准则,是公民基本道德规范。导师只有做到亲近而不过分,和睦而不失原则,和人相处中不做欺诈事情。学生才能乐意接受导师的指导,才潜移默化对学生有良好的影响。

8.1.2　导师应严守道德规范

整个社会对从业人员职业观念、职业态度、职业技能、职业纪律和职业作风的要求越来越高。特别是在教师行业,职业道德如何,更是影响到"国家的未来"。因此,高校教师良好的教师职业道德便显得很重要。其职业道德组成部分之一的学术道德,是指在从事学术研究活动的整个过程及结果中,处理人与人、人与社会、人与自然关系时所应遵循的行为准则和规范的总和。

学术道德是治学的起码要求,是学者的学术良心,其实施和维系主要依靠学者的良心及学术共同体内的道德舆论。它具有自律和示范的特性(潜移默化影响研究生),缺失什么也不能缺失学术道德。

科学研究就是研究事物的运动规律,反科学就是违背运动规律,伪科学就是捏造运动规律。导师应严守道德规范,作为导师必须知道什么是学术不端,才能做到严守道德规范。

什么是学术不端呢? 学术不端行为是指违背科学精神和职业道德、弃守真实诚信原则的行为。学术不端行为包括:①弄虚作假(捏造数据、窜改数据、捏造成果);②抄袭剽窃;③一稿二投或多投;④侵占学术成果;⑤低水平重复;⑥"学霸"现象;⑦学位申请与授予中的腐败;⑧学术评审(在学术职称评定、学术奖励评定、科研基金项目评审、学术论文评价等各种评定活动)中的腐败;⑨学术界中的"交易"行为("学权"交易和"学钱"交易);⑩不按论文贡献的大小进行署名;⑪买卖成果等。

学术不端行为是作为一个导师、一个研究生和任何一位涉足于科学研究的工作者不可触碰的底线。

作为一个导师,必须了解学术规范、学术道德是什么。这样便可以教育研究生,防患于未然。违背学术道德的错误是学术不端行为,这类错误本来也可以避免,但是肇事者有意让它发生了,存在主观恶意,违背了学术道德,应受到谴责和处罚,甚至被追究法律责任。

充分尊重学术领域不同意见。要把学术自律和社会舆论监督有机结合起来,维护学术尊严和导师的职业道德。

对自然科学来说,虽然在某些细节上存在差异,但是对不同研究领域的学术规范、学术道德有共同的特点。

学术不端行为是违反学术规范,在科研资源、学术地位方面造成不正当竞争。如果靠学术不端行为制造出学术成果、获得学术声誉、占据比较高的学术地位,那么脚踏实地认认真真搞科研的人,尽管最终是胜利者但暂时是竞争不过造假者的,而且学术造假还对同行造成了误导。如果有人相信了虚假的学术成果,试图在其基础上做进一步的研究,必然是浪费时间、资金和精力。

8.1.3　导师应克服浮躁之风

导师除了指导培养研究生的责任外,还有一项重要的任务,就是搞好理论研究、学术研究等科学研究。严谨的治学态度、高尚的学术道德、创新的学术追求是搞好理论研究、学术研究等科学研究的基石。这三句话不是空话,是理论研究、学术研究等科学研究过程中精神的具体体现。如果缺乏创新的学术追求,学术创造也就成了无源之水、无米之炊。只有搞好科学研究、学术创新,才能为研究生提供科学选题或多个选题,由于科学选题不是凭空捏造的,导师除了应掌握本书前面所讨论的创新思维外,还要掌握以抽象的概念、判断和推理作为思维的基本形式,以分析、综合、比较、抽象、概括和具体化作为逻辑思维的基本过程,从而揭露事物(对象)的本质特征和规律联系。只有这样才能具有较高的理论研究、学术理论研究等科学研究水平,才能真正做到这一点。

1. 严谨的治学态度

严谨的治学态度和实事求是的学术作风是科技工作者应具备的两个基本条件。我国广大科技工作者大都具有这种作风和品格,所以在他们各自的领域都有很高的造诣和建树,从而受到国人的尊敬和尊重。这就要求导师应具有严谨的治学态度和实事求是的学术作风,这表现在学术研究过程一丝不苟,每研究一步都具有可靠性和科学性,最终所得出的结论都是正确的、有效的。对待他人或研究生研究学术方面的结论,如果要求导师审查,也要一丝不苟地分析和研究判断该结论是否正确,和他人或研究生得出的结论是否一致,如果不一致要做到有根据地解释和说明,指出错误的概念、结论不成立的原因。如果不一致是导师推导时出现的错误,在讨论中要实事求是地接受他人的观点,承认自己的错误。这样做并不丢面子,会得到多数人的尊重。

2. 创新的学术追求

学术研究工作是一种学术创新的思维活动。从事学术研究的理论工作者,职责就在于能推动学术的发展,所得的研究成果能为学术积累添砖加瓦。

学术研究工作要求理论工作必须具有扎实的本专业的理论基础。学术靠真功,扎实的理论基础是进行学术研究的必备条件,是从事学术研究的理论工作者的立身之本，也是成功之基。怎样才能有扎实的理论基础呢？必须勤于学习，认真读书，注重积累和知识增长，即"业精于勤"。学术研究工作者要具备以下几点。

(1) 要有宽广的知识面。知识面宽广的人才，思想更开阔，更易于创造出有学术价值的研究成果。

(2) 要有敏锐的观察和发现问题的能力。对于学术研究工作者，观察和发现问题是研究工作的起点。倘无敏锐的观察和深入分析问题的能力，看不出问题，遇到问题就束手无策，学术研究工作也就无从谈起。

(3) 要有敢为天下先、两军对阵勇者胜的勇气。否则，遇到难解问题畏首畏尾，将不会得到好的成果。

(4) 要掌握科学思维、创新思维方式(14 种)(参见《数据库理论研究方法解析》一书)，运用思维产生及确定命题的过程和各种产生及确定命题的方式(详见本书第 1 章)。

(5) 要掌握命题证明中的思维和推理解析(详见本书第 2 章)、运用命题证明的结构解析、各种常用证明方法证明模式和对命题证明的适用范围、理论命题推理证明法的层次选择(详见本书第 3 章)、命题解析的几个方面和证明前命题解析过程及方法(详见本书第 4 章)。

(6) 要掌握命题和证明方法实现"对接"的技术。

只有做到这些才能有创新精神和学术创新能力。

3. 有足够定力和克服浮躁之风

(1) 有足够定力。读书学习和提高学术修养是一项艰苦的事。要学习和掌握某专业的知识，要经过苦其心智、劳其筋骨的钻研。自然科学理论特别是计算机数据库理论日新月异，要学习、充实的知识太多，在学习过程中必须有足够的定力、坐禅精神。需要有不畏劳苦和为国家的学术发展献身的精神，忍得住艰辛，舍得下工夫，苦读深钻，一点一滴地积累。常言道："山积而高，泽积而长"。学术研究工作过程本身是有险阻的，只有苦战能过关。在学术道路上奋力攀登的理论工作者，当学术修养达到一定程度时，就有可能得到重要的学术研究成果。

(2) 克服浮躁之风。"浮"是安不下心，静不下气，理论学不进去，工作沉不下去，生活迷茫不安。"躁"就是急于求成，不在打基础上下工夫，总想一口吃个大胖子，一步登天或一夜成名。

浮躁往往连带着浮夸、轻浮、不诚实、不踏实。浮躁首先表现为缺乏恒心、意志力差，根源是缺乏理想和追求。有的人曾形容某老师"很忙"的学术生态：忙于著书立说，忙于晋升职称，忙于获大奖，忙于拿课题项目，忙于成名成家，忙于四处讲学。这种忙碌本无可厚非，但由此形成、催生的浮躁心态就很值得关注、警醒：坐不了"冷板凳"，耐不住寂寞。学术浮躁是急功近利之风在学术界的

"映像"，扭曲了学术的真面貌，是对学术本质属性的亵渎。

"非淡泊无以明志，非宁静无以致远"。"非淡泊无以明志"，宁静淡泊是一种人生态度，更是一种难能可贵的修养和境界。有了宁静淡泊的心态，遇事才会想得开、看得透，拿得起、放得下，做到不以物喜、不以己悲，得之淡然、失之泰然。这也不失为治疗浮躁的一剂良方。"非宁静无以致远"，在学术成长的道路上，宁静比浮躁走得更远、更高、更持久。只有静下心来读书以涵养静气，才是通往学术研究之道的畅途。

一个人只有在心境平和之时，内心才能得以放松，潜能才能得以激活，灵感才能得以迸发。真正做学问的人从事学术研究需要有学术献身精神。身处市场经济"场域"的学者很难完全有此情怀。就业、职称、工资待遇、晋升、从政等现实问题往往将学者的关怀重心转向现实利益诉求一边。学者并非生活在社会真空之中，完全摈弃物质利益并不现实。但在不影响基本生存生活条件的基础上，应秉持敬畏学术之心，坚持学术道德操守，衡量的天平总是偏向学术这头。

科研风气"浮躁化"极大地影响科研活动。在"大众创业、万众创新"这一大的国家战略之下，作为科学研究和教学人员的导师更应当有足够定力和克服浮躁之风。

探求真理本应是每个老师的崇高职责，诚信也应该是治学最基本的态度。学术不端行为的人往往是抱有投机取巧、不劳而获、侥幸心理，这种老师不可能有求真务实、探求真理的态度和行为。

8.2　导师应具有的能力

任何一位教师都是为国家服务，为国家培养人才，是国家这个大家庭的一分子。前面已经讨论了"学高为师，身正为范"中的"身正"。本节讨论"学高"问题。"学高"就是导师应具有较高的学术或业务水平。

1. 较高的业务水平

导师不是领导，而是引导。导师是学生的引路人。导师业务水平的高低将直接影响培养合格研究生的质量。在学术上不求上进、科研上碌碌无为的导师，很难在学生中树立威望和受到学生的拥护。所以，必须有深厚的专业知识和丰富的教学经验，能够在自己的研究领域中发现并解决问题，持续地活跃在学术前沿，并在本学科形成一定的影响力。

(1) 学术水平。关键是看导师是否能洞悉和把握相关专业的发展趋势，能够不断提高自己发现问题、解决问题的能力，使其处在本学科研究的前沿。

作为研究生的领路人，导师理所当然对目前相关专业的发展趋势、动向有一个宏观的把握，了解国际上的热点问题。

为了培养出具有创造力的研究生，导师必须具有科学研究的能力，在长期不断的学术探索中，逐渐形成了自己严谨的科学态度、研究方法，并能够将本专业的前沿信息传授或传播给研究生。

(2) 教学水平。研究生的教学是一个教什么、怎么教的问题。在研究生的教学工作中，更应该以研究生为主体，充分引导学生向自学的方向转变。

(3) 作为导师，需要有一定的实验、实践能力。

2. 严谨求实的态度和持之以恒的科学精神

科学的本身是求真务实。严谨的科学态度无疑是取得成果的有力保证。导师做学问要持严肃谨慎、求真务实的态度。

导师对研究生的培养不仅仅是学术研究、思想道德素质。从师生关系看，导师与研究生的关系远比一般师生关系密切，研究生与导师将在一起度过一段相当长时间的学术研究生涯，如硕士 2~2.5 年，博士 3~6 年。导师的思想、道德、言行潜移默化地影响着研究生做人、做事、做学问。

3. 较高的心理素养和责任感

导师的言传身教可以纠正学生对现实世界的一些看法。导师还应具有宽容、理解的心境。对离群、孤僻的研究生，导师需要以宽容、理解的心境去疏导。导师应通过各种方式去帮助学生树立对待困难、挫折的正确态度，提高他们面对挫折的勇气和克服困难的信心。只有在导师的教育、宽容、理解下，才能保护和激发研究生的创造性。

创新是社会发展的主动力。科研的创新来源于思维的活跃，以及对相关问题的敏感性。培养具有创新能力的研究生，导师首先要有创新的意识和创新的能力，然后才能通过自己的实践来激发和带动研究生的创新能力的形成和发展。

(1) 导师的创新意识不仅在于能高瞻远瞩地洞悉把握学科发展的方向，而且能跳出单一学科的框架，融合不同学科领域的知识对学生进行指导，激发学生的兴趣和创新意愿，发挥学生发散思维的能力。

(2) 在进入研究阶段的学习后，学生最关心的事情莫过于自己的前途。不同于本科阶段，研究生时期的学习对学生毕业以后的工作有着重要的意义。

(3) 学生在学习的同时，一般来说也会更加关心社会对他所从事的专业的认可程度。就如以上所说，对于这个认可程度，学生的获得往往也是片面的，需要导师做积极的引导。但导师不能无根据地乱说。

引导者不但"引"而且还"导"。关于正确的引导，可以分为两种。

(1) 第一种是要引导学生树立正确的人生观、价值观。如何克服学习中的困难，如何对待生活中的挫折，如何处理个人与团队的关系等，都需要导师适时正确引导。

(2) 第二种是在研究方向上对学生进行引导。导师制定学生研究方向要因人而异，不能千篇一律。

8.3　研究生的培养和学习

高等教育将大学培养和学习按照内容和研究程度的深浅分为本科生培养和学习、硕士生培养和学习以及博士生培养和学习三个不同层次。本节就教师培养和学生学习两个方面进行讨论。

(1) 本科生教学的目的是培养学生对某一学科领域中的事物和事物之间的关系有较普遍的理解。就是让学生知道和掌握某一学科领域中某些课程"有什么"。

(2) 硕士生的教学目的主要是培养学生掌握专业中的原理，进行开发或者描述性研究，寻找答案。就是让学生知道"为什么"。

(3) 博士生教学的目的是要培养学生探寻、发现并解释物质、现象之间的因果关系。就是让学生发现新的"是什么"并解释"为什么"。

8.3.1　学术研究的相关问题

高等教育的内容可以分为两大块：教学和学术研究。教学就是老师教，学生学。老师既教内容，又教方法。所谓内容就是"是什么"，所谓方法就是"是什么"是如何发现的。后者尤为重要。

1) 学术研究

要给研究生讲清楚学术的含义，这是开展学术研究选题和研究的前提。学是指理论或理性认识，术是指应用。学术是指理论与应用，是理论与应用有机结合。而计算机各种类型数据库、网络安全和计算机其他各门分支等内容，既有其基本理论的内容，如各种数据库都有其相应的基础理论和应用理论，又有其应用(技术)层面上的内容，如针对各工程应用的技术(主要体现在实现工程的算法)，所以通常称数据库的科学理论研究为应用理论研究。数据库理论研究的目的是应用，这完全符合学术研究的含义。

对各种数据库、网络安全和计算机其他各门分支等学术研究就是对它们的基础理论、应用理论和各工程应用的技术(主要体现在实现工程的算法)的研究。

学术性有相对强弱的问题。纯理论研究，学术性强；工程应用研究，因为是结合实际研究，必然学术性弱。

理论是指概念、原理的体系，是系统化了的理性认识。理论性是指已成原理的系统(理论系统)特性。

要注意以下几点。

(1) 经过不断探索，提供新观点，由系统的雏形向系统发展、由不成熟向成熟发展。

(2) 由于它提供的是新观点，具有探索性，所以便具有或然性，不具有科学性。

(3) 理论性观点的理论性显然不是现实本身特性，而是认识从现实中抽象出来的一般性事物的特性，这一点与非直接应用性的学术性有一致性。理论性观点是比较成熟的观点。因为它处在系统中，有相关的公理和已被证明是正确的命题(定理、引理、规则、性质、公式和算法等)的支撑，可以说是成熟的、可靠的。

(4) 学术性是非直接应用性，是指在现实的基础上向上抽象超越；理论性是非现实性，是指与现实性的区别。

学术研究首先是研究和某学科相联系、对已有矛盾的问题重新审视、利用新的视角和对象研究同一问题。从本质上讲，是一种创造性的思维活动，是借助已有的理论、知识、经验对科学问题假设、分析、探讨和推出结论，其结果是力求符合事物客观规律的，是对未知科学问题的某种程度的揭示。即①提出新的观点或理论框架并论证；②批判已有研究的论点、论据和(或)论证；③挖掘出既有零星论点、论据和(或)论证之间的内在联系(评述类研究)。

2) 学术研究选题

学术性研究一般必须在某一学科中选题，或者综合几门有一定关联性的学科选题，学术研究不能脱离学科，也必须符合学科体系，这是对学术研究的最基本要求。学术性与理论是相容的，与应用性正好相反，既有相同的一面，又有不同的一面；同时，学术性具有动态探索性。学术性探索所得到的成果都要纳入理论性的系统中，理论的不断积累、丰富最终形成理论体系。学术性探索是始终指向未知领域的，一旦由未知变成已知，由不确定变成确定，则将其纳入理论范围，加速了理论系统的形成。

选题像本书前面所讨论的，就是按照一定的原则或标准，运用一定的科学方法去选择和确定研究的课题。选题有广义与狭义之分。广义的选题是泛指选择、确定研究的方向，也就是确立科学研究的对象与目的；狭义的选题则是指选择论文的主题。

选题是论文写作的起点，决定着论文的价值，关系到论文写作的成败。

3) 学术论文

论文是学术论文的简称。学术论文是指用来进行科学研究、论述(描述)科学研究成果的文章。具体地说，学术论文是某一学术课题在理论性、实验性或观测性上具有新的科学研究成果或创新见解和知识的科学记录，或是某种已知原理应用于实际中取得新进展的科学总结。因此，学术论文就是在科学领域内表达科学研究成果的文章。从这一意义上理解，学术论文一般也可以称为科学论文，是用以在学术会议上宣读、交流或讨论，或在学术刊物上发表或作其他用途的书面文件。

论文可以记录新的科研成果，本身就是学术研究的有效手段，促进学术交流、成果推广和科技发展，促进科研的深化，是考核作者知识、科研水平的重要载体之一。

学术论文按形式和研究层次可以分为三类：纯理论性学术论文、应用性学术论文和综述性学术论文。三者之间有内在联系，可以互为条件，互相转化。在具体写作中，这三种学术论文也可以互相渗透，往往"你中有我，我中有你"。

在理解学术论文时，还必须把握下面两层含义。

(1) 学术论文的范围限制在科学研究领域，不是此领域的文章，不能算学术论文。

(2) 学术论文限制在学术领域，并不等于说科学领域的所有文章都是学术论文，而只有表达科学研究新成果的文章才是学术论文。

从上述两点来看，可以说学术论文的灵魂必须是科学研究的成果。

学术论文的特点如下。

(1) 独创性。学术论文不同于教科书，甚至不同于某些普及性学术专著。

(2) 科学性。科学性是指研究对象真实客观，不主观臆断，学术论文的内容符合客观实际。论据充分，推理严谨，反映出事物的本质和内在规律，即概念、定义、原理、论点、证明、图表、数据、公式、参考文献正确，实验材料、实验数据、实验结果严谨、准确、可靠等。

(3) 创新性。创新性是科学研究的生命。学术论文的创新性在于研究过程中所得到的研究结果是否有自己独到的见解，是否能提出新的观点、新的理论；在应用中有新理论、新技术、新方法的提出，研究结果应该是显著的。只有研究过程中得到创新的研究结果，才能写出创新性学术论文，因为它是写出创新性学术论文的基础。

① 对研究对象经过周密观察、调查、分析研究，从中发现别人过去没发现过或没分析过的问题。

② 在综合他人认识基础上进行创新，包括选题新、结论新、方法新、实验新。

(4) 学术性(理论性)。即遵循客观规律，信守科学真实性。

(5) 再现性。再现性又称重复性。读者根据论文中所描述的实验方法、实验条件、实验设备，重复作者的实验时，应能得到与作者相同的结果。但是，应明确的是，一些带有专利性的内容，或是应该保密的内容，不应写入论文中。

(6) 可读性和规范性。文字通顺、语法正确、概念准确、表达清晰、论点鲜明、论据充分和符合期刊投稿的规定等。

其中，创新性是学术论文的生命。

4) 学术研究类型

学术研究类型包括描述性研究、规律性研究和阐释性研究。

(1) 描述性研究是对已有的资料进行整理，把各种实验现象或状态的分布情况真实地描绘、叙述出来。

(2) 规律性研究类型包括结构规律、因果规律、定性研究、定量研究。

(3) 阐释性研究类型有涵义阐释和价值阐释。

5) 学术研究过程

(1) 学术研究范围很广泛，一般就一个课题或者项目如何着手研究，首先是要定下大概的研究方向，在研究方向内首先进行材料搜集，通过对所选择的文献、学术论文、专著等阅读的基础上了解前人研究成果，通过学习、观察、总结经验做好研究的选题。

通过对与选题相关的文献、学术论文、专著等的阅读，对选题中发现的问题进行描述、总结，得出结论，这个过程就是描述性研究过程。

(2) 利用理论、规律分析材料，对选题中发现的问题进行思考，对自己的研究提出假设，再通过论证总结规律，这个过程就是规律性研究过程。

(3) 通过对搜集的资料或总结的规律进行涵义和价值方面的阐释，这个过程就是阐释性研究过程。

8.3.2　学术创新问题

首先讨论计算机理论学术创新问题和种类。因为这些问题和硕士生、博士生的研究及导师指导直接相关。

学术创新是指学术研究要创造出新的东西，发现新规律、新方法、新思想和新见解等，创造新知识。

学术研究范围很广泛，一般就一个课题或者项目如何着手研究，首先是要定下大概的研究方向，然后根据研究方向查阅文献，在一定的文献储备基础上制定研究路线，设计实验步骤，最后是付诸实践，在实践的过程中可能会遇到问题，但是科学研究本身就是发现问题、解决问题的过程。

学术创新研究分类如下。

(1) 原始创新。是前人从来没有做过或还没有完成的研究工作。

① 新问题就是前人没有发现的问题。这种问题将可能更有新的学术价值和应用价值。

② 新问题就是前人发现的问题，并猜测这种问题是存在的或不存在的(推

翻)，但是这种猜测没有被前人证明。

对于那些原始创新或探讨新兴学科原创性论文，参考文献可能要少一些，但不会没有参考文献。

(2) 继承改进型创新。在前人已经做过，但尚欠不足，甚至错误时用新的方法继续研究得到新的较优的结果称为继承改进型创新。简单地说，就是老问题新方法。

例如，对先人或他人已有的功能目标相对应的最好的算法进行分析和学习，掌握已有的科学知识所进行的实验。其目的是对这一类算法的构成思想和编程技巧进行学习和验证。然后，将这种实验结果和自己提出的功能相同的算法在相同的实验环境下对所做的实验结果进行比较，根据判定标准比较哪一种算法更优秀，优秀的算法说明具有一定的创新性。不仅从理论上分析它，还必须在同一实验环境下进行实验，以最终确定所提出的算法的好坏。

(3) 应用创新。任何一种先进的理论研究成果，要想在人类的实践活动中得以应用都需要有一个复杂的过程，这个过程的每一个环节都属于应用创新。

例如，原子能理论应用于造原子武器的复杂过程就是应用创新。

又如，计算机数据库理论应用于某种问题的实例时，需要根据实例要求达到的目标在其理论的基础上形成算法，进而写成解决达到目标的上机程序，这个过程的每一个环节都属于应用创新。

8.3.3　硕士生导师的"导"的作用

高校的学生只有到了研究生阶段才能真正接触学术研究层面的活动。本科生的学习基本上还是在某个领域中打基础。

到了硕士生学习期间，导师与学生之间的关系不仅是教学的关系，还有指导硕士生独立研究的关系。根据硕士生读硕士的目的、基础、能力及导师指导能力等不同，独立研究比重也不同，有的比重大，有的比重小。

硕士生导师的"导"的作用分两个大的方面，分别是指导遵守职业道德教育和如何进行学术研究。

1. 指导硕士生遵守职业道德

(1) 要和学生讲清楚什么是学术不端。学术不端行为是指违背科学精神和职业道德、弃守真实诚信原则的行为。例如，某些人在学术方面剽窃他人研究成果，败坏学术风气、损害学术形象的丑恶现象等。

(2) 学术不端行为的负作用。极大地阻碍学术进步，学术研究和科学研究过程是弄不得半点虚假的，是一个全身心投入的艰苦的劳动过程。想弄虚作假的人是不会全身心投入的，又怎么能对研究的问题进行深入研究，因此不可能取得优秀的成果。

(3) 学术不端行为必然会给学术研究、科学研究和科学事业带来严重的负面影响。学术不端行为是指弄虚作假(捏造数据、窜改数据、捏造成果)、抄袭剽窃、一稿多投、侵占学术成果、伪造学术履历、低水平重复和买卖成果等违反学术规范、学术道德的行为。无论是谁都必须严守道德规范的底线,不能闯红灯。否则,将会造成身败名裂的后果。事先讲清这些,便可以防患于未然。

2. 指导硕士生如何进行学术研究

(1) 指导选题。选题是硕士生导师培养学生的第一个环节,硕士生导师"导"的作用是为硕士生选好研究方向(领域)。必须指出,在这个选好的领域中,在众多继承改进型创新问题中选择一个,选择方式可由学生自由选择(最好自选)或由导师指定。

(2) 使硕士生把选题相关的专业中的知识或问题搞通、搞精,达到能够精准解释的水平。

(3) 集中在独立研究的选题观点介绍、文献引用和综合研究讨论的方法上。

(4) 使硕士生有选择地初步掌握独立研究的创新思维方式、推理形式和证明方法。

(5) 通过使用这些知识对将要独立研究的选题可能发现"新问题",寻找并发现解决新问题的切入(突破)点,继续深入下去直至彻底解决问题。对多数硕士生来说,只能在很少的范围内有可能发现"新问题",部分解决新问题;但是确实也有少数硕士生能在一定的范围内有可能发现"新问题",并解决新问题。在作者所指导过的硕士生中就不乏这样的例子,甚至所发表的学术论文水平不亚于博士生。

8.3.4　博士生导师的"导"的作用

博士生导师都"导"些什么,首先和指导硕士生一样,应指导博士生遵守职业道德。此外,在指导博士生选题、阅读文献、指导研究方法和指导如何撰写论文方面远比指导硕士生复杂。下面就这些问题进行讨论。

1. 指导博士生选题

选题是博士生导师培养学生的第一个环节,博士生导师"导"的作用是为博士生选好研究方向(领域)。必须指出,在这个选好的领域中,原始创新问题中的哪些问题根本没有人研究过;哪些问题虽然有人研究过,但研究的只是皮毛不深入,问题的核心部分根本没有得到解决。将这些原始创新问题提供给学生,是导师的责任。如果导师不掌握或把握不准,就不能要求学生选这样的题目,一旦选择了这样的课题,就有可能浪费学生的时间,使学生做无用功,甚至有可能使学生毕不了业。

根据选题的自主性程度的不同，选题方式有如下三种。

(1) 基础较好的博士生，可允许在选好的研究方向(领域)中选择原始创新问题之一作为研究课题。

(2) 基础一般的博士生，可允许在选好的研究方向(领域)中选择原始创新问题中难度一般的问题之一作为研究课题。

(3) 基础较弱的博士生，可允许在选好的研究方向(领域)中选择继承改进型创新问题作为研究课题。

无论选哪一种选题方式，导师在学术选题问题上的主要作用是建议和帮助，在选题创新程度上把关。

导师不要限制学生的选择、束缚学生的手脚，应使学生彻底放开。学生对所选的课题感兴趣，自然会释放出全身心的活力，使创新(创造)能力发挥到极致。

无论选哪一种选题方式，导师都必须做到以下两点。

(1) 指导博士生所选课题要达到的目标是什么，解决问题的思路是什么，概略地指出课题的子课题是什么，概略地指出课题和子课题的关系，概略地指出子课题之间的关系，可否形成系统等。

(2) 概略地指出选题研究状况的过去、现在、发展趋势等。

2. 指导博士生阅读文献

1) 概略指出文献范围及重点文献

(1) 博士生导师概略指导博士生应阅读的文献范围是什么，具体阅读的重点文献有哪些。之所以称为概略指导，是因为博士生在研究过程中会发现新的需要阅读的文献、学术论文。

(2) 阅读文献的目的。文献的阅读实际上涉及如何从理论上对所选课题的支持。这是很重要的一个环节，因为要确定博士论文选题是否是原始创新，完全依靠对相关文献的阅读、分析和综合的结果。就开始进入论文选题的博士生来说，对在选好的研究方向(领域)中文献并不十分熟悉，就应该能够在文献阅读中研究选题领域各个学派的观点加以分类和综合，形成研究解决选题的观点和思路，并在局部问题研究中找到切入点，形成解决问题的方法，得到局部问题研究的结果。必须指出的是，仅靠阅读导师指出的文献是远远不够的，学生还要搜集相关的文献、学术论文、专著等，通过阅读学术论文、专著等了解前人的研究成果，通过学习、分析和综合，最终建立起具有内在关联的一系列概念、定义、命题和其他理论。

2) 指导阅读文献的方法

在学术研究中，文献研究是一道难关。一个、两个(或多个)事物之间的因果关系及其后面有待发掘的理论不会凭空出现。文献研究是为建立原始创新理论的支柱。

本科生读书，目的还倾向于汲取和理解。一般情况下，不主张阅读课本外的文献。

硕士生导师与硕士生之间的关系不仅是教学的关系，还有指导硕士生独立研究的关系。尽管独立研究比重不像博士生那样大，但需要导师根据选题指出要阅读的文献、学术论文和专著。

到博士学习阶段，对所选择的文献、学术论文和专著就不仅只是读懂那么简单。指导阅读文献的方法，是导师的重要责任，使学生在导师讲解阅读文献的方法(参见《数据库理论研究方法解析》一书)的基础上实现阅读。

(1) 在阅读过程中要发现问题、解决问题，是科学研究人员阅读文献、论文的主要目的。只有这样，才能把要学的知识学到手。不单单是了解别人做了什么，还要考虑别人没做什么，或者别人的实验能不能和他的结论吻合，数据可不可靠等。

(2) 对阅读文献时的关注点不管对或错都要问为什么。关注点如下。

① 读文标题(问题)是否恰当，为什么？

② 读文是否明确定义重要概念？概念之间的关系是什么？哪些是主要概念？哪些是次要概念？每个概念的来源或实际含义是什么？它与事实的关系如何？在什么条件下能够代表这个事实？在什么条件下又不能代表这个事实？从而明确一个概念的局限性。

③ 假设是否合理，为什么？

④ 模型及变量是否恰当，为什么？

⑤ 实例是否正确，为什么？

⑥ 结论是否有效正确，为什么？

⑦ 和既有文献的相互关系如何，为什么？

⑧ 读文各部分之间的关系是否明晰，为什么？

⑨ 读文是否遗漏重要参考文献，为什么？

⑩ 读文的基本理论是什么？派生的理论是什么？

(3) 阅读文献、学术论文和专著的方法可参见《数据库理论研究方法解析》一书第 7 章。

3. 指导研究方法

在所有导师(博士生导师、硕士生导师)能够教给学生的本领中，研究方法是最为重要的，是选题研究的灵魂。如果说博士论文是对整个研究生学习的一个总结，对研究方法的掌握程度将影响一位新博士今后作为学者的一生。

什么是学术研究方法? 简单地说，学术研究方法包括几个相关的方面。

(1) 如何阅读文献，并利用文献支持自己的观点，利用文献为选题提供理论背景等。

(2) 如果学术研究的性质属于定量研究类，那么导师在数据的采集、统计学方法以及统计结果的分析上还要有所指导。

(3) 使博士生掌握独立研究的创新思维方式、推理形式和证明方法(详见本书第 1~4 章)，通过分析、综合使用这些知识发现为达到课题目标需要解决的新问题，寻找并发现解决新问题的切入(突破)点，继续深入下去直至彻底解决问题。

(4) 使博士生掌握如何撰写学术论文。撰写学术论文是学术研究方法中的一个重要部分，硕士生和博士生撰写学术论文是对其研究过程的总结，是将研究成果呈现给他人的工具。尽管撰写学术论文不是科学，但其中也还是有章可循的。

4. 指导如何撰写论文

下面对如何撰写论文作概略说明。

(1) 标题。标题应以最恰当、最简明的词语的逻辑组合反映出文章中最重要的特定内容，有问题式篇名或题式(陈述论式、设问式论式)、结论式篇名或题式、范围式篇名。研究生写作必须仔细推敲是否恰当反映了学术论文中最重要的特定内容，陈述论式、设问式论式、结论式篇名或题式及范围式篇名选择是否恰当。

(2) 作者署名。作者署名一般应列于标题之下。作者署名是否表明作者对成果有优先权。

(3) 作者单位。标明作者单位主要是便于读者与作者联系。研究生是否按其完成论文的所在单位署名。

(4) 摘要。摘要应放在文章题目、作者姓名及单位之下。摘要是否表明研究目的、研究方法和研究结果，是否符合字数要求。

(5) 摘要的译写。放在中文摘要的后面，便于国际学术交流。摘要的译写是否正确，是否和中文摘要相对应。

(6) 关键词。置于摘要的下方。多个关键词之间用";"隔开。计算机自动检索的要求。

(7) 论文正文：①引言；②正文(提出问题——论点，分析问题——论据和论证，解决问题——论证与步骤，实验环境、方法、步骤及结果，结论)。正文是学术论文最重要的部分。学术论文是否明确定义重要概念，概念和定义的内涵、外延是否明确，假设(条件)是否合理，模型是否恰当，变量的设置是否合适，推理证明方法选择是否合适，推理证明结论是否有效，是否表明与既有参考文献的相互关系，学术论文各部分之间的关系是否明晰，实验环境、方法、步骤及结果是否正确和是否遗漏重要参考文献。

(8) 致谢。表示作者对他人劳动成果的尊重和感激之情。致谢范围：帮助过该学术论文研究的人。致谢表达：致谢必须实事求是，并征得被致谢者的同意。是否对和论文无关的人也进行了致谢表达。

(9) 参考文献。参考文献可以反映出论文真实可靠的科学依据，是检测论文质量优劣乃至真伪的重要尺度，反映出作者对前人劳动的肯定和尊重。是否故意忽略或隐没重要参考文献。

如何撰写学术论文请参见《数据库理论研究方法解析》一书。

5. 导师选择研究生及培养方法

(1) 研究生和导师双向选择。双向选择是指研究生先报导师，导师在这些学生中选择。这种办法的优点如下。

① 研究生根据喜欢的研究方向选择导师，喜欢的研究方向自然研究起来有积极性和激情，为主观上创新提供了动力。

② 导师如果能够提供多个可选择的课题则更好，研究生就更有创新动力。

③ 利于导师竞争，激励导师学术研究的积极性，提高学术水平和科学研究水平。

这种办法的缺点是：会出现"扎堆"现象。有的导师有很多学生选择，有的导师却少有人或没有人选择。出现"扎堆"现象的原因是：①研究生会去了解每位老师的课题方向和状况，课题方向和研究生想要研究方向一致或相近的报名的学生多些，课题多的导师自然会报名的学生多，课题少的导师可能报名的学生少。

解决这种现象的一般做法是适当预置一个人数上限和下限，但不能绝对平均，绝对平均不可取，那样会挫伤较优导师的积极性。

(2) 导师对应届生和往届生不搞差别对待，关键要看学生在考试中表现出的能力和素质、看他们考研的目的，想深造的学生能够静下心来投入学习，混文凭是不行的。工作过的人吃过苦，往往目的性更强，自觉性更高。本科成绩好的应届生一般都会毕业就考研，所以业务基础比较扎实，连贯性也好。导师必须根据课题的类型、性质，综合学生的长处来选择。

(3) 选题个性化。给研究生确定合适的研究选题是研究生培养工作中的一个非常重要的环节。给研究生确定选题，不仅要考虑是否学科前沿，还应考虑这个方向是否具有长期发展的潜力，更重要的是选题是否适合这个研究生来做。所谓"适合"就是：

① 选题方向和研究生想要研究方向一致或相近。

② 研究生对选题有很强的兴趣。

③ 可能擅长做这类的研究工作。

④ 是学科发展的前沿选题，对学科发展有重要的意义。

⑤ 有一定的难度和发展空间。

其中，③～⑤是博士生应该考虑的重点。因为博士生在报考时多数都已知道博士生导师的研究方向。

必须指出，研究生选题时要做到以下几点。

① 切忌好高骛远，而要踏踏实实。通过深思熟虑的科学选题，绝大多数的选题都可能是很有科研价值的，也都是可行的。对具体某个研究生来说，可能大部分课题是不可行的，因为每一个研究生自身的学识、经验和精力毕竟是有限的。有的对别人是可行的，但对自己是不可行的，这也是正常的。一定要选择适合的选题。

② 切忌孤芳自赏，且要左顾右盼。不能一味地想当然、孤芳自赏，不考虑所选课题的客观性。一定要左顾右盼，多查一些资料，要知己知彼，要深刻认识到自身的优势究竟在哪里。

③ 切忌粗心和僵化。粗心就是马虎，马虎将会出现错误结果，错误结果将会影响后面的实验或理论分析推导，造成"差之毫厘，谬之千里"的结果，即"根上错，步步错"。僵化就是模仿他人，不做有针对性的思考是不会做出创新成果的，只会使创新毁于一旦。

④ 切忌朝三暮四、乱弹琴。以所具有的知识基础和诸多客观性，用科学的选题原则去选题。初始选题要专一，避免出现什么都想搞、什么都搞不好的结局。

深思熟虑适合的科学选题，为进一步顺利的研究提供基础，避免失败。

(4) 实施学术研究的过程。

① 指导研究生遵守职业道德，防患于未然。要和学生讲清楚什么是学术不端，学术不端行为的负作用，学术不端行为必然会给学术研究、科学研究和科学事业带来严重的危害。

② 指导阅读文献的目的和方法。

③ 指导研究方法，使博士生掌握独立研究的创新思维方式、确定命题的思维和方法、命题证明中的思维和推理、命题证明方法解析、待证命题解析等实现命题和证明方法"对接"，以确定推理形式和证明方法(详见第1～4章)。通过分析、综合使用这些知识发现为达到课题目标需要解决的新问题，寻找并发现解决新问题的切入(突破)点，继续深入下去直至彻底解决问题。

(5) 开专题讨论会。开专题讨论会是导师与研究生交流的平台。讨论会激发科学创新，很多创新成果是在研究群体的讨论中出现的。可以和研究生面对面，也可以让有兴趣参加的老师或学生参加。注意，讨论会一定要围绕重点问题进行讨论。

讨论会上师生是平等的，需要有和谐的学术心态，让大家都能自主表达自己的想法。导师给出"意见和建议"，而不是下达"指令"。要畅所欲言，无论是谁发言，其他人都要让发言人把话讲完，最好用纸记下不同意见，准备讨论时提出来并阐明见解。这些意见或见解可能是正确的，也可能是错误的，但无论是对还是错，都是有益的，甚至有时错误的见解对后续研究提出了警惕信号。

(6) 讨论中难免有辩论和争论，这是好事，一定要有坦诚的心态，要坚持真理，不盲从。在研究一段时间后，博士生对选题的理解、把握的准确性有时要比导师深入，特别对选题研究的节点或关键点的具体细节上更比导师深入，讨论中导师一定要放下身段，多听学生发言和意见。这是向学生学习并提高自身水平的一种方式。出现这种情况并不奇怪，即便是资深导师或大科学家在大研究方向中某个分支方向的课题讨论中，对某些具体问题了解不太深入，也是常有的事。

(7) 随时检查选题研究进展情况，不能敷衍了事。如果研究中出现偏差，不要轻易更改或放弃。要及时和研究生讨论原因，有时只靠学生是很难找到出现偏差的原因的，这就要求导师要更加专注协助研究生尽快找出原因，和学生商讨原选题是否更改或放弃。

(8) 研究结果要及时整理。能发表学术论文部分要及时督促研究生写作学术论文，如果学生不太懂怎么写，导师可根据《数据库理论研究方法解析》一书给研究生讲解或交由研究生自学。学生在论文写作中要确定论文结构、逻辑，导师要及时掌握进展情况，及时提出修改意见。根据学术论文创新程度和水平，提出投稿期刊或学术会议的建议。

(9) 导师为研究生做研究提供尽可能完善的条件，如计算机、打印设备、消耗用品等。

(10) 导师对研究生严格要求，为研究生正常研究提供动力，并为他们今后的研究工作养成良好习惯。

(11) 导师应帮助学生在学术方面尽快成长，而不是做与学术研究无关的事情。特别是在研究生遇到问题时，要耐心帮助解决。导师不要总是批评学生，自信是学生很重要的品质，千万不要剥夺学生的自信。总是不当地批评学生，会引起学生的逆反心理与师生关系紧张。这无益于学术研究。

(12) 导师处事要公。导师处事不公会挫伤一个学生的积极性，导师不要把学生分成不同的亲疏远近，这样容易造成学生不信任导师。

(13) 导师培养研究生是"导"，不是导师搞研究。

(14) 导师要严格执行(博士、硕士)学位标准。

参 考 文 献

郝忠孝. 1990. 空值环境下函数依赖公理系统存在性研究. 计算机工程, (5)：33-38

郝忠孝. 1996. 空值环境下数据库理论基础. 北京：机械工业出版社

郝忠孝. 1998. 关系数据库数据理论新进展. 北京：机械工业出版社

郝忠孝. 2009. 数据库数据组织无环性理论. 北京：科学出版社

郝忠孝. 2010. 时空数据库查询与推理. 北京：科学出版社

郝忠孝. 2011. 不完全信息下 XML 数据库基础. 北京：科学出版社

郝忠孝. 2011. 时空数据库新理论. 北京：科学出版社

郝忠孝. 2012. 移动对象数据库理论基础. 北京：科学出版社

郝忠孝. 2013. 空间数据库理论基础. 北京：科学出版社

郝忠孝. 2015. 数据库理论研究方法解析. 北京：科学出版社

郝忠孝，胡春海. 1994. 空值环境下关系数据库查询处理方法. 计算机学报, 17(3)：218-222

郝忠孝，刘国华. 1994. 关于标准 FD 集的几个相关问题的讨论. 计算机研究与发展, 32(8)：
    20-24

郝忠孝，刘永山. 2005. 空间对象的反最近邻查询. 计算机科学, 32(11)：115-118

郝忠孝，潘玉浩. 1989. 空值环境下数据依赖保持条件. 计算机工程, (6)：47-53

郝忠孝，王玉东，何云斌. 2008. 空间数据库平面线段近邻查询问题研究. 计算机研究与发展,
    45(9)：1539-1545

李博涵，郝忠孝. 2009. 反向最远邻的有效过滤和查询算法. 小型微型计算机系统, 30(10)：
    1048-1051

李松，郝忠孝. 2005. 移动查询点的最近邻查询方法研究. 齐齐哈尔大学学报, 21(2)：57-59

李松，郝忠孝. 2008. 基于 Voronoi 图的反向最近邻查询方法研究. 哈尔滨工程大学学报, 29(3)：
    261-265

李松，郝忠孝. 2008. 移动对象的动态反向最近邻查询技术. 计算机工程, 34(10)：40-42

李松，郝忠孝. 2010. 球面上空间关系处理方法. 计算机工程, 36(6)：91-93

刘艳，郝忠孝. 2009. 一种基于主存 Δ-tree 的高维数据自相似连接处理. 计算机研究与发展,
    46(6)：995-1002

刘艳，郝忠孝. 2010. 一种基于主存 Δ-tree 的高维数据 kNN 连接算法. 计算机研究与发展,
    47(7)：1234-1243

刘艳，郝忠孝. 2011. 深度优先遍历 Δ-tree 的非递归 kNN 查询. 计算机工程与应用, 47(15)：6-8

刘艳，郝忠孝. 2011. 高维主存的反向 k 最近邻查询及连接. 计算机工程, 37(24)：22-24

刘艳，郝忠孝. 2011. 基于 Δ-tree 的递归深度优先 kNN 查询算法. 计算机工程, 37(22)：48-49

宋广军，郝忠孝，王丽杰. 2009. 一种基于受限网络的移动对象索引. 计算机科学, 36(12)：
    138-141

宋广军，郝忠孝，王丽杰. 2010. 受限网络移动对象不确定性轨迹的查询. 计算机工程, 36(6)：
    276-278

宋广军，郝忠孝，王丽杰. 2010. 一种基于道路网络的移动对象索引研究. 计算机工程与应用,
    46(22)：211-213

王淼，郝忠孝. 2008. 基于动态创建局部 Voronoi 图的连续近邻查询. 计算机应用研究, 25(9)：
    2771-2774

王淼，郝忠孝. 2008. 移动点 Voronoi 图拓扑维护策略的研究. 计算机工程与应用，44(31)：173-177

王淼，郝忠孝. 2010. 不确定性对象的反向最近邻查询. 计算机工程，36(10)：47-49

王淼，郝忠孝. 2010. 基于 Delaunay 图的反向最近邻查询的研究. 计算机工程，36(5)：59-61

徐红波，郝忠孝. 2008. 基于 Hilbert 曲线的高维 k-最近对查询算法. 计算机工程，34(2)：17-19

徐红波，郝忠孝. 2008. 基于 Hilbert 曲线的近似 k-最近邻查询算法. 计算机工程，34(12)：47-49

徐红波，郝忠孝. 2008. 一种基于 Z 曲线近似 k-最近对查询算法. 计算机研究与发展，45(2)：310-317

徐红波，郝忠孝. 2009. 一种采用 Z 曲线高维空间范围查询算法. 小型微型计算机系统，30(10)：1952-1955

张凤斌. 2008. 基于人工免疫的网络入侵检测器覆盖及算法研究. 哈尔滨：哈尔滨工业大学博士后研究工作报告

周培德. 2005. 计算几何. 北京：清华大学出版社

自然辩证法编写组. 1979. 自然辩证法讲义. 北京：人民教育出版社

Boissonnat J D, Teillaud M. 1986. A hierarchical representation of objects: The Delaunay tree. Proceedings of the 2nd Annual Symposium on Computational Geometry, New York: 260-268

Hao Z X, Li B H. 2009. Approximate query and calculation of RNNk based on Voronoi cell. Transactions of Nanjing University of Aeronautics & Astronautics, 26(2): 154-161

Shewchuk J R. 1997. Delaunay refinement mesh generation. Pittsburgh: Carnegie Mellon University

Wang M, Hao Z X. 2010. Nearest neighbors and continous nearest neighbor queries based on Voronoi diagrams. Information Technology Journal, 9(7): 1467-1475